运动休闲特色小镇规划建设指南

——运动休闲特色小镇规划建设 100 问

全国体育标准化技术委员会设施设备分技术委员会
华 体 集 团 有 限 公 司 编
北京华安联合认证检测中心有限公司

中国质检出版社
中国标准出版社

北 京

图书在版编目(CIP)数据

运动休闲特色小镇规划建设指南:运动休闲特色小镇
规划建设 100 问/全国体育标准化技术委员会设施设备
分技术委员会,华体集团有限公司,北京华安联合认证检
测中心有限公司编.—北京:中国标准出版社,2018.8
　ISBN 978-7-5066-8722-5

　Ⅰ.①运…　Ⅱ.①全…②华…③北…　Ⅲ.①城乡规
划—中国—指南　Ⅳ.①TU984.2-62

　中国版本图书馆 CIP 数据核字(2017)第 221195 号

中国质检出版社
中国标准出版社 出版发行
北京市朝阳区和平里西街甲 2 号(100029)
北京市西城区三里河北街 16 号(100045)
网址 www.spc.net.cn
总编室:(010)68533533　发行中心:(010)51780238
读者服务部:(010)68523946
中国标准出版社秦皇岛印刷厂印刷
各地新华书店经销
*
开本 787×1092 1/16　印张 13.5　字数 221 千字
2018 年 8 月第一版　2018 年 8 月第一次印刷
*
定价 66.00 元

　　运动休闲特色小镇是在全面建成小康社会进程中,助力新型城镇化和健康中国建设,促进脱贫攻坚工作,以运动休闲为主题打造的具有独特体育文化内涵、良好体育产业基础,集运动休闲、旅游、文化、康养、教育培训等多种功能于一体的空间区域、全民健身发展平台和体育产业基地。建设运动休闲特色小镇,是满足群众日益高涨的运动休闲需求的重要举措,是推进体育供给侧结构性改革、加快贫困落后地区经济社会发展、落实新型城镇化战略的重要抓手,也是促进基层全民健身事业发展、推动全面小康和健康中国建设的重要探索。

　　2015年5月,习近平总书记在考察浙江时,对当地的特色小镇给予充分肯定。同年12月,习近平总书记在中央财办报送的《浙江特色小镇调研报告》上做出重要批示,强调特色小镇建设对经济转型升级、新型城镇化建设具有重要意义,抓特色小镇、小城镇建设大有可为。为贯彻落实习近平总书记批示精神,2016年7月1日,住房城乡建设部会同国家发改委、财政部联合发布《住房城乡建设部　国家发展改革委　财政部关于开展特色小镇培育工作的通知》(建村〔2016〕147号),文件中提出,到2020年培育1 000个左右各具特色、富有活力的特色小镇,全国特色小镇建设从此拉开大幕。

　　随着全民健身与全民健康的深度融合,以体育旅游为创新方向的产业融合,已经成为中国特色小镇发展的重要路径之一,以体育、休闲为主题的运动休闲特色小镇在特色小镇中的代表性越来越凸现。2017年5月,体育总局办公厅印发了《关于推动运动休闲特色小镇建设工作的通知》,通知中要求"到2020年,在全国扶持建设一批体育特征鲜明、文化气息浓厚、产业集聚融合、生态环境良好、惠及人民健康的运动休闲特色小镇"。这给运动休闲特色小镇的发展指明了方向,运动休闲特色小镇将成为我国体育产业发展的新动力。

　　政策是指导科学发展的重要蓝图,是优化资源配置的重要工具,只有深入学习理解政策,才能规划建设好特色小镇。为满足各单位在建设运动休闲特色小镇工作中的实际需求,全国体育标准化技术委员会设施设备分技术委员会、华体集团有限公司、北京华安联合认证检测中心有限公司牵头编撰了《运动休闲特色小镇规划建设指南——运动休闲特色小镇规划建设100问》。

本书共分为四个部分。第一部分采用了问答形式从基础理论、政策归纳、规划建设、产业发展、体育专项、标准指南、综合评价七方面对运动休闲小镇规划建设进行问答解析。第二部分和第三部分汇总了与特色小镇、全民健身、体育产业、休闲健身设施标准相关的政策文件。第四部分呈现运动休闲特色小镇项目案例简介。

本书旨在为使用者提供一本便捷实用的参考工具书。由于编者水平有限,经验不足,书中难免有缺点与错误,衷心希望广大读者给予批评指正。

编　者
2018 年 6 月

第一部分　运动休闲特色小镇规划建设 100 问

第二部分　国务院有关政策文件

第三部分　部门有关政策文件

第四部分　部分运动休闲特色小镇项目简介

第一部分　运动休闲特色小镇

规划建设 100 问

一、基础理论篇

1. 什么是特色小镇和特色小城镇？

特色小（城）镇包括特色小镇、小城镇两种形态。特色小镇主要指聚焦特色产业和新兴产业，集聚发展要素，不同于行政建制镇和产业园区的创新创业平台。特色小城镇是指以传统行政区划为单元，特色产业鲜明、具有一定人口和经济规模的建制镇。特色小镇和小城镇相得益彰、互为支撑。

2. 发展特色小镇和特色小城镇对经济社会发展的意义是什么？

发展美丽特色小（城）镇是推进供给侧结构性改革的重要平台，是深入推进新型城镇化的重要抓手，有利于推动经济转型升级和发展动能转换，有利于促进大中小城市和小城镇协调发展，有利于充分发挥城镇化对新农村建设的辐射带动作用。

3. 提出发展特色小镇的原因是什么？

我国目前提出发展特色小镇，是实现新型城镇化发展的一项新举措，是破解城市发展与城市治理难题的一项新突破。总体来讲，提出发展特色小镇的原因主要有 3 个方面：分别是城市发展的容量压力、劳动密集型产业实体的扩散需要以及高端生产要素竞争的市场选择。首先，城市发展的容量压力。按照中国最新的城市规模划分标准，城区的常住人口超过1 000万的超大城市目前有 6 个，分别是上海、北京、重庆、广州、天津和深圳。常住人口在500 万～1 000 万的特大城市有 20 多个。城市规模的急剧扩大，在增加了生产要素聚集能力的同时，也造就了城市空间"摊大饼"的问题，接踵而至的是环境保护、交通拥堵、房价飙升、生态和生活空间不足、城镇居民公共服务水平难以满足群众需求、城市管理难度加剧等问题。破解这些难题和城市发展的容量压力，必须寻找外部的发展出路，特色小镇成为疏解大城市发展压力，推动新的产城融合发展的亮点举措。其次，劳动密集型产业实体的扩散需要。劳动密集型产业生产要素的优势在于天然的资源禀赋（区位、自然资源等）、成本廉价的劳动力要素和土地资源。而这些都是大城市产业升级、供给侧结构性改革过程中，大城市所需要疏解和转移的生产要素和生产形式。随着生产成本的增加和产业结构的重新布局，劳动密集型产业需要采取新的经济合作方式向外疏散和布局，寻求成本洼地。因此，选择资源优势较好的小城镇发展实体经济，就更具有发展优势。第三，高端生产要素竞争的市场选择。城市经济规模的聚集效应促使产业高端要素逐步在城市聚集，伴随城市质量提高，高端要素进入大城市的门槛也在提高，因为城市居民的需求弹性逐步降低（消费高级产品或服务的替代品减少，价格对需求的变化影响并不大），这就促使部分聚集高端要素的企业收益不减反增，从而可能形成高端要素的垄断可能性。这就可能带来新增的高端要素（技术、科技、信息、人才、专利、标准）等盈利空间不足的问题。这一点在人才要素上显现明显，创新创业的空间平台就是很好的说明和例证。从而,这些具有高端要素的实体经济主体,也会选择走"专而精""特而强"的发展道路,这也就形成了高端要素新的市场选择空间——向创业创新条件优厚的新型小城镇和特色小镇转移。

4. 运动休闲特色小镇的概念应该如何理解？

运动休闲特色小镇是在全面建成小康社会进程中,助力新型城镇化和健康中国建设,促进脱贫攻坚工作,以运动休闲为主题打造的具有独特体育文化内涵、良好体育产业基础,运动休闲、文化、健康、旅游、养老、教育培训等多种功能于一体的空间区域。其具备全民健身发展平台和体育产业基地的延展性功能。

运动休闲特色小镇具备鲜明主体业态。小镇通常聚焦运动休闲、体育健康等主题,形成体育竞赛表演、体育健身休闲、体育场馆服务、体育培训与教育、体育传媒与信息服务、体育用品制造等核心运动产业形态。

运动休闲特色小镇聚集体育文化要素。小镇通常聚集成熟的体育赛事组织运营经验,经常开展具有特色的品牌全民健身赛事和竞技体育活动,以独具特色的体育项目文化为引领,形成运动休闲特色名片。

运动休闲特色小镇禀赋资源共享发展。小镇通常利用山地、户外、水上、航空等优势资源禀赋,与旅游、文化、健康、养老、教育、农业、林业、水利、通用航空、交通运输等业态融合发展,打造旅游目的地,推动体育旅游和全域旅游等相关业态共享发展。

5. 如何理解运动休闲特色小镇建设的宗旨和意义？

运动休闲特色小镇的建设与发展对于拉动经济增长、推进供给侧结构性改革、推进体育扶贫、增加基层公共体育服务供给具有重要意义。建设运动休闲特色小镇,是满足群众日益高涨的运动休闲需求的重要举措,是推进体育供给侧结构性改革、加快贫困落后地区经济社会发展、落实新型城镇化战略的重要抓手,也是促进基层全民健身事业发展、推动全面小康和健康中国建设的重要探索。建设运动休闲特色小镇,能够搭建体育运动新平台、树立体育特色新品牌、引领运动休闲新风尚,增加适应群众需求的运动休闲产品和服务供给;有利于培育体育产业市场、吸引长效投资,促进镇域运动休闲、旅游、健康等现代服务业良性互动发展,推动产业集聚并形成辐射带动效应,为城镇经济社会发展增添新动能;能够有效促进以乡镇为重点的基本公共体育服务均等化,促进乡镇全民健身事业和健康事业实现深度融合与协调发展。

6. 运动休闲特色小镇如何分类？

运动休闲特色小镇可以按照特色产业归属体育产业的形态内容进行分类。众所周知,体育用品制造业、体育竞赛表演业、体育健身与体育活动服务业均是体育产业中的重要业态形式。运动休闲特色小镇培育核心企业主体,发展特色体育经济,势必会优先选择这几种业态进行发展。因此,运动休闲特色小镇可以分为产品制造型小镇、赛事塑造型小镇、休闲活动型小镇和融合发展型小镇。

第一,产品制造型小镇。主要以体育用品、体育设施制造和研发为主导产业,聚集行业企业,培育体育经济增长点。多选择在劳动密集型省份和区域,在运动小镇规划选址时,考虑到当地的土地、人力等生产要素的成本低廉。国外著名的体育产品制造型特色小镇有德国巴伐利亚州赫尔佐根赫若拉赫小镇、意大利北部特雷维索省的蒙特贝卢纳小镇,两者均把特色产业选定为运动鞋为主的体育用品制造。此方面的案例,在国内规划建设中也有很多。比如我国广东省的中山国际棒球小镇。小镇致力构建一个以棒球核心产业为中心,以棒球相关产业为补充的全方位的棒球产业链。逐步形成棒球产业运营模式和以棒球产业为核心的全产业链运营模式,进而促进产业和城镇转型,打造独具特色内涵的棒球小镇。广西防城港市的"皇帝岭-欢乐海"滨海体育小镇,以帆船设计企业、船体生产、组装企业及帆布、桅杆、帆船方向盘等零部件生产企业形成完整产业链。以帆船体验、赛事观赏、消费娱乐、餐饮购物、户外运动、青少年帆船训练营等项目,逐步形成一套"帆艇制造与销售 帆船体育运动 俱乐部休闲旅游"全链条产业体系。

第二,赛事塑造型小镇。主要依靠体育赛事和活动,扩大小镇的影响力和美誉度。通过体育赛事文化传播,提高顾客的消费黏性和依赖度,吸引众多观赏型体育旅游游客来到小镇进行消费和休闲活动。例如,浙江海宁的马拉松小镇就是通过经常性举办马拉松专业比赛而闻名,兼顾发展徒步、定向、拓展、露营、自行车等相关项目,形成休闲观光与体育观光相结合发展的体育旅游经济。再如,河北省保定市高碑店市的中新健康城·京南体育小镇融合了新加坡新镇开发、产城一体、绿色建筑的理念,将"中国登山训练基地"项目纳入中新健康城,使镇区形成"体育+旅游"双产业导向的特色小镇。以珠峰为雏形的世界最高、赛道最多、体积最大的人工单体攀岩馆以及国家登山博物馆等设施在小镇即将落成。加之通过攀岩赛事和极限运动赛事的引入,助力其在京南形成"世界攀岩在中国,中国攀岩在保定"的特色风格。

第三,休闲活动型小镇。主要依靠山地、水源、公路、海滨、沙滩等资源禀赋优势,开展特色休闲体育活动为主题的休闲活动小镇。通常建有比较完备的住宿、露营、体育活动、综合服务等配套设施。可以开展登山运动、水上运动、冰雪运动、露营运动、航空运动等多种挑战性强、亲近自然感强的体育运动项目。例如,北京市房山区张坊镇生态运动休闲特色小镇就是休闲活动型小镇。张坊镇发展以健身休闲为主,体育旅游、运动培训、场馆服务等业态协同发展的运动休闲产业。域内现有登山、徒步、漂流、热气球等众多户外活动地,已具有水上运动、山地户外运动、冰雪运动、汽车运动、高尔夫运动五大休闲体育活动功能板块。又如,山东省即墨市温泉田横运动休闲特色小镇整合当地旅游资源,形成"体育+旅游"新模式,依托温泉资源规划运动康养项目,筹备山地自行车道、滑翔基地、国家级运动康复中心、滑雪场、高尔夫球场、水上运动、马术、野外运动训练基地等版块,引进专业体育赛事和运动产品相关展会,延伸现有运动休闲产业链,丰富运动休闲业态。

第四,融合发展型小镇。主要结合当地传统的历史文化、科技信息、旅游资源、民族传统,结合体育赛事、体育旅游、体育健身、体育培训等活动资源,复合型、立体化融合发展的小镇。例如,江苏省太仓市太仓天镜湖电竞小镇。小镇经历了从"一个优质企业"到"一个龙头产业"再到"一个特色小镇"的发展过程。目前,小镇已集聚具有较强竞争力的电竞企业28家,业务覆盖PC游戏、手机游戏、游戏节目录制等领域;小镇电竞产业的集聚度、赛事的密集度、培训业务的覆盖度,充分体现了资源整合和融合发展的理念。又如,广西壮族自治区河池市南丹县歌娅思谷运动休闲特色小镇则以传承民族传统体育和满足人民群众健身需求为出发点,突出自治区的地域特色和资源优势,以改革创新为动力,促进少数民族传统体育与特色小镇建设相融合,推动少数民族体育事业实现跨越式发展。

7. 生产、生活、生态空间融合发展的统筹重点是什么？

党的十八届三中全会提出要"划定生态保护红线""建立国土空间开发保护制度",促进以生产空间为主导的国土开发方式向"生产、生活、生态空间协调"的国土开发方式转变,实现生产空间集约高效、生活空间宜居适度、生态空间山清水秀。"三生"协调发展理念对于特色小镇的空间布局、功能组合都具有重要的指导意义。

在经济发展的不同阶段,生产空间、生活空间、生态空间的地位与作用不完全一致。国外经验表明,在工业化阶段,生产空间占据了主导地位,并逐步扩大面积;在后工业化阶段,随着居民收入水平提高,居民对生活品质和生态环境的需求也不断变化和提高,这时生活空间与生态空间将逐步占据主导权重,生产空间会有所下降,但由于技术水平和生产效率的大幅度提升,所创造的物质财富和精神财富不会因为生产空间的缩减而降低。因此,在空间统筹方面,中心城市应按照后工业化时代的要求适时调整"三生"空间的组合布局,在城市的规划、设计与管理等方面要树立"三生"协调发展理念,适度压缩生产空间、优化生活空间、扩大生态空间,这对疏解城市功能、提高城市品质和精细化管理水平,都将产生深刻影响。其中特色小镇的规划建设正起到了分散中心城市生产空间、优化中心城市周边生活环境、扩大生态涵养区域的重要作用。

在特色小镇内部,合理统筹生产、生活、生态空间也很重要。首先,适度集中生产空间,提高土地利用率,用高精尖经济技术体系来逐渐替代原有的生产要素体系,向科技创新和特色文化品质提升要发展空间,实现特色产业发展减量不减速。再通过压缩生产空间,提高生活空间的舒适度和便利性。如实施限制机动车在小镇内支路停车等措施,完善小镇慢行交通系统,提高非机动车道的连通性及安全性,提高生活空间的便利程度。将小镇的公园体系、绿地空间、滨水休闲空间、休闲游憩带等组合形成网络化、整体性的休闲游憩系统,增加生活空间的舒适度和延展性。其次,适度扩大生态空间,提升生态空间与生活空间的契合度。强化绿色立体空间的开发与利用,在有条件的特色小镇实行屋顶绿化,让墙体、屋顶都有植被覆盖,达到垂直绿化和立体绿化的效果。第三,提升空间精致程度和功能复合程度。在特色小镇形成紧凑型城镇空间和多组团结构,将生活与就业单元尽量混合,实现商业、居住、娱乐、教育等功能的适度叠加,缩短职住距离。保证公共交通的便利性和可达性,特别要降低特色小镇内对小汽车的依赖程度。

8. 特色小镇发展和运动休闲特色小镇发展中所指的高端要素是什么？

高端要素,即高级生产要素,是相对于传统基本生产要素而言的生产要素。基本生产要素包括劳动力、资本、土地和资源等,是人类进行物质资料生产的基本条件,是维系国民经济运行及市场主体生产经营所必须的因素。随着科学技术的进步发展,技术劳动力、科技基础(如科研机构、通讯信息)、知识产权(如专利、品牌、版权)、标准化等已成为现代社会生产中更重要的生产要素条件,是高级生产要素。与基本生产要素所不同的是,高端要素并非天然禀赋所至,是创造出来的,是需要通过大量的、持续的投资才能形成的。在经济全球化、知识化的现代国际竞争中,创造、提升与使用高级生产要素比拥有基本生产要素的多寡更重要。

对于特色小镇发展来说,在建设产业"特而强"、功能"聚而合"、形态"小而美"、机制"新而活"特色小镇的过程中,良好的天然资源禀赋固然重要,但在形成产业聚集、城镇发展、社区繁荣、环境宜居的过程中,创新创造和可持续发展十分关键,这就要求特色小镇必须积聚人才、科技、医疗、信息、服务、通信、产业孵化、标准研制、专利技术等高端要素,形成品牌优势和核心竞争力。因此,这些高端要素对于特色小镇格外重要。对于运动休闲特色小镇而言,高端要素就是促使其体育产业做大做强的高级生产要素,包括丰富的体育高端人才、竞争力较强的体育品牌产品服务与企业、形式多样且匹配需求的体育场地设施、延展性强且包容性广的体育旅游资源、通达性强且传播范围广的体育信息与传媒平台、传承度高或影响力强的体育品牌赛事活动。这些都是运动休闲特色小镇升级发展中必备的高端要素。

9. 什么是产城融合?

产城融合是在我国转型升级的背景下相对于产城分离提出的一种发展思路。要求产业与城市功能融合、空间整合,"以产促城,以城兴产,产城融合"。城市没有产业支撑,即便再漂亮,也就是"空城";产业没有城市依托,即便再高端,也只能"空转",无法聚集,形成规模。产业需要城市聚集的各类生产要素,发挥城市聚集生产要素的外部性。城市化与产业化要有对应的匹配度,不能一快一慢,脱节分离。而且产城融合发展并不是一蹴而就,因此全面理解产城融合的内涵,有利于提出更为合理的特色小镇规划。

10. 特色小镇是不是行政区划单元的"镇"?是不是产业园区和景区的"区"?

特色小镇主要指聚焦特色产业和新兴产业,集聚发展要素,不同于行政建制镇和产业园区的创新创业平台。建设特色小镇的总体要求是牢固树立和贯彻落实创新、协调、绿色、开放、共享的发展理念,按照党中央、国务院的部署,深入推进供给侧结构性改革,以人为本、因地制宜、突出特色、创新机制,夯实城镇产业基础,完善城镇服务功能,优化城镇生态环境,提升城镇发展品质,建设美丽特色新型小(城)镇,有机对接美丽乡村建设,促进城乡发展一体化。建设特色小镇兼顾了发展区域经济、解决城乡二元制结构问题、推进新型城镇化建设、拉动农村人口就业、扩大农村基层基本公共设施与服务的供给等多种功能。因此,不是单独的划定区域建设行政建制镇,也不是单纯的发展某种产业园区或者景区。而是要立足产业"特而强"、功能"聚而合"、形态"小而美"、机制"新而活",将创新性供给与个性化需求有效对接,将特色小镇打造为创新创业发展平台和新型城镇化的有效载体。单纯的新城新镇、旅游景区、产业园区规划建设是无法满足"产、城、人、文"综合发展的特色小镇发展目标的。

11. 特色小镇建设中的避免3个"盲目"是指什么?

党中央、国务院做出了关于推进特色小镇建设的部署,对推进新发展理念、全面建成小康社会和促进国家可持续发展具有十分重要的战略意义。保持和彰显小镇特色是落实新发展理念,加快推进绿色发展和生态文明建设的重要内容。为了防止小镇建设中的盲目规划设计和不注重特色发展的问题。《住房城乡建设部关于保持和彰显特色小镇特色若干问题的通知》(建村〔2017〕144号)中重点从小镇格局、建设风貌和文化传承3个方面提出了防止盲目建设的具体要求。

（一）尊重小镇现有格局、不盲目拆老街区

第一，顺应地形地貌。小镇规划要与地形地貌有机结合，融入山水林田湖等自然要素，彰显优美的山水格局和高低错落的天际线。严禁挖山填湖、破坏水系、破坏生态环境。第二，保持现状肌理。尊重小镇现有路网、空间格局和生产生活方式，在此基础上，下细致功夫解决老街区功能不完善、环境脏乱差等风貌特色缺乏问题。严禁盲目拉直道路，严禁对老街区进行大拆大建或简单粗暴地推倒重建，避免采取将现有居民整体迁出的开发模式。第三，延续传统风貌。统筹小镇建筑布局，协调景观风貌，体现地域特征、民族特色和时代风貌。新建区域应延续老街区的肌理和文脉特征，形成有机的整体。新建建筑的风格、色彩、材质等应传承传统风貌，雕塑、小品等构筑物应体现优秀传统文化。严禁建设"大、洋、怪"的建筑。

（二）保持小镇宜居尺度、不盲目盖高楼

第一，建设小尺度开放式街坊住区。应以开放式街坊住区为主，尺度宜为 100 m～150 m，延续小镇居民原有的邻里关系，避免照搬城市居住小区模式。第二，营造宜人街巷空间。保持和修复传统街区的街巷空间，新建生活型道路的高宽比宜为 1∶1～2∶1，绿地以建设贴近生活、贴近工作的街头绿地为主，充分营造小镇居民易于交往的空间。严禁建设不便民、造价高、追求形象的宽马路、大广场、大公园。第三，适宜的建筑高度和体量。新建住宅应为低层、多层，建筑高度一般不宜超过 20 m，单体建筑面宽不宜超过 40 m，避免建设与整体环境不协调的高层或大体量建筑。

（三）传承小镇传统文化、不盲目搬袭外来文化

第一，保护历史文化遗产。保护小镇传统格局、历史风貌，保护不可移动文物，及时修缮历史建筑。不要拆除老房子、砍伐老树以及破坏具有历史印记的地物。第二，活化非物质文化遗产。充分挖掘利用非物质文化遗产价值，建设一批生产、传承和展示场所，培养一批文化传承人和工匠，避免将非物质文化遗产低俗化、过度商业化。第三，体现文化与内涵。保护与传承本地优秀传统文化，培育独特文化标识和小镇精神，增加文化自信，避免盲目崇洋媚外，严禁乱起洋名。

12. 特色小镇建设在欧洲国家城镇发展衍生的理论渊源是什么？

特色小镇最早源于欧洲国家，在其城镇发展史上占有十分重要的位置，最典型的就是霍华德的田园城市理论。霍华德的田园城市理论在某种意义上说就是特色小镇的理论源头。西方特色小镇的发展与其中世纪以来的城镇发展模式、庄园经济的发展是联系在一起的，有比较深厚的传统。

田园城市，它与一般意义上的城市有着本质的区别。英国社会活动家霍华德在 19 世纪末提出了这种关于城市规划的设想。这一概念最早是在 1820 年由著名的空想社会主义者罗伯特·欧文（Robert Owen 1771—1858）提出的。霍华德在他的著作《明日，一条通向真正改革的和平道路》中认为，应该建设一种兼有城市和乡村优点的理想城市，他称为"田园城市"。田园城市实质上是城和乡的结合体。

霍华德理论设想的田园城市包括城市和乡村两个部分。城市四周为农业用地所围绕；城市居民经常就近得到新鲜农产品的供应；农产品有最近的市场，但市场不只限于当地。田园城市的居民生活于此，工作于此。所有的土地归全体居民集体所有，使用土地必须缴付租

金。城市的收入全部来自租金。在土地上进行建设、聚居而获得的增值仍归集体所有。城市的规模必须加以限制,使每户居民能够方便地接近自然环境。在此理论的影响下,欧洲很多地方形成了比如巧克力小镇、鲜花小镇、商贸小镇等。这一理论的重要价值在于它提出了城市化进程中疏散大城市人口,分散人口形成新城问题的解决方案,也为居民在改革土地制度过程中均等化地获利提供了理论支持。霍华德理论被公认为是特色小镇和田园综合体发展进程中的理论渊源。

13. 如何理解推进小城镇建设是加快推进新型城镇化和新农村建设的重要抓手？

小城镇建设是承接城市中心城和新城生产性服务业、医疗、教育等产业项目的有效措施,是疏解大城市功能压力和人口聚集压力的有效举措,是丰富基本公共服务供给,加强基础设施建设的有效办法。更是推进新型城镇化建设在基层范围内落实落地和推进新农村建设的关键措施。以北京市为例,2016年印发的《北京市"十三五"时期城乡一体化发展规划》就指出:"充分利用北京非首都功能疏解的重大机遇,调整重点镇规划布局,明确功能定位,突出特色功能,提升小城镇基础设施和公共服务水平,提高小城镇承载力,引导符合首都城市战略定位的功能性项目、特色文化活动、品牌企业落户小城镇,打造功能性特色小城镇。平原地区的乡镇,位于京津冀协同发展的'中部核心功能区',积极承接中心城和新城疏解的生产性服务业、医疗、教育等产业项目,打造一批大学镇、总部镇、高端产业镇,带动本地农民就地就近实现城镇化。西北部山区的乡镇,位于京津冀协同发展的'西北部生态涵养区',重点发挥生态保障、水源涵养、旅游休闲、绿色产品供给等功能,打造一批各具特色的健康养老镇、休闲度假镇,带动农民增收。指导和支持重点小城镇加快淘汰低端产业,建立'承接目标对象清单',积极对接从核心区疏解、符合首都城市战略定位需要的产业或者其他符合小城镇功能定位的项目。"

14. 运动休闲特色小镇建设发展面临哪些体育发展新机遇？

党中央、国务院始终把体育作为中华民族伟大复兴的一个重要标志性事业,"十三五"时期党和国家对体育的支持和重视将更加有力,为体育繁荣发展提供了新机遇。全面建成小康社会将为体育发展扩展新空间和新平台,体育在增强人民体质、服务社会民生、助力经济转型升级中的作用更加凸显,经济发展新常态和体育供给侧结构性改革对体育与经济社会的协调发展提出了新要求,体育产业作为新兴产业、绿色产业、朝阳产业、健康产业,完全有条件和潜力成为未来我国经济发展新的增长点,体育消费对经济发展的贡献将不断增强。

建设健康中国、全民健身上升为国家战略,将为体育发展提供新机遇,将不断满足广大人民群众对健康更高层次的需求,进一步营造全民健身和崇尚健康的良好氛围,推动体育融入生活,增强人民群众的幸福感和获得感,有效提高全民族健康水平。全面深化改革和依法治国的战略部署将为体育改革增添新动力,事业单位分类改革和体育社会组织改革的整体推进将进一步消除制约各类体育社会组织发展的体制和机制障碍,体育组织化水平和社会化程度将快速提升。

信息化、全球化、网络化、标准化交织并进,为体育各领域的改革和发展提供了技术新引擎,"中国制造2025"、"互联网＋"行动计划、"大众创业、万众创新"为体育发展激发新活力,体育与政治、经济、社会和文化将产生更加积极全面的互动。新型外交战略将为展现体育文化软实力提供广阔舞台,筹办2022年北京冬奥会等国际大赛将不断提升中国体育的国际影响力,我国冰雪体育运动和冰雪产业将迎来快速发展新时期。运动休闲特色小镇的建设与发展应该把握"十三五"时期体育发展机遇,创新理念,拓宽视野,通过公共体育服务供给和体育产业特色精专发展,推动我国体育全面协调可持续发展。

15. 规划建设运动休闲特色小镇应当秉持哪些基本原则？

第一,规划建设运动休闲特色小镇应当秉持"因地制宜,突出特色"的原则。从各地实际出发,依托各地体育文化传统、运动休闲项目和体育赛事活动等特色资源,结合当地经济社会发展和基础设施条件,依据产业基础和发展潜力科学规划、量力而行、有序推进,形成体育产业创新平台。

第二,规划建设运动休闲特色小镇应当秉持"政府引导,市场主导"的原则。强化政府在政策引导、平台搭建、公共服务等方面的保障作用;充分发挥市场在资源配置中的决定性作用,鼓励、引导和支持企业、社会力量参与运动休闲特色小镇建设并发挥重要作用。

第三,规划建设运动休闲特色小镇应当秉持"改革创新,融合发展"的原则。鼓励各地创新发展理念、发展模式,大胆探索、先行先试。促进运动休闲产业与体育用品制造、体育场地设施建设等其他体育产业门类,旅游、健康、文化等其他相关产业互通互融和协调发展。

第四,规划建设运动休闲特色小镇应当秉持"以人为本,分类指导"的原则。以人民为中心,充分发挥体育在引导形成健康生活方式、提高人民健康水平、促进经济社会发展等方面的综合作用。鼓励东部地区多出经验和示范,各类政策和补贴资金支持向中西部贫困地区倾斜。同时,按照体育项目特点,分类编制发展指南,分类进行发展指导。

16. 如何理解特色小镇建设在城市化进程中的重要作用？

第一,从地理空间角度思考。特色小镇发展可以作为大(中)城市与农村的重要连接,一方面,能够承接大(中)城市人口的疏解问题,承接农村剩余劳动力的转移问题;另一方面,又能承担对周边农业、农村的辐射带动作用,能够将城市化的生产、生活方式向农村传递,带动农村城市化进程。

第二,从城市人口角度思考。目前,我国城市化水平超过50%。具有1 000万以上常住人口的超大型城市6座。人们的生活、创业在享有大城市聚集高端要素、高端服务、良好平台的同时,也承担了巨大的生活和创业成本。近亲生态、放缓生活的理想生活方式,正在吸引人们追求宜居的生态环境、完善的公共配套、独特的人文风情。因此,从人口需求角度讲,特色小镇也是城市化进程中大众迸发出的崭新需求。

第三,从经济发展角度思考。特色小镇作为一个相对独立和完善的区域空间,可以凭借综合交通、现代通信、互联网、云计算、大数据、标准、专利等技术支撑,能够在更大范围聚集高端创新生产要素,形成特色产业和新的经济增长可能。特色小镇将成为城市化进程中,促进城市和农村的人口双向渗透、生产要素双向发力、经济发展双向增长的重要支撑。

17. 各地制定了哪些政策措施解决和完善特色小镇规划建设中的产业管控和节约用地问题？

特色小镇的功能定位一定要落实所在地区和城市的战略定位，积极承接中心城市功能疏解和转移的重点方向，重点聚焦在生态、旅游休闲、文化创意、教育、体育、科技、金融等领域，引导功能性活动和特色项目落户。为了淘汰落后产能，促进产业转型升级和强化城市功能定位，强化镇域发展特色，促进城市功能不断完善和城市空间体系的有效延伸，在引导各地特色小镇发展特色产业的同时，一些地方还提出了产业管控和节约用地的具体意见。例如，北京市发展改革委员会等四部门发布的《北京市关于进一步促进和规范功能性特色小城镇发展有关问题的通知》中指出，"加强产业管控。对不符合新增产业禁限目录的项目，项目审批、核准、备案部门不予批准。加快不符合首都城市战略定位的产业淘汰退出和疏解转型，积极引导与首都相适应的服务城市、带动农村、惠及群众的产业发展。"同时，提出"节约集约利用城乡建设用地。以功能、产业和人口合理确定建设规模，严禁打着特色小城镇名义违法违规搞圈地开发，严禁整体镇域开发，严禁搞大规模的商品住宅开发。开展集体建设用地统筹利用试点。严格按照国家和本市有关规定加大闲置土地处置力度，积极推进城乡统筹和城乡一体化发展。"又如，福建省人民政府在《福建省人民政府关于开展特色小镇规划建设的指导意见》(闽政〔2016〕23号)中强调，"特色小镇建设要按照节约集约用地的要求，充分利用低丘缓坡地、存量建设用地等"。

18. 各地制定的特色小镇规划或发展政策中，对于特色小镇规划和建设用地的面积范围大致确定为多少？

一般特色小镇镇区常住人口在1万～3万人。天津、河北、江苏、浙江、安徽、福建、山东、湖北、云南、陕西等地方人民政府在制定特色小镇发展政策中给出了特色小镇的面积范围要求。具体要求比较一致统一。特色小镇规划面积一般控制在3 km² 左右，建设用地面积一般控制在1 km² 左右。对于旅游产业类特色小镇的规划面积，河北省和福建省给出了可适当放宽规划面积的说明。另外，福建省在《福建省人民政府关于开展特色小镇规划建设的指导意见》(闽政〔2016〕23号)中指出，特色小镇"规划区域面积一般控制在3 km² 左右(旅游类特色小镇可适当放宽)。其中，建设用地规模一般控制在1 km² 左右，原则上不超过规划面积的50%"。对于建筑用地规模占比规划面积的比例提出了具体要求。

19. 各地制定的特色小镇规划或发展政策中，对于特色小镇总投资额和特色产业投资额占比大致确定为多少？

为了保障产业聚集规模，为了体现特色产业在特色小镇产出上的附加值和贡献度，部分省市在制定特色小镇规划或发展政策中,普遍规定了特色小镇的推荐总投资额和特色产业投资额比重。

例如,天津市在《天津市关于开展特色小镇创建申报工作的通知》中规定,"3至5年内,固定资产投资完成50亿元以上(商品住宅和商业综合体除外),信息经济、金融、旅游和历史传统产业的特色小镇总投资额可放宽到不低于30亿元,特色产业投资占比不低于70％",对于四类特定产业的特色小镇投资额给出了放宽限制。

江苏省在《关于培育创建江苏特色小镇的实施方案》中指出,"在主攻产业内谋划一批重点建设项目,高端制造业类特色小镇,原则上3年内要完成项目投资50亿元,苏北、苏中地区投资额可放宽至标准的80％。新一代信息技术、创意创业、健康养老、现代农业、旅游风情和历史经典特色小镇,原则上3年内要完成项目投资30亿元。第一年完成投资不少于总投资额20％,且投资于特色主导产业的占比不低于70％。以上投资均不含住宅项目",提出了首年投资额的最低限额。

浙江省则在《浙江省人民政府关于加快特色小镇规划建设的指导意见》(浙政发〔2015〕8号)浙江省人民政府关于加快特色小镇规划建设的指导意见中分类提出不同地区的小镇投资额度和完成年限要求,指出"特色小镇原则上3年内要完成固定资产投资50亿元左右(不含住宅和商业综合体项目),金融、科技创新、旅游、历史经典产业类特色小镇投资额可适当放宽,淳安等26个加快发展县(市、区)可放宽到5年"。

而福建省是按照新建和改造提升类型两种形式提出投资额要求。福建省在《关于开展特色小镇规划建设的指导意见》中提出,"新建类特色小镇原则上3年内完成固定资产投资30亿元以上(商品住宅项目和商业综合体除外),改造提升类18亿元以上,23个省级扶贫开发工作重点县可分别放宽至20亿元以上和10亿元以上,其中特色产业投资占比不低于70％。互联网经济、旅游和传统特色产业类特色小镇的总投资额可适当放宽至上述标准的80％"。

湖北省在《湖北省人民政府关于加快特色小(城)镇规划建设的指导意见》中提出,"新建类特色小(城)镇原则上3年内要完成固定资产投资20亿元左右(不含商品住宅和商业综合体项目),改造提升类10亿元以上,国家级和省级扶贫开发工作重点县可放宽至5年,投资金额可放宽至8亿元和10亿元以上,其中特色产业投资占比不低于70％。互联网经济、金融、科技创新、旅游和传统特色产业类特色小(城)镇的总投资额可适当放宽至上述标准的80％"。

云南省详细提出了3年建设周期内的逐年投资比例要求,在《云南省人民政府关于加快特色小镇发展的意见》中提出,"2017年～2019年,创建全国一流特色小镇的,每个累计新增投资总额须完成30亿元以上;创建全省一流特色小镇的,每个累计新增投资总额须完成10亿元以上。2017年、2018年、2019年,每个特色小镇须分别完成投资总额的20％、50％、30％。建成验收时,每个特色小镇产业类投资占总投资比重、社会投资占总投资比重均须达到50％以上"。

综上,各省关于特色小镇建设投资总额的规定大体一致,保持在30亿～50亿元;对于特色产业投资的比重要求相对趋同,大多数省份集中于70％这一比例。各省根据本省实际情况或针对扶贫开发重点县,或针对特定产业,或针对改造升级类特色小镇提出了总投资额适当降低的要求。部分省份还对首年投资额比例或逐年投资额比例提出了要求。

20. 在规划打造特色小镇的同时,各地提出了兼顾哪些地方重点传统(历史经典)产业发展？

在规划建设特色小镇时,发挥地区已有的资源禀赋和区域优势特点,成为规划机构的关注重点。各地也在规划特色小镇的同时,提出了小镇发展兼顾地方重点传统(历史经典)产业发展的规划思路。例如,河北省提出特色小镇要"兼顾皮衣皮具、红木家具、石雕、剪纸、乐器等历史经典产业";内蒙古自治区提出"打造各具特色的工业重镇、农业重镇、牧业重镇、商贸重镇、旅游旺镇和历史文化名镇等";吉林省提出"以冰雪、温泉旅游业、生态观光高效农业为重点,以具有地域文化特色和历史文化传承为脉络,以开发属地物产、特产、资源为依托兼顾有竞争优势和潜力产业的其他特色小镇";浙江省提出"特色小镇要聚焦信息经济、环保、健康、旅游、时尚、金融、高端装备制造等支撑我省未来发展的七大产业,兼顾茶叶、丝绸、黄酒、中药、青瓷、木雕、根雕、石雕、文房等历史经典产业";安徽省提出"把培育特色产业、壮大特色经济作为促进特色小镇发展的核心内容,推动茶叶、中药、丝绸、纸、墨、酱、雕刻、瓷器等传统产业改造升级";云南省提出"聚焦茶叶、咖啡、中药、木雕、扎染、紫陶、银器、玉石、刺绣、花卉等传统特色产业优势,推动传统特色产业焕发生机"等。

21. 各地建立了哪些特色小镇建设监督管理的退出机制？

特色小镇建设中的生态保护、补助资金使用、建设进度、特色凸显、历史文化保护和创收、税收、财政返还等方面工作直接关乎生态资源保护和财政资金使用的效率,直接关乎特色小镇建设的整体形象和口碑传播。因此,各地陆续制定相关政策对特色小镇建设工作进行监督管理,建立了评定考核和退出机制。

以河北省为例,相关政策文件规定要实施特色小镇建设的监督管理,通过统计指标体系建设定期监测小镇建设发展。《河北省特色小镇创建导则》指出,"定期监测:省统计局会同省发展改革委建立省特色小镇统计指标体系,以有效投资、营业收入、市场主体数量、常住人口数量为主要指标,对省级特色小镇创建和培育对象开展统一监测,实行季度和年度通报"。同时,提出实施动态管理,"按照'批次创建、滚动实施、动态调整'原则,分类推进。对列入创建名单并按时完成年度建设任务的特色小镇,公布为年度达标小镇,对连续 2 年没有完成建设进度的特色小镇,退出创建名单。对列入培育名单的特色小镇,完成有效投资多、创建形象进度好的,次年可优先纳入创建名单。"

江苏省也有相关文件政策规定,《江苏省体育局关于开展体育健康特色小镇建设工作的通知》要求,"对列入特色小镇共建名单的地区实行年度动态监测,对建设期内年度计划完成情况、投资进度完成情况、重大项目实施情况、建设效果等进行跟踪监测。对按期完成年度建设进度的,兑现年度扶持政策;对当年度未完成建设进度和有效投资,不符合特色小镇建设理念和发展方向的,暂不发放扶持资金"。与此同时,江苏省《关于培育创建江苏特色小镇的实施方案》提出,"开展特色小镇评选活动,在考核达标小镇中评出优秀特色小镇",鼓励优胜劣汰机制的形成。

江西省则是将动态监管结果与奖励、财政、土地等扶持政策严格挂钩。鼓励特色小镇争创一流。《江西省人民政府关于印发江西省特色小镇建设工作方案的通知》明确指出,"省特色小镇建设工作联席会议办公室牵头建立省特色小镇评价指标体系,采取半年度通报和年度考核的办法,对省特色小镇建设名单、观察名单开展统一监测。省特色小镇建设采取动态监管的方式,以年度统计数据、项目推进情况为依据,评出年度优秀、合格、不合格特色小镇。对年度考核优秀的特色小镇,落实省级财政、土地扶持政策并予以适当奖励,推荐上报全国特色小镇;对年度考核合格的特色小镇,落实省级财政扶持政策;对年度考核不合格的特色小镇,次年取消其省级财政扶持政策,调整进入观察名单,并向设区市政府发函督促问责。对进入观察名单的镇,一年后由省特色小镇建设工作联席会议办公室对其整改情况进行实地复核,对整改不到位的,终止观察并通报全省"。

22. 各地在加强和保障特色小镇城乡建设用地方面提出了哪些政策措施？

积极保障特色小镇建设发展用地,引导特色小镇用地控制规模、科学选址,并将其纳入各级国民经济和社会发展总体规划、各级土地利用总体规划中,实行多规合一,合理安排是各地在加强和保障特色小镇城乡建设用地方面重点关注的问题。为了扩大有效供给,合理安排土地使用,各地也制定发布了相关政策措施。

例如,河北省统分统筹地上地下空间开发,立体开发、复合开发使用存量空间。同时,在满足结余条件的情况下,土地可调剂使用于特色小镇。具体政策体现在《中共河北省委、河北省人民政府关于建设特色小镇的指导意见》中,该意见指出"各地要结合土地利用总体规划调整和城乡规划修编,将特色小镇建设用地纳入城镇建设用地扩展边界内。特色小镇建设要按照节约集约用地的要求,充分利用低丘缓坡、滩涂资源和存量建设用地,统筹地上地下空间开发,推进建设用地多功能立体开发和复合利用。土地计划指标统筹支持特色小镇建设。支持建设特色小镇的市、县(市、区)开展城乡建设用地增减挂钩试点,连片特困地区和片区外国家扶贫开发工作重点县,在优先保障农民安置和生产发展用地的前提下,可将部分节余指标用于特色小镇。在全省农村全面开展"两改一清一拆"(改造城中村和永久保留村,改造危旧住宅,清垃圾杂物、庭院和残垣断壁,拆除违章建筑等)行动,建立健全全省统一的土地占补平衡和增减挂钩指标库,供需双方在省级平台对接交易,盘活存量土地资源"。

与此同时,江西省也提出从土地增减挂钩的周转指标中,安排一定比例的土地留给特色小镇。相关工作措施和意见在《江西省人民政府关于印发江西省特色小镇建设工作方案的通知》中已有明确表明:"支持有条件的特色小镇通过开展低丘缓坡荒滩等未利用地开发利用、工矿废弃地复垦利用和城乡建设用地增减挂钩试点,增减挂钩的周转指标扣除农民安置用地以外,剩余指标的20%~50%留给特色小镇使用,有节余的可安排用于城镇经营性土地开发。特色小镇现有的存量行政划拨地,依据规划,依法经县级以上国土资源、城乡规划主管部门同意,县级以上人民政府批准,可转为经营性用地"。

另外,湖北省在《湖北省人民政府关于加快特色小(城)镇规划建设的指导意见》明确指出,2017年起单列下达每个特色小(城)镇500亩33 hm² 增减挂钩指标用以支持建设(属于21个省级"四化同步"示范乡镇的除外)。同时,提出部分利用现有房屋和用地兴办部分新业态,可保持原有土地使用用途和过渡政策,5年后再行办理土地手续的便利措施。此外,存量工业用地,有效的空间改造形成的新增容积空间,不再收取土地出让价款。可以说大大降低了土地获取的成本。文件具体表述为"在符合相关规划的前提下,经市(州)、县(市、区)人民政府批准,利用现有房屋和存量建设用地,兴办文化创意、科研、健康养老、众创空间、现代服务业、"互联网+"等新业态的,可实行继续按原用途和土地权利类型使用土地的过渡期政策,过渡期为5年,过渡期满后需按新用途办理用地手续。对存量工业用地,在符合相关规划和不改变用途的前提下,经批准在原用地范围内进行改建或利用地下空间而提高容积率的,不再收取土地出让价款"。

浙江省则是通过土地奖惩政策鼓励特色小镇建设。在《浙江省人民政府关于加快特色小镇规划建设的指导意见》中提出,"确需新增建设用地的,由各地先行办理农用地转用及供地手续,对如期完成年度规划目标任务的,省里按实际使用指标的50%给予配套奖励,其中信息经济、环保、高端装备制造等产业类特色小镇按60%给予配套奖励;对3年内未达到规划目标任务的,加倍倒扣省奖励的用地指标。"

23. 各地在加强和保障特色小镇建设资金财政扶持力度方面提出了哪些政策措施?

为了保障特色小镇建设资金投入的精准性、充分性和持续性,各地推出了很多强化财政支持特色小镇建设的政策措施。概括来看,总体分3类普遍性的政策措施,分别是项目完成补贴或奖励、贷款贴息或企业债券贴息和新增财政收入返还。

第一,项目完成补贴或奖励类。主要形式是在创建期间或完成验收命名后给予补贴或奖励。例如,江苏省在《江苏省人民政府关于培育创建江苏特色小镇的实施方案》中提出,"对纳入省级创建名单的特色小镇,在创建期间及验收命名后累计3年内,每年考核合格后给予200万元奖补资金";福建省在《福建省人民政府关于开展特色小镇规划建设的指导意见》中提出,"特色小镇完成规划设计后,省级财政采取以奖代补的方式给予50万元规划设计补助,省发改委、省财政厅各承担25万元";江西省在《江西省人民政府关于印发江西省特色小镇建设工作方案的通知》中提出,"入选省特色小镇名单后,省财政每年安排每个特色小镇建设奖补资金200万元,用于对特色小镇建设年度考核合格的进行奖励"。

第二,贷款贴息或企业债券贴息。主要形式是给予特色小镇项目出资建设方银行贷款贴息,或者鼓励企业发行债券融资后,进行债券贴息补贴。云南省在《云南省人民政府关于加快特色小镇发展的意见》中指出,"凡纳入创建名单的特色小镇,2017年,省财政每个安排1 000万元启动资金,重点用于规划编制和项目前期工作。2018年年底考核合格,创建全国一流、全省一流特色小镇的,省财政每个分别给予1亿元、500万元奖励资金,重点用于项目贷款贴息。2019年年底验收合格,创建全国一流、全省一流特色小镇的,省财政每个分别给予9 000万元、500万元奖励资金,重点用于项目贷款贴息"。福建省在《福建省人民政府关于开展特色小镇规划建设的指导意见》中提出,"2016—2018年,新发行企业债券用于特色小镇公用设施项目建设的,按债券当年发行规模给予发债企业1%的贴息,贴息资金由省级财政和项目所在地财政各承担50%,省级财政分担部分由省发改委和省财政厅各承担50%"。

第三,新增财政收入返还。主要形式是对在特色小镇空间范围内新增的财政收入进行部分返还,专用于特色小镇发展和企业培育扶持等工作。浙江省在《浙江省人民政府关于加快特色小镇规划建设的指导意见》中提出,"特色小镇在创建期间及验收命名后,其规划空间范围内的新增财政收入上交省财政部分,前3年全额返还、后2年返还一半给当地财政"。福建省在《福建省人民政府关于开展特色小镇规划建设的指导意见》中提出,"对纳入省级创建名单的特色小镇,在创建期间及验收命名后累计 5 年,其规划空间范围内新增的县级财政收入,县级财政可以安排一定比例的资金用于特色小镇建设"。

24. 各地在加强和保障特色小镇建设金融融资支持方面提出了哪些政策措施？

各地为了鼓励特色小镇建设和持续发展,构筑多元出资主体和强有力的小镇建设投入支持体系,陆续启用政府债券、企业债券、项目收益债券、专项债券、产业投资基金、政策性和开放性长期贷款、PPP 项目融资等多元化融资产品及模式对特色小镇给予融资支持。例如,江苏省提出"创建期间,支持特色小镇发行企业债券、项目收益债券、专项债券或集合债券等各类债权融资工具用于特色小镇公用设施项目建设。支持特色小镇范围内符合条件的项目申请国家专项建设基金、省级战略性新兴产业发展专项资金、省级现代服务业发展专项资金和省 PPP 融资支持基金等";福建省提出"有关市、县(区)在省财政下达的政府债务限额内,倾斜安排一定数额债券资金用于支持特色小镇建设;支持特色小镇组建产业投资发展基金和产业风险投资基金,支持特色小镇发行城投债和战略性新兴产业、养老服务业、双创孵化、城市停车场、城市地下综合管廊、配电网建设改造、绿色债券等专项债券";湖北省提出"优先支持项目方向国家开发银行、中国农业发展银行等开发性、政策性银行争取长期低息贷款。支持相关企业通过发行城投债和专项债券等方式筹集资金用于特色小镇公共基础设施建设";重庆市提出,"利用国际金融组织(世界银行、亚洲银行)等贷款优先支持特色小镇示范点建设,鼓励产业引导股权投资基金和基础设施 PPP 项目投资基金支持特色小镇示范点建设"。良好的投资回报预期和优良的政策发展环境,使得特色小镇融资建设变得顺理成章。

25. 各地在加强和保障特色小镇建设人才扶持方面提出了哪些政策措施？

为了引进高端要素,促进特色小镇的建设发展,各地在加强和保障特色小镇建设的人才扶持政策方面推陈出新,下足功夫。

(1)福建:股权奖励施行个税激励政策

福建省在《福建省人民政府关于开展特色小镇规划建设的指导意见》中提出,"推广中关村等国家自主创新示范区税收试点政策,在特色小镇内实行促进高层次人才加大科研投入、吸引人才加盟、吸收股权投资、发展离岸业务等方面的税收激励办法。对特色小镇内企业以股份或出资比例等股权形式给予企业高端人才和紧缺人才的奖励,执行我省自贸试验区人才激励个人所得税管理办法和中关村国家自主创新示范区股权激励个人所得税政策。各级政府主导的担保公司要加大对特色小镇内高层次人才运营项目的担保支持力度,省再担保公司对小镇内高层次人才运营项目可适当提高再担保代偿比例"。

(2)山东:优先引进产业领军人才

山东省人民政府办公厅在《关于印发山东省创建特色小镇实施方案的通知》中提出,"牢固树立人才是第一资源的理念,落实扶持创新创业政策,吸引、支持泰山学者、泰山产业领军人才、科技人员创业者、留学归国人员,积极投入特色小镇创建,运用现代新技术,开发新产品,加快特色产业转型发展、领先发展"。

(3)湖北:培训、人才引进、住房保障多项举措聚集人才湖北省在《关于加快特色小（城）镇规划建设的指导意见》中提出："实施人才强镇计划，由组织人事部门研究具体实施办法，将市、州、县分管负责同志及主管单位主要负责同志纳入培训计划，每年开展特色小（城）镇领导干部专题轮训。结合产业发展需要，加强与高校合作，加大就（创）业培训力度。建设特色小（城）镇的急需紧缺专业技术人才和高层次人才，可采取人才引进方式进入特色小（城）镇工作。在特色小（城）镇工作的人员，符合住房保障条件的，可向所在地政府住房保障部门申请公共租赁房，承租商品房的可向所在地政府住房保障部门申请租赁住房补贴"。

（4）重庆：落户政策和培训计划聚焦人才工作

《重庆市人民政府办公厅关于做好特色小镇（街区）示范点创建工作的通知》中明确指出，"市内转移人口和在特色小镇（街区）示范点创业投资和稳定就业的市外来渝人员，在城市发展新区、渝东北生态涵养发展区和渝东南生态保护发展区特色小镇（街区）示范点落户不受务工经商年限限制。针对主导产业开展分类创业就业培训，将特色小镇（街区）示范点就业人员纳入农民工培训计划"。

26. 国家开发银行推进开发性金融支持小城镇建设的重点内容有哪些？

住房城乡建设部、国家开发银行《住房城乡建设部　中国农业发展银行关于推进政策性金融支持小城镇建设的通知》（建村〔2016〕220号）指出的开发性金融支持小城镇建设的重点内容有：

（1）支持以农村人口就地城镇化、提升小城镇公共服务水平和提高承载能力为目的的设施建设。主要包括：土地及房屋的征收、拆迁和补偿；供水、供气、供热、供电、通讯、道路等基础设施建设；学校、医院、邻里中心、博物馆、体育馆、图书馆等公共服务设施建设；防洪、排涝、消防等各类防灾设施建设。重点支持小城镇污水处理、垃圾处理、水环境治理等设施建设。

（2）支持促进小城镇产业发展的配套设施建设。主要包括：标准厂房、众创空间、产品交易等生产平台建设；展示馆、科技馆、文化交流中心、民俗传承基地等展示平台建设；旅游休闲、商贸物流、人才公寓等服务平台建设，以及促进特色产业发展的配套设施建设。

（3）支持促进小城镇宜居环境塑造和传统文化传承的工程建设。主要包括：镇村街巷整治、园林绿地建设等风貌提升工程；田园风光塑造、生态环境修复、湿地保护等生态保护工程；传统街区修缮、传统村落保护、非物质文化遗产活化等文化保护工程。

27. 国家开发银行都有哪些投、贷、债、租、证金融产品可以为运动休闲特色小镇建设提供综合金融服务支持？

近年来，国家开发银行坚持"服务战略、管控风险、适当盈利"的经营目标，围绕国家战略重点调整业务结构，提升服务发展的质量和效益。打造"投、贷、债、租、证"综合服务的国际一流的开发性金融机构。人们常说的"投、贷、债、租、证"金融产品主要指的是：

（1）投：股权投资。通过项目投资、股权直接投资、定向增发、并购重组、设立产业基金、招募社会资本等形式进行投资。

（2）贷：中长期贷款及银团贷款。中长期贷款即指贷款期限在一年以上，以贷款形成资产的预期现金流作为贷款偿还主要来源的贷款,主要用于基础设施、基础产业和支柱产业的基本建设及技术改造项目等领域。所谓银团贷款,是指多家银行合作,基于相同贷款条件,采用同一贷款合同,向同一借款人提供联合放款或授信。

(3)债:债权融资。企业在相关政府监管机构的监管下,在满足盈利能力要求和相关发行规模限额的条件下,进行的公司债、企业债券、银行间债务融资工具(如中期票据、短期融资券)等形式的债券融资形式。

(4)租:金融租赁。租赁是按照达成的契约协定,出租人把拥有的特定财产在特定时期内的使用权转让给承租人,承租人按照协定支付租金的交易行为。

(5)证:证券投资。通过上市、上市公司再融资、并购重组等形式进行融资。证券公司主要担任主办券商,做市商或财务顾问的角色。

28. 开发性金融支持特色小(城)镇建设,促进脱贫攻坚的总体要求是什么？

全面贯彻党的十八大和十八届三中、四中、五中、六中全会精神,统筹推进"五位一体"总体布局和协调推进"四个全面"战略布局,牢固树立和贯彻落实新发展理念,按照扶贫开发与经济社会发展相结合的要求,充分发挥开发性金融作用,推动金融扶贫与产业扶贫紧密衔接,夯实城镇产业基础,完善城镇服务功能,推动城乡一体化发展,通过特色小(城)镇建设带动区域性脱贫,实现特色小(城)镇持续健康发展和农村贫困人口脱贫双重目标,坚决打赢脱贫攻坚战。

(1)坚持因地制宜、稳妥推进。从各地实际出发,遵循客观规律,加强统筹协调,科学规范引导特色小(城)镇开发建设与脱贫攻坚有机结合,防止盲目建设、浪费资源、破坏环境。

(2)坚持协同共进、一体发展。统筹谋划脱贫攻坚与特色小(城)镇建设,促进特色产业发展、农民转移就业、易地扶贫搬迁与特色小(城)镇建设相结合,确保群众就业有保障、生活有改善、发展有前景。

(3)坚持规划引领、金融支持。根据各地发展实际,精准定位、规划先行,科学布局特色小(城)镇生产、生活、生态空间。通过配套系统性融资规划,合理配置金融资源,为特色小(城)镇建设提供金融支持,着力增强贫困地区自我发展能力,推动区域持续健康发展。

(4)坚持主体多元、合力推进。发挥政府在脱贫攻坚战中的主导作用和在特色小(城)镇建设中的引导作用,充分利用开发性金融融资、融智优势,聚集各类资源,整合优势力量,激发市场主体活力,共同支持贫困地区特色小(城)镇建设。

(5)坚持改革创新、务求实效。用改革的办法和创新的精神推进特色小(城)镇建设,完善建设模式、管理方式和服务手段,加强金融组织创新、产品创新和服务创新,使金融资源切实服务小(城)镇发展,有效支持脱贫攻坚。

29. 开发性金融支持特色小(城)镇建设,促进脱贫攻坚的主要任务是什么？

主要有以下7个方面的任务:

(1)加强规划引导。加强对特色小(城)镇发展的指导,推动地方政府结合经济社会发展规划,编制特色小(城)镇发展专项规划,明确发展目标、建设任务和工作进度。开发银行各分行积极参与特色小(城)镇规划编制工作,统筹考虑财税、金融、市场资金等因素,做好系统性融资规划和融资顾问工作,明确支持重点、融资方案和融资渠道,推动规划落地实施。各级发展改革部门要加强与开发银行各分行、特色小(城)镇所在地方政府的沟通联系,积极支持系统性融资规划编制工作。

(2)支持发展特色产业。一是各级发展改革部门和开发银行各分行要加强协调配合,根据地方资源禀赋和产业优势,探索符合当地实际的农村产业融合发展道路,不断延伸农业产业链、提升价值链、拓展农业多种功能,推进多种形式的产城融合,实现农业现代化与新型城镇化协同发展。二是开发银行各分行要运用"四台一会"(管理平台、借款平台、担保平台、公示平台和信用协会)贷款模式,推动建立风险分担和补偿机制,以批发的方式融资支持龙头企业、中小微企业、农民合作组织以及返乡农民工等各类创业者发展特色优势产业,带动周边广大农户,特别是贫困户全面融入产业发展。三是在特色小(城)镇产业发展中积极推动开展土地、资金等多种形式的股份合作,在有条件的地区,探索将"三资"(农村集体资金、资产和资源)、承包土地经营权、农民住房财产权和集体收益分配权资本化,建立和完善利益联结机制,保障贫困人口在产业发展中获得合理、稳定的收益,并实现城乡劳动力、土地、资本和创新要素高效配置。

(3)补齐特色小(城)镇发展短板。一是支持基础设施、公共服务设施和生态环境建设,包括但不限于土地及房屋的征收、拆迁和补偿;安置房建设或货币化安置;水网、电网、路网、信息网、供气、供热、地下综合管廊等公共基础设施建设;污水处理、垃圾处理、园林绿化、水体生态系统与水环境治理等环境设施建设以及生态修复工程;科技馆、学校、文化馆、医院、体育馆等科教文卫设施建设;小型集贸市场、农产品交易市场、生活超市等便民商业设施建设;其他基础设施、公共服务设施以及环境设施建设。二是支持各类产业发展的配套设施建设,包括但不限于标准厂房、孵化园、众创空间等生产平台;旅游休闲、商贸物流、人才公寓等服务平台建设;其他促进特色产业发展的配套基础设施建设。

(4)积极开展试点示范。结合贫困地区发展实际,因地制宜开展特色小(城)镇助力脱贫攻坚建设试点。对试点单位优先编制融资规划,优先安排贷款规模,优先给予政策、资金等方面的支持,鼓励各地先行先试,着力打造一批资源禀赋丰富、区位环境良好、历史文化浓厚、产业集聚发达、脱贫攻坚效果好的特色小(城)镇,为其他地区提供经验借鉴。

(5)加大金融支持力度。开发银行加大对特许经营、政府购买服务等模式的信贷支持力度,特别是通过探索多种类型的PPP模式,引入大型企业参与投资,引导社会资本广泛参与。发挥开发银行"投资、贷款、债券、租赁、证券、基金"综合服务功能和作用,在设立基金、发行债券、资产证券化等方面提供财务顾问服务。发挥资本市场在脱贫攻坚中的积极作用,盘活贫困地区特色资产资源,为特色小(城)镇建设提供多元化金融支持。各级发展改革部门和开发银行各分行要共同推动地方政府完善担保体系,建立风险补偿机制,改善当地金融生态环境。

(6)强化人才支撑。加大对贫困地区特色小(城)镇建设的智力支持力度,开发银行扶贫金融专员要把特色小(城)镇作为金融服务的重要内容,帮助派驻地(市、州)以及对口贫困县区域内的特色小(城)镇引智、引商、引技、引资,着力解决缺人才、缺技术、缺资金等突出问题。以"开发性金融支持脱贫攻坚地方干部培训班"为平台,为贫困地区干部开展特色小(城)镇专题培训,帮助正确把握政策内涵,增强运用开发性金融手段推动特色小(城)镇建设、促进脱贫攻坚的能力。

（7）建立长效合作机制。国家发展改革委和开发银行围绕特色小（城）镇建设进一步深化合作，建立定期会商机制，加大工作推动力度。各级发展改革部门和开发银行各分行要密切沟通，共同研究制定当地特色小（城）镇建设工作方案，确定重点支持领域，设计融资模式；建立特色小（城）镇重点项目批量开发推荐机制，形成项目储备库；协调解决特色小（城）镇建设过程中的困难和问题，将合作落到实处。

30. 中国农业发展银行推进政策性金融支持小城镇建设的重点范围有哪些？

住房城乡建设部、中国农业发展银行在《住房城乡建设部 中国农业发展银行关于推进政策性金融支持小城镇建设的通知》（建村〔2016〕220号）中提出了政策性金融产品支持小城镇建设发展的重点范围有：第一，支持以转移农业人口、提升小城镇公共服务水平和提高承载能力为目的的基础设施和公共服务设施建设。主要包括：土地及房屋的征收、拆迁和补偿；安置房建设或货币化安置；水网、电网、路网、信息网、供气、供热、地下综合管廊等公共基础设施建设；污水处理、垃圾处理、园林绿化、水体生态系统与水环境治理等环境设施建设；学校、医院、体育馆等文化教育卫生设施建设；小型集贸市场、农产品交易市场、生活超市等便民商业设施建设；其他基础设施和公共服务设施建设。第二，为促进小城镇特色产业发展提供平台支撑的配套设施建设。主要包括：标准厂房、孵化园、众创空间等生产平台建设；博物馆、展览馆、科技馆、文化交流中心、民俗传承基地等展示平台建设；旅游休闲、商贸物流、人才公寓等服务平台建设；其他促进特色产业发展的配套基础设施建设。

另外，中国农业银行还提出重点使用政策性金融产品优先支持贫困地区。中国农业发展银行要将小城镇建设作为信贷支持的重点领域，以贫困地区小城镇建设作为优先支持对象，统筹调配信贷规模，保障融资需求。开辟办贷绿色通道，对相关项目优先受理、优先审批，在符合贷款条件的情况下，优先给予贷款支持。

三、规划建设篇

31．运动休闲特色小镇建设中应如何做好环境影响评价？

规划建设运动休闲特色小镇应从环境影响识别与分析、环境影响预测与评价、预防和减缓不良影响3个方面做好环境影响评价等相关工作。

（1）审慎做好环境影响识别与分析。小镇规划实施后，新型城镇和环境保护基础设施的建设，将有助于污染治理能力的提高，有助于发挥治理的规模效益。森林绿地系统工程的实施，有利于进一步完善区域生态景观网络，提升生态保护、水源涵养、绿色产品供给等服务功能，促进镇域生态环境改善。但是，在特色小镇建设的道路、供水、排水与环卫基础设施建设过程中，会带来污染排放，产生一定的环境影响。建成后，也可能会导致人口集聚与污染集中排放，产生区域环境压力。随着运动休闲小镇体育旅游的发展，也会导致流动人口和旅游人口的增加，也可能会产生环境污染和生态干扰的潜在风险。

（2）科学做好环境影响预测与评价。从运动休闲特色小镇的规划层面说起，规划要与国家、区域、地方相关法规、规划计划和发展战略高度一致。规划必需符合《中华人民共和国环境保护法》《中华人民共和国水污染防治法》《中华人民共和国环境噪声污染防治法》《中华人民共和国固体废物污染防治法》《中华人民共和国大气污染防治法》等相关法律法规要求，符合国家《大气污染防治行动计划》《土壤污染防治行动计划》与《水污染防治行动计划》，与《全国生态功能区划》、所在地区发展规划纲要、所在地区生态环境保护规划相协调，与所在地区总体规划、所在地区国民经济和社会发展规划纲要、所在地区"十三五"时期环境保护与生态建设规划等规划文件相一致。与此同时，小镇规划时，要做好资源可承载能力和游客容量环境测算，合理规划污染集中排放和治理设施，提升区域生态功能，将各项不利环境影响均控制在可控范围内。

（3）严格做好预防和减缓不良影响的措施。加强施工期间的环境污染控制，落实环境影响评价、施工环境监理与竣工环境保护验收制度，推行绿色施工，保证施工污（废）水、扬尘、噪声达标排放，避免噪声扰民，保障施工固体废物的妥善处理。同步建设污染治理与生态保护设施。建设与运营污染治理与垃圾收集、清运与处理设施，保障环境污染的全面治理与达标排放。积极运用生态工程手段，在特色小镇建设中，遵循生态理念，借鉴国内外先进经验与技术。加强环保监测与监管。开展特色小镇环境质量监测体系建设，建立监控与管理的有效平台措施，加强对各项污染治理设施建设与运营的环境监管。

32．作为改善民生的重要工程，特色小镇的基础设施建设与完善主要包括哪些方面？

特色小镇建设很重要的一环是以人为本，推进镇域内人口在生活、生产和就业方面的可持续发展，推进镇域内生态环境水平的持续改进和提高，推进公众基本公共服务水平和游览接待能力的不断提高。因此,以改善民生和综合配套为重点的基础设施建设与完善工程在特色小镇建设中格外重要。主要包括:(1)完善特色小镇水、电、路、气、信等基础设施,提升综合承载能力和公共服务水平;(2)补充优化特色小镇内部路网,打通外部交通连廊,提高特色小镇的便利性和可达性;(3)做好污水处理、垃圾处理和供水设施建设,实现特色小镇供水管网、污水管网和垃圾收运系统全覆盖;(4)完善电力、燃气设施,实施集中供气、集中供热或新能源供热;(5)夯实特色小镇信息网络基础设施建设,开展网络提速降费,提高宽带普及率,实现 WiFi 全覆盖;(6)加强特色小镇道路绿化、生态隔离带、绿道绿廊和片林建设;(7)优化建设医疗、文化、教育、体育等公共服务设施,健全特色小镇公共服务体系;(8)加强步行和自行车等慢行交通设施建设,推进公共停车场建设。利用特色小镇基础设施和公共服务设施建设,整体提升农村居民生活环境质量。

33. 如何加强特色小镇的特色风貌建设？

特色小镇之所以被誉为城镇发展的亮丽名片,除了其具备比较优势强、核心竞争力强的特色产业特征外,很大程度上还取决于它的特色风貌。小镇可通过规划管理、文化遗产保护、古建特色保留、特色建筑修建、建筑密度控制、区域绿化、宣传教育等方面加强自身的特色风貌建设。

(1)规划管理。科学集约利用土地,提倡街坊式居住区布局,适度控制建筑的高度和密度,凸显建筑景观风格。整治房屋、店铺及院落风貌,建筑彰显传统文化和地域特色,防止外来建筑风格对原有风貌的影响和破坏。

(2)文化遗产保护。保护好当地历史文化遗存遗产,在特色小镇建设中充分弘扬优秀历史传统和文化,形成独特的地方风格。

(3)古建特色保留。坚决保护好特色小镇自然景观和古建筑、老街巷、特色民居等人文景观,实施历史文化街区和风景名胜等的保护措施。

(4)特色建筑修建。对于完全新建的特色小镇,要围绕特色小镇的主要产业方向和文化特征,设计建造特色建筑。挖掘文化内涵,彰显地域特色,发挥自然特征,凸显主题元素。

(5)区域绿化。做好特色小镇镇区绿化工作,选择种植乡土树种和植被,倡导自然式种植,通过绿地营造良好的公共活动空间。

(6)宣传教育。加强城乡社区文化建设和精神文明主题教育活动,倡导居民"保护、传承、绿色、共享"的思想观念,逐步提高法制意识和文化素质,保护好特色小镇共同拥有的特色风貌这一特有的文化遗产。

34. 如何构筑和加强运动休闲特色小镇的体育特色风貌建设？

运动休闲特色小镇可按照"多样性、独特性、差异性"的原则,加强体育风貌形象设计,打造特色小镇的独特魅力。

(1)运动休闲特色小镇应利用体育赛事、体育活动营造有主题体育特点的景观布置、景观氛围和生态环境。

(2)小镇内各类建筑的造型、色彩、材质应与体育主题文化特色相协调。

(3)小镇内的照明灯具、围挡、文字和图形标识、公告和广告牌、游客休憩设施设备等可在设计时凸显体育运动特点。

（4）小镇内可通过体育雕塑、展览、陈设、宣传背景板等形式宣传普及体育知识和体育文化。

（5）小镇可利用体育设施线下设施布局与设计和线上预订功能，实现体育健身知识和体育文化知识的传播和宣传。

（6）小镇可将主打体育运动项目作为标志性元素，应用到小镇相关的游客接待中心、餐饮、住宿、观光景点、纪念品开发与销售等重点游客接触类设施的外景形象设计和环境装饰当中去。

（7）小镇亦可选择与主题运动精神相关的理念，比如"攀登、畅游、翱翔"等元素，收集和整理与之相关的游客体验记录，这些记录包括照片、视频、微电影等内容，形成有效的展示载体，通过线下线上模式开展宣传，讲好群众身边的健身故事。

35. 编制运动特色休闲小镇概念性总体规划和修建性详细规划时，应重点考虑哪些内容？

编制运动休闲特色小镇概念性总体规划时，应有符合土地利用总体规划、城乡建设总体规划、环境功能区规划的概念性总体规划。包括空间布局图、功能布局图、项目示意图等，应明确特色小镇的选址位置、四至范围、投资建设运营主体、特色内涵、产业定位、建设目标、用地布局、空间组织、风貌控制、建设时序、资金筹措、政策措施、环境影响评价等。

编制运动休闲特色小镇修建性详细规划时，除了考虑规划上述内容之外，还应明确规划期内运动休闲特色小镇建设和管理要达到的目标；明确规划期内生态保护、社区发展与居住设施建设、产业资源开发利用、体育核心产品与服务、基础设施及配套工程、资源可持续利用等方面的行动计划与具体措施，确定建设内容与重点；分析环境容量与客流规模预测；确定内部服务流程线路、重点体育服务项目；详细规划体育产业链布局内容、体育服务提供内容与方式、体育产品生产制造与研发内容、体育活动与体育赛事组织规划内容；进一步详细估算投资、确定资金筹措渠道和方式；细化策划管理机构与经营管理体制；提出建设与发展的保障措施；进行经济效益、社会效益和综合效益评价。

36. 国内已建成的名副其实的特色小镇有哪些显著特点？

现有的特色小镇形成和发展主要有两个特点。第一，绝大多数特色小镇都具有生产要素低成本的特点，这些要素包括土地、劳动力、综合管理、公共服务、信息技术等，而按照市场经济规律和资源稀缺性的原则特征，产业实体自然会流向成本较低的地方。第二，特色小镇的发展带动了空间布局变化和城镇化发展，产业聚集拉动了劳动力聚集和城市规模的聚集效应。特色小镇的面积和人口规模逐渐扩大。

37. 建设产业园区与打造特色小镇有何关系？

特色产业是特色小镇持续发展的核心要素，是特色小镇安身立命的看家本事。这一点在浙江很多农产品特色小镇中都体现得非常显著。但是需要强调的是，发展特色小镇的特色产业，不等于要使用产业园区建设的政府主导模式。以往多年来，我国城市发展中的产业园区建设模式，通常是政府招商引资，低价出让土地，投建园区基础设施，吸引各种产业布局园区。政府通过土地出让金来弥补招商引资付出的高额成本。然而当这种发展模式发展到土地扩展空间有限、土地成本上升的局面下,招商引资的难度就会大大增加。产业的布局和吸引力就会失去市场经济规律中的低成本优势。这一点如果发生在特色小镇中,也是一样。特色小镇的产业聚集需要创业者和企业家通过市场规律和地区资源禀赋优势,进行自然选择。产业园区的主导模式,势必带来小镇和小城镇创业成本的提升,影响资本、科技、人才、创意、技术等生产要素的聚集,影响到特色小镇的可持续发展。

38. 如何理解运动休闲特色小镇建设中的特色产业、特色功能、特色形态和特色机制❓

(1)特色产业。运动休闲特色小镇要利用天然的体育资源禀赋,整合体育文化需求和特征,聚集成熟的体育赛事、培训、健身服务和休闲活动为一体的特色产业,形成自身的产业品牌。因此,诸如:航空运动小镇、汽车运动小镇、水上运动小镇都是较好的选择主题。特色产业一定是整合资源和需求的产物。例如,新西兰皇后镇就整合了水陆空自然资源,结合公众户外挑战自我的休闲度假需求,打造了以探险猎奇和亲近自然为主题类型的体育休闲特色产业。其聚集的高空弹跳、激流泛舟、热气球、雪上摩托、跳伞、蹦极等运动项目均成为当地乃至世界体育休闲旅游的特色产业项目。

(2)特色功能。运动休闲特色小镇的特色功能一定是集约的、复合的、共享的。它的功能设计规划,既要考虑到运动休闲消费需求,又要考虑到当地公共体育设施的供给和补充,还要考虑到与赛事活动、培训、旅游、观光、度假、医疗、教育、科技、社区生活等延伸功能的匹配与融合。在这一点上,法国的沙木尼体育小镇就是一个很好的例证。1924 年,第一届冬季奥运会在法国沙木尼举办。凭借良好的赛会资源和自然资源禀赋,形成了专业的高山运动教育培训体系(法国国家滑雪登山学校、高山警察培训中心、高山军校、高山医学培训等)、高山旅游服务设施体系和高山滑雪赛事承办服务体系,融合了多种特色功能。

(3)特色形态。运动休闲特色小镇的特色形态,一定是与特色产业相互统一,与特色功能相互一致的小镇特征的表现形式。特色形态可以集中表现为生产、生活、生态空间的高度融合与统一,也可以集中表现为主题特征和文化符号的渲染点缀,还可以集中表现为体育文化与历史传承的精神纪念。英国苏格兰圣安德鲁斯高尔夫球小镇以它的名称而闻名天下,其重要的原因就是小镇的名称与高尔夫球的名称基本是并肩齐名。到现今为止,国际高尔夫球竞赛规则仍然是由圣安德鲁斯皇家古老高尔夫球俱乐部及相关协会制定的。该小镇中圣安德鲁斯老高尔夫球场、圣安德鲁斯皇家古老高尔夫球俱乐部、高尔夫球博物馆、老球场酒店等建筑和组织已经成为小镇特色形态的重要组成部分。

(4)特色机制。运动休闲特色小镇的特色机制,就是以政府为引导、以企业为主体的市场开发运营机制。政府提供土地、财政、金融、人才引进、评估考核、激励措施、公共设施修建等方面的政策,提供政府性体育运动赛事与活动的影响力和传播力,提供各部门资源的整合能力。企业聚集各方面生产要素和资源禀赋,发挥社会资本和政府合作的优势,加大供给体育产品和服务。特色机制为发展特色产业,充实特色功能,塑造特色形态,提供制度保障。

39. 运动休闲特色小镇发展应如何贯彻"创新、协调、绿色、开放、共享"的发展理念？

（1）创新发展。运动休闲特色小镇要把创新作为推进发展的强大驱动力，通过政策引导、企业扶持、创新奖励、人才吸引等方式，充分激发小镇内各类主体的创新活力，积极推进产品创新、经营创新、科技创新、文化创新，重点做好运动休闲产品细分创新、运动休闲服务个性化和定制化服务创新、运动休闲文化传播渠道创新、运动休闲社群聚集能力创新，推动体育领域"大众创业、万众创新"，探索特色小镇发展新模式。

（2）协调发展。运动休闲特色小镇积极推动镇域内群众体育与竞技体育的全面发展，推动休闲体育设施与公共体育设施的普及发展，推动体育休闲类设施投资与其他公共配套设施投资协调兼顾。提高运动休闲特色小镇在赛事活动、体育文化、培训组织、专业交流等方面多功能复合化的平台。

（3）绿色发展。运动休闲特色小镇应当充分发挥体育行业绿色低碳优势，服务于健康中国建设，倡导健康生活方式，推进健康关口前移，延长健康寿命，提高生活品质。倡导体育设施建设和大型活动节能节俭，倡导小镇生产、生活、生态空间高度融合，增加空间绿化效率，缩短职住距离，推广小镇内健身步道、自行车运动骑行道、登山步道等慢行系统，倡导低碳出行，减少能源消耗，挖掘小镇在建设资源节约型、环境友好型社会中的潜力。

（4）开放发展。运动休闲特色小镇应当加强体育领域与社会相关领域的融合与协作，加强与教育、旅游、医疗、健康等相关产业的合作研发与产品服务创新。积极吸引社会力量共同参与体育投资。加强对外交往，积极借鉴国际体育小镇发展先进理念与方式，培育自身具有影响力的国际化、地区化的体育活动。

（5）共享发展。运动休闲特色小镇加快完善共建共享机制，着力推进镇域内基本公共体育服务均等化，使全体人民在体育参与中增强体育意识，享受体育乐趣，提升幸福感。同时，通过小镇体育产业的发展带动当地就业和生产生活方式的转变，带动当地经济增长和居民收益增长。做到发展为了人民，发展依靠人民，发展成果由人民共享。

40. 如何看待特色小镇建设的资金及其来源？

特色小镇规划面积通常在 3 km² 左右，建设用地面积一般控制在 1 km² 左右。投资总规模在 30 亿元～50 亿元。如此测算其投资强度大概在 10 亿元/km²～17 亿元/km²。投资强度相对较大。因此，特色小镇的建设投入特点可以概括为"小区域大投资"。这就需要充分发挥好政府财政资金投入的杠杆作用，发挥好社会资本投入的主体作用，利用好金融性、政策性资金扶持的拉动作用，实现多元投入共同参与的建设资金投入格局。

这就要求各方面要充分认识到建设特色小镇，"特色"可以发挥资源稀缺性所产生的经济价值，还要充分认识到"小镇"所形成的格局可以发挥出前期建设投入所产生的外部正效应。市场作为看不见的手，只要找准特色产业的资源禀赋、创业条件和盈利空间，就可以在"特色"方面做足文章，激发社会投资的活力。因此，如果每一个特色小镇，能够至少有一家有较强经济实力、较高管理水平、有战略眼光和社会责任感的大企业作为投资和运营管理支撑，项目的盈利与可持续发展就会充分展现。与此同时，政府作为看得见的手的作用也很重要。政府通过前期基础设施投入、投融资平台建设、要素聚集利好政策制定与发布、PPP 模式的开展,可充分调动社会资本的参与和高端生产要素的聚集。政府亦可通过引导、整合、平台搭建等举措,实现特色小镇发展中统一规划设计、统一改造提升、统一招商运营。最终,特色小镇的良性发展将为疏解大城市人口、推进城镇化建设、解决二元制结构问题、拉动经济增长发挥出巨大的外部正效应。

41. 体育特色小镇发展规划应该特别处理好哪些重要环节？

体育特色小镇的发展规划是一种顶层设计,是必不可少的文件策划。这个顶层规划是建立在调查、勘察、走访、需求调研、实地考察的基础上形成的。发展规划涉及体育小镇中生产、生活、生态三位一体发展的总体要求,涉及产城融合的发展思路。具有很强的理论技术性和实践指导性。总的来讲,要做好以下 4 个方面的工作。

第一,合理确定编制依据。大体来讲编制依据不能少于以下内容:国家有关法律法规;地方各级政府的相关行政法规文件;当地国民经济和社会发展规划、体育发展规划、旅游发展规划;经行政主管部门批准的体育设施建设总体规划;运动休闲特色小镇资源专项调查资料;拟发展的特色体育项目运动规则;国家、地方、行业有关技术标准和规定;国家与地方有关建筑工程定额指标和实地调查收集的主要技术经济指标。

第二,实现多规合一。小镇规划要与城乡建设总体规划、土地利用规划、控制性总体规划等文件的编制统一协调,实现多规合一,避免出现一个体育特色小镇多个规划图纸的问题。

第三,重视体育元素、文化和内涵表达的深度规划。要深入研究国内外发展经验及拟培育和发展的特色体育项目规则、项目文化、项目受众、项目场地设施、项目产业链上下游产业、项目赛事、项目观赏与传播等方面的具体特点,有针对性地设计符合该项目发展规律的体育元素,培育符合项目国际发展特点的体育文化内涵,并将其表达呈现方式进行系统性的规划设计。

第四,规划好赢利模式。优秀的体育小镇发展规划一定是具备可行性的盈利模式和可持续发展的项目空间的规划。以电子竞技项目为例,专业的赛事需要培育专业赛手和团队,受众的吸引需要有情感有技术的解说和传播,有价值的电竞产品开发需要参与者的良好互动。探求这类特色小镇发展就必须设计出一系列可行性的盈利模式,而这些模式建立在对市场的敏锐捕捉和对需求的深入了解上。

42. 如何将全域旅游理念融入到运动特色休闲小镇的规划建设中？

全域旅游是指各行业积极融入,各部门齐抓共管,全城居民共同参与,充分利用目的地全部的吸引物作为要素,为前来旅游的游客提供全过程、全时空的体验产品,从而全面地满足游客的全方位体验需求。全域旅游是当前旅游资源优化、旅游服务优化、旅游平台优化、旅游管理优化和旅游利益优化强烈需求的产物。全域旅游目的地不再是一个追求景点观光的目的地,也不再是一个追求参观门票高额增长的景区。它就是一个旅游相关要素配置完备、能够全面满足游客体验需求的综合性旅游目的地、开放式旅游目的地。从实践的角度,以中小城市(镇)作为全域旅游目的地的空间尺度最为适宜。

运动特色休闲小镇如何将全域旅游的理念纳入到自身发展规划中,将小镇打造成为全域旅游目的地呢？我们认为,大体可以做两个方面的工作。第一,健全休闲度假服务功能。

运用特色小镇的特色形态,打造具有特色的休闲度假设施,以空间聚集的方式提升市场吸引力;运用特色(文化、导览)符号来增加小镇空间的界限感和标志感;运用高素质服务人员、高科技服务手段及人性化服务供给,全方位提升小镇旅游接待设施水平和能力,提供具有乡镇感、家园感、自然自由、亲近和谐的休闲环境。第二,培育小镇休闲旅游产品内容。围绕特色产业和特色形态,培育小镇的旅游休闲产品和服务,通过产业加工环节参观、服务环节体验、休闲文化教育、特色体验项目参与等内容形成消费热点并培育创新产品服务。

43. 运动休闲特色小镇的标识系统设计应符合哪些标准？

在我国,公共信息图形符号具备一系列现行有效的通用符号设计国家标准,可供运动休闲特色小镇标识系统设计参考使用。主要有以下8项:

GB/T 10001.1—2012　公共信息图形符号　第1部分:通用符号
GB/T 10001.2—2006　标志用公共信息图形符号　第2部分:旅游休闲符号
GB/T 10001.3—2011　标志用公共信息图形符号　第3部分:客运货运符号
GB/T 10001.4—2009　标志用公共信息图形符号　第4部分:运动健身符号
GB/T 10001.5—2006　标志用公共信息图形符号　第5部分:购物符号
GB/T 10001.6—2006　标志用公共信息图形符号　第6部分:医疗保健符号
GB/T 10001.9—2008　标志用公共信息图形符号　第9部分:无障碍设施符号
GB/T 10001.10—2014　公共信息图形符号　第10部分:通用符号要素

44. 建设特色小镇应该具有创新思维和创新手段,应重点从哪方面做起？

在建设特色小镇过程中,要想创新思维和创新手段的就必须解决好市场需求的研判和本地社会治理方式的问题。第一,市场需求的研判问题。特色小镇的发展重点在于形成别具一格、与众不同的特色产业、特色功能和特色形态。只有面向市场的精准策划和判断,才是规划成功的先觉条件。这种市场需求,不仅仅要兼顾小镇周边大城市的消费品供给需求和无形产品——服务的客观需求,还要结合小镇自身的资源禀赋去对接。同时,考虑到高标准、高需求、高水平的产品和服务,需要引进什么样的项目、资金、技术和人才要素。脱离了市场、资源和生产要素引进的特色产业规划无法形成落地的可能性,也不可能形成创新创造的新型产物和供给。第二,创新创造归根结底是要发挥人的主观能动性,发挥人的作用就是要从小镇的社会治理模式开始抓起。特色小镇的人才、信息资源的流动性应该相对较强,公共服务和创业服务的保障应该更加殷实,逐步提高居民在创业、就业和小镇建设上的参与感、认同感和归属感,提高本地居民在发展中分享发展成果的能力。这样才能做到持续创新,保持特色,实现在本领域内的领先水平。

四、产业发展篇

45. 特色小镇在拉动创造就业和综合效益方面有哪些促进作用？

在创造就业方面：(1)特色小镇的建设与发展将带动当地特色产业链的延伸和产品服务的丰富提升，创造出很多劳动密集型或知识密集型的就业岗位。(2)各地将运用科研投入、人才加盟、股权投资、户籍落户等一系列方式吸引高层次人才来到特色小镇创业就业。(3)特色小镇内部企业将通过以股份或出资比例等股权形式给予企业高端人才和紧缺人才的奖励，进一步优化小镇人才队伍建设和智库建设。(4)特色小镇可以由政府主导，鼓励担保公司加大对特色小镇内高层次人才运营项目的担保支持力度，从而将小镇打造成为"双创"的优势人才聚集平台。

在综合效益方面，特色小镇建设的综合效益拉动效果将十分明显。具体体现在企业创新能力提升、产品核心竞争力提高、产业科技创新成果不断涌现、知名度高的特色产业和自主品牌不断涌现上。特色小镇为创新型企业积聚提供了良好的用地、税收、融资等方面的政策优势，促进创投企业和企业孵化器的不断聚集和发展。加之特色产业的鲜明主题，让生产、生活和生态高度融合，比较容易形成一批新技术、新产业、新业态和新机制。综合提升产业效益，促进供给侧结构性改革的拉动作用也将突出显现。此外，特色小镇的主题黏性和游览热度，将会使受众高度关注和连锁聚集，为相关企业的产品和服务提供了天然、恰当的展示方式，更有助于特色小镇内企业树立以客户为核心的发展理念，形成以取得更好的顾客体验为目标的生产服务意识，推动其可持续发展。

46. 在规划打造特色小镇的同时，各地提出了兼顾哪些地方重点支柱性新兴产业发展？

特色小镇，顾名思义是具备当地特色和比较优势的细分产业，将这一产业作为主攻方向，力争培育支撑特色小镇未来发展的强大产业。在一定区域内，每个细分产业原则上只规划建设一个特色小镇。很多地方将特色小镇的产业聚焦，瞄准产业发展新前沿，顺应消费升级新变化，紧跟科技进步新趋势。错位发展、差异发展，培育重点支柱性新兴产业，进而逐步实现产业兴镇、产业强镇。

部分地方提出了特色小镇重点支柱性新兴产业的发展重点。例如，云南省聚焦生命健康、信息技术、休闲旅游、文化创意、现代物流、高原特色现代农业、制造加工业等重点产业；湖北省瞄准新一代信息技术、互联网经济、节能环保、体育健康、养生养老等新兴产业；福建省在相关指导意见中把特色小镇聚焦在高端装备制造、新材料、生物与新医药、海洋高新、旅游等新兴产业；安徽省在特色小镇发展纸、墨、酱、雕刻、瓷器等传统产业同时，把新兴产业提倡的方向确定在高端装备制造、节能环保、旅游和金融等产业上。

47. 目前,运动休闲特色小镇投资规划的体育产业方向有哪些重点领域❓

目前,运动休闲特色小镇投资规划时,选择体育产业重点领域基本集中在以下几个方面:

（1）体育健身服务;（2）户外运动休闲;（3）体育赛事活动;（4）体育专业培训;（5）体育用品制造与研发;（6）体育与健康、文化、教育、养老、科技、旅游、休闲、互联网等融合的产业领域。

48. 如何将特色小镇打造成为"大众创业、万众创新"的平台载体❓

特色小镇可以充分发挥其创业创新成本低、进入门槛低、发展障碍少、生态环境好的优势,打造大众创业、万众创新的有效载体和重要平台。营造吸引各类人才和企业家的创新创业环境,为初创期、中小微企业和创业者提供便利、完善的"双创"服务。全面推动新技术、新产业、新业态、新经济蓬勃发展。具体来讲,可以从以下几个方面来开展工作:

（1）特色小镇要把优秀人才引进作为首要任务,把为企业家构筑创新平台、集聚创新资源作为重要工作。通过吸引股权投资、户籍落户、加强科研投入经费、开展专利和标准技术补贴等形式,吸引人才。（2）在平台构筑、文化培育、社区建设、特色主体文化传播等方面鼓励小镇内企业、社会组织、从业者等充分参与,培育小镇自治,发挥"产城人文"四位结合中"人"的主体优势,培育人的自我价值和小镇归属感。（3）在投资便利化、商事仲裁、负面清单管理、"放管服"等方面改革创新,努力打造有利于创新创业的营商环境,最大限度集聚人才、技术、资本等高端要素,建设创新创业样板,助推产业转型升级。（4）发挥金融、信息技术、科技、法务、专利、标准化、检验检测等第三方机构作用,为入驻企业提供电子商务、软件研发、法律咨询、产品推广、技术孵化、市场融资、标准制定、专利受理、产品检测等服务,努力提供有利于创新创业的服务支持,将特色小镇打造为新型众创平台。

49. 高端要素聚集与产业升级有什么样的关系❓

基本生产要素,如劳动人口、天然资源等,并不能成为知识密集型高技术产业的优势。在知识经济和信息化时代,仅仅靠大量的一般劳动力和丰富的天然资源,是没有任何竞争优势可言的。因为,企业通过全球化战略,可以获得这些基本生产要素,或运用技术研发克服基本生产要素的不足。一个国家或地区,即便是基于资源禀赋所建立起的劳动密集型产业和资源密集型产业的比较优势,也将随着经济全球化的推进而不断衰减,甚至可能会妨碍企业创新与升级。当劳动力充沛、天然资源丰富廉价时,企业会依赖这种低成本的比较优势,缺乏创新升级的动力,并导致资源配置的效率低下;而当土地昂贵、劳力短缺或本地天然资源缺乏时,企业要想在市场上竞争,就必须创新与升级。企业通过创新才能形成竞争优势,企业不断升级才能保持比较优势,而造就比较优势的条件是专业化的人才、科研技术以及专用的软硬件设施等高端要素,这些专业化的高端要素相对稀缺,也难以模仿,还必须持续大量投资才能形成。高端要素既是创新的成果,又是创新的条件,是构建知识密集型高技术产业的基础。

产业升级与高端要素的创造、集聚、提升密切相关。产业升级实质上是一个因要素禀赋变化而引起的生产要素密集程度不断变化升级的过程，即从劳动密集型产业，到资本密集型产业，再到技术密集型产业的演变过程。也就是说，产业升级本身就是一个高端要素不断集聚提升的过程。一个国家或地区的竞争力在于其产业创新和升级的能力，其产业升级的目的就是获得并拥有能参与世界竞争的竞争优势。竞争优势源于专业化的高端要素的创造与持续提升，是企业不断创新形成的，而高端要素的可掌控性与高级程度又支持着企业升级与产业创新，并决定了竞争优势的质量水平。高端要素的集聚与产业升级提升彼此互为条件、互为结果。

50. 特色小镇产城融合的发展路径有哪些❓

（1）产城规划先行，实现产城互动。核心在于产业、城市做好前瞻性的规划和定位，避免盲目城市化导致城市空心化，真正落实特色产业定位，发挥城市聚集生产要素与产业升级发展之间的相互促进作用。利用小镇聚集技术、科研、文化、品牌、高级人才等方面高端要素的优势，促进产业升级。运用产业升级的活力进一步吸引高端生产要素。实现产业与城市融合发展。

（2）把握新兴特色产业的发展趋势，运用创新创造引领产业变革的主导方向。特色小镇产城融合在于突破早期城镇化的弊端。而城市更新的土地资源、空间资源用于发展新兴产业和前沿产业具有非常重要的城市发展意义，特色产业的"特"发挥的正是这方面的作用。如此落实产城融合，城市才更具有发展的活力、动力和可持续性。

（3）特色小镇兼顾国内和国际城市竞争。特色小镇城镇化过程中势必引入新规划、引入新生产要素、引入新发展理念，切忌盲目复制，产生同质化产品和服务。要借助产业结构转型机遇，吸引优质产业，利用本土资源禀赋，鼓励企业做大做强，积极参与国际化竞争，参与国内国际标准制定，不断扩大科研投入，研发技术专利，不断提升产业小镇的国际影响力。

51. 特色小镇一定要与实体经济结合起来吗❓

众所周知，我国在特色小镇的发源地江浙地区，通常民营中小企业以自我积累、依托市场、集聚发展的优势在区域空间内不断发展，形成了江浙地区小城市、小城镇的迅速发展。其中，浙江嘉兴海宁皮革时尚小镇、绍兴越城黄酒小镇、江苏盱眙龙虾小镇都是典型的具有特色实体经济主体的特色小镇。小镇的发展与实体经济密切相关。然而，随着特色小镇在全国的不断建设发展，以第三产业服务业为主题的特色小镇，比如健康小镇、体育小镇、旅游小镇等逐渐兴起。像北京周边的古北水镇（旅游小镇）、河北张家口的崇礼滑雪小镇（体育小镇）等，均是依靠服务业形成的当地经济产业转型升级和服务业的蓬勃发展。良好的资源禀赋和生活、生态环境空间开发利用，也为形成特色产业集聚了发展优势。而在这些小镇中，劳动密集型的生产型企业实体相对较少，甚至没有。所以说，特色小镇并不一定要与实体经济完全结合。这个问题摆在运动休闲特色小镇的规划建设上，也是同理可证。良好的、固有的、天然资源优势形成的原有体育用品生产型企业可以作为运动休闲特色小镇的实体经济发展动力，若规划镇域空间内，没有这些实体经济，生产要素和资源具备引入条件的可以引入，与整体规划理念不完全吻合的，也不必强制引入。体育产业的发展同样要靠要素和成本的经济理论由市场决定。与此同时，缺乏制造型实体经济的运动休闲特色小镇也可以通过户外运动资源、品牌赛事活动等优势,打造以休闲健身与体育服务为主体的小镇核心产业。

52. 如何在"产城融合"的基础上做到"产城人文"深度契合,发挥"人"在小镇建设中的重要作用？

特色小镇建设是统筹城乡发展的重要载体,要逐渐形成人口、资源、环境相互间协调且可持续发展的空间格局,要务必坚持以人为本,围绕人的城镇化,统筹生产、生活、生态空间布局,完善城镇功能,补齐城镇基础设施、公共服务、生态环境短板,打造宜居宜业环境,提高人民群众获得感和幸福感,防止形象工程,防止房地产开发使土地等生产要素成本飙升。住房和城乡建设部在《国家特色小镇认定标准》中也规定,特色产业带动作用包括农村劳动力带动、农业带动、农民收入带动3个方面,进而分别用农村就业人口占本镇就业总人口比例、城乡居民收入比等定量数据表征。可见,人的发展和人在发展中所起到的作用,成为特色小镇建设发展中政府关注的重要问题。

特色小镇的建设涉及土地性质转变和所有权变化,聚集产业的布局与选址,常住人口的稳定就业率,开发后小镇内房产价格的变化等经济重构问题,也涉及当地居民公共服务、公共事务和公共生活等切身利益的保障问题,还可能涉及生产空间和生活空间的重新布局问题。上述一系列经济领域的重构问题,其实都关乎社会关系和社会治理问题。让特色小镇建设真正做到提升人民群众获得感和幸福感,就必须树立"以人为本"的发展理念,发挥镇区内居民在建设和发展特色小镇中的重要作用,促使特色产业成为区域内居民求职从业的关键性产业;发挥人在促进"产城人文"深度契合上的重要作用,促使特色产业经济发展目标和居民生产、生活、自我发展的目标协调统一。

53. 如何响应《健康中国2030规划》,提升运动休闲特色小镇的健康产业核心竞争力？

国务院在2016年发布的《"健康中国2030"规划纲要》中指出"应积极促进健康与养老、旅游、互联网、健身休闲、食品融合,催生健康新产业、新业态、新模式。"在运动小镇积极培育冰雪、山地、水上、汽摩、航空、极限、马术等具有消费引领特征的时尚休闲运动项目的同时,打造具有区域特色的健身休闲示范区、健身休闲产业带已成为提高小镇核心竞争力的关键。如法国沙木尼体育小镇通过发展医疗服务,形成"急诊＋医院＋研究中心"的综合医疗服务体系,包括夏蒙尼医院、高原生态系统研究中心、山地医学培训与研究所等。休闲与旅游的配套,带动了小镇的全面发展。医疗、教育、休闲商业及多元化休闲设施,带动高山休闲旅游人群,促进小镇从山地运动到山地度假生活方式的转变,提升了小镇的核心竞争力。又如崇明国际马拉松特色小镇,开展专业运动康复服务,与国际知名运动康复机构合作,建设中国首家专业运动康复中心,为专业运动员、高端社会人士提供运动伤害医疗及术后康复服务。在引入外部品牌赛事的同时,整合资源,汇集价值,逐步构建"生态＋体育＋文化＋医疗＋旅游＋养老"生态IP产业链。

54. 运动休闲特色小镇品牌文化设计的核心关键是什么？

运动休闲特色小镇品牌文化设计是其品牌灵魂塑造的过程,更是体育文化传播的过程。

应当紧扣体育特色、体育体验和体育情怀。

（1）找准品牌的定位。围绕拟开展的体育经营项目或体育产品制造项目，分析人群定位、地域定位和品牌定位，结合固有的资源禀赋优势，开发设计品牌的定位。

（2）赋予小镇的名称。小镇名称一定要好听又好记。名称要简明扼要，不出现生僻字，让人容易识别，赋予小镇体育项目的品牌内涵，并留有未来创新发展的延展空间。

（3）创意化的景观场景。一定要通过有形建筑或无形赛事活动场景，为前来者带来视觉冲击力，领会小镇体育品牌文化。在这一点上，成都市金融中心楼顶的熊猫雕塑就是十分具备创意和城市品牌意念的景观场景标志。

（4）传播文化的服务团队。体育品牌文化的挑战、向上、追求、超越、专业、精致等理念，如果可以通过服务团队人员的技能指导、导游讲解和活动组织，来表达和传递给消费者，那就是最自然的影响力传播方式。

（5）与众不同的情怀故事。事件营销和人物营销一直是品牌传播中的重要工具。与体育小镇密切相关的体育人物、体育故事，则是吸引来访者关注和记忆小镇的重要思想符号。

（6）带动所有IP的广告语。能够激活所有体育服务受众和IP的广告语，可能将成为小镇独特体育文化表达的最强音。

55. 运动休闲特色小镇如何构筑完整的产业链？

运动休闲特色小镇的特色产业要想达到立体多维、特点突出、延伸和可持续性，就需要小镇的产业实体将产业链布局不断延伸和发展。这就需要运动休闲特色小镇从价值链、营销链、供需链、空间链4个维度做好产业链完善和丰富的工作。

（1）价值链：深度挖掘体育休闲产品的价值

近年来，越来越多的体育爱好者加入到"悦跑圈""马拉松比赛""英超现场助威团"等网络社交团体，开启了互联网、体育、旅游三者深度融合发展的新局面。大众生活的休闲化、娱乐化趋势明显增强。山地运动、水上运动、冰雪运动、高尔夫运动、露营运动以及观看大型比赛已经成为大众户外运动休闲的选择热点。体育已经成为了旅游产品转型升级的高附加值产品，体育旅游成为产业转型升级的新方向。因此，运动休闲特色小镇应该利用好区域内体育休闲的资源条件，深度挖掘体育休闲产品的价值，深度挖掘体育运动不断提升和发展的运动特性。通过产品的设计创新，服务的智能升级，文化的内涵传播，促使体育休闲化、休闲体验化、体验挑战化、挑战收获化，通过体育产品服务满足人们游乐行为的升级和自我挑战的精神升华。

（2）营销链：扩大关系营销和团队营销的影响力

体育是人类社群发展和人际交往的的重要支撑和平台。有研究表明，美国人将"独自打保龄球"视为社会公共生活消退的表征；德国是世界上大众体育俱乐部最兴盛的国家，1/3的国民加入各类体育俱乐部；北京就有几千支业余足球俱乐部、几百个跑团；西班牙巴塞罗那俱乐部6万会员通过俱乐部营销部门的服务，到世界各地观赛和参与俱乐部其他体育旅游项目，如篮球、游泳、网球等消费。德国拜仁慕尼黑一个俱乐部就有1 000种以上标志产品，极大地带动了球迷的消费。运动休闲特色小镇应当聚焦在体育社群营销和关系营销，积极利用自媒体传播技术进行营销和推广，节约营销成本，并获得良好的持续收效。

（3）供需链：差异化服务满足供需关系平衡

运动休闲特色小镇产品创新能力的提升,归根结底是产业供需关系的平衡。同质化的体育小镇产品和省内密集的小镇布局之后,势必形成激烈的客户群体竞争。除了特色制造业为主的小镇之外,以体育服务业为主的体育小镇只有提供差异化服务才能实现客户导入和供需平衡。例如,2016 年 10 月,江苏公布启动建设的首批 8 个体育健康特色小镇就在内容设计上各具特色。南京汤山原来就是一个"温泉+旅游"的小镇,体育资源也很丰富,慢行系统、赛事的引入,还有奥特莱斯这样的商业形态,综合而成"旅游+体育"的模式。江阴的新桥镇是一个以推广马文化、马术项目运动来进行建设的小镇。昆山锦溪以体育制造业为主,是"体育+制造"的小镇。

（4）空间链:联通小镇和便利分享,形成资源整合力

运动休闲特色小镇应该形成开放发展、共享发展的理念。积极整合周边资源禀赋和周边的现有其他特色小镇资源,形成资源整合能力和带动品牌。积极利用各个特色小镇的主题文化节庆、主题活动和集聚游客流动的赛事活动,整合联通附近小镇的旅游资源和体育资源。在产品宣传和推广方面,积极联动,共同分享服务和产品,共同设计产品服务价格共享和配合机制,形成服务综合体和联动发展的集群。

56. 如何理解优化运动休闲特色小镇体育产业结构,提升体育服务业态比重?

服务业是国民经济的重要组成部分,服务业的发展水平是衡量现代社会经济发达程度的重要标志。加快发展服务业,提高服务业的比重,是推进经济结构调整、加快转变经济增长方式的必由之路。2013 年,我国体育产业中体育服务业实现增加值 764.16 亿元,所占比例为 21.45%,而发达国家体育服务业占比均已超过 60%,英国、美国甚至超过 80%。

2017 年 5 月,国家体育总局办公厅印发了《关于推动运动休闲特色小镇建设工作的通知》(体群字〔2017〕73 号),通知中要求"到 2020 年,在全国扶持建设一批体育特征鲜明、文化气息浓厚、产业集聚融合、生态环境良好、惠及人民健康的运动休闲特色小镇",运动休闲特色小镇将成为我国体育产业发展的新动力,也是提高我国体育服务业比重的重要方式之一,故在发展运动休闲特色小镇时应注意体育服务业所占的比重。应大力培育健身休闲、竞赛表演、中介培训和场馆服务等体育服务业,鼓励发展有潜力的体育旅游、体育传媒、场馆运营等服务业态。增加运动休闲特色小镇中体育场馆设施的利用率,针对不同人群设计个性化体育服务产品,激发和释放消费者的健身消费需求。在特色小镇中引入有品牌影响力的龙头企业和有资本实力的上市企业。积极吸引社会资本和外资资本投入,为运动休闲特色小镇中体育服务业比重增加提供条件和基础。

57. 为什么要积极支持运动休闲特色小镇中体育用品制造业的创新发展?

积极支持体育用品制造业的创新发展,对于过去以简单加工为主的我国体育用品业制造业的转型升级,面向未来创造更高附加值的研发、设计、品牌销售、售后服务等价值链,都具有重要意义。运动休闲特色小镇作为落实新型城镇化战略,调整高端生产要素聚集方式的重要抓手,应积极引入体育用品制造业。

国外有许多运动休闲特色小镇都融入了体育用品制造业,如位于意大利北部特雷维索

省的蒙特贝卢纳镇,有着悠久的手工制鞋历史,20世纪70年代,这里便成为世界著名的与冰雪运动有关的运动鞋生产基地。目前,全球约80%的赛车靴、75%的滑雪靴、65%的冰刀鞋和55%的登山鞋等运动鞋产自此镇。大量生产企业的聚集,促进了商业、居住及公共服务等城市功能的配套完善,形成了"运动鞋生产集群+城市服务功能"的小镇发展架构。通过产业链间的联系和便捷的交通网络构成一个"大分散、小集中"的布局,核心体育用品的生产推动上下游企业的完善,促进服务业集聚,推动小镇特色化发展。我国也有部分小镇在规划初期就将生产制造作为规划重点,如广东省的中山市国际棒球小镇,小镇致力构建一个以棒球核心产业为中心,以棒球紧密产业为基础,以棒球相关产业为补充的全方位的棒球产业链。把棒球产业作为城镇建设、经济转型的突破口。通过统筹规划,整体布局,既具特色,又互补联动,产生耦合机制效应。逐步形成棒球产业运营模式和以棒球产业为核心的全产业链运营模式,进而促进产业和城镇转型,打造独具运动内涵的棒球小镇。构建了一个集生产、生活、生态的"产业综合体"。

58. 如何理解建设发展运动休闲特色小镇是吸引和支持金融、地产、信息等行业企业开发体育领域产品和服务的关键抓手？

运动休闲特色小镇是在全面建成小康社会进程中,助力新型城镇化和健康中国建设,促进脱贫攻坚工作,以运动休闲为主题打造的具有独特体育文化内涵、良好体育产业基础,运动休闲、文化、健康、旅游、养老、教育培训等多种功能于一体的空间区域、全民健身发展平台和体育产业基地。发展运动休闲特色小镇需要广泛吸引社会参与,鼓励各行各业进入体育领域投资开发产品和提供服务。《国务院关于加快发展体育产业 促进体育消费的若干意见》(国发〔2014〕46号)提出"支持金融、地产、建筑、交通、制造、信息、食品药品等企业开发体育领域产品和服务",目的是创造一种更开放的投融资环境,形成全面发展的局面。

《国务院办公厅关于进一步激发社会领域投资活力的意见》(国办发〔2017〕21号)中也提出"发挥政府资金引导作用,有条件的地方可结合实际情况设立以社会资本为主体、市场化运作的社会领域相关产业投资基金。"金融企业开发金融服务产品方面,可以开拓新业务,支持符合条件的企业发行债券、融资券、私募债等,增加适合中小微体育企业的信贷品种,开发多样化保险产品,为运动休闲特色小镇体育产业发展发挥催化剂作用。

地产企业可利用资金、人力、管理、销售等方面的优势,进行运动休闲特色小镇体育设施的投资、建设、运营管理,在商业地产项目中融入体育休闲娱乐、培训等项目,打造城市体育服务综合体,发挥优势,利用PPP等模式一体化参与体育设施的投资建设和运营管理,提供多样化的体育产品和服务。

信息企业可以在运动休闲特色小镇体育产业发展中发挥重要的作用。随着"互联网+"时代的到来,移动互联网快速发展,将在体育产业领域创造更多的机会和商业模式,也会带来更多的就业机会和更大的体育产值贡献。信息企业应加大科技研发投入和创新力度,积极开拓体育赛事网络直播、体育运动服装网络销售、体育智能产品等领域,推动体育O2O、体育大平台等商业模式建设与应用。

59. 运动休闲特色小镇中培育和发展体育高新技术企业在企业所得税方面可以享受哪些优惠政策❓

《中华人民共和国企业所得税法》(中华人民共和国主席令〔2007〕63号)规定:企业所得税的税率为25%,符合条件的小型微利企业,减按20%的税率征收企业所得税。为支持科技创新,明确规定:国家需要重点扶持的高新技术企业,按15%的税率征收企业所得税。

虽然体育领域内运动器材装备、运动康复设施、运动服装面料等方面的高科技创新普遍存在,但体育产品和服务整体上并未被纳入国家重点支持的高新技术领域目录。为此,《国务院关于加快发展体育产业　促进体育消费的若干意见》(国发〔2014〕46号)提出将体育服务、用品制造等内容及支撑技术纳入高新技术领域,对其进行税收方面的优惠,以鼓励更多体育企业加大研发投入,提高科技含量。建设运动休闲特色小镇是推进体育供给侧结构性改革、加快贫困落后地区经济社会发展、落实新型城镇化战略的重要抓手。高新技术企业作为推动经济发展的重要一环能够大力推动小镇经济发展,如美国的尤金小镇,不仅发展了冬季运动(滑雪)、休闲运动(棒球、高尔夫)和极限运动(漂流和皮划艇)活动品牌,还是著名的耐克公司的发源地,聚集了高端要素云集的创新型企业,从而拉动地区经济发展。

60. 近年来,国家制定了哪些体育产业营业税征收政策❓

近年来,体育产业营业税征收问题,特别是关于台球、保龄球等大众参与度较高的体育项目,按照娱乐业相关税收标准征缴营业税的问题受到了广泛关注。根据《国家税务总局关于印发〈营业税税目注释(试行稿)〉的通知》(国税发〔1993〕149号)规定:"体育业是指举办各种体育比赛和为体育比赛或体育活动提供场所的业务。以租赁方式为文化活动、体育比赛提供场所,不按本税目征税",并规定台球、高尔夫球、保龄球场,以及射击、跑马等活动的场所按娱乐业征税。2004年,《财政部、国家税务总局关于调减台球保龄球营业税税率的通知》(财税〔2004〕97号),对台球、保龄球减按5%的税率征收营业税,税目仍属于"娱乐业",自2004年7月1日起实施,各地也相应做了调整。根据最新《营业税税目税率表》,举办比赛和提供场所的业务按3%征收营业税。

2009年1月1日起实施的《中华人民共和国营业税暂行条例》(中华人民共和国国务院令第540号)明确提出:"文化体育业按3%税率执行"。《国务院关于加快发展体育产业促进体育消费的若干意见》(国发〔2014〕46号)提出要求"落实企业从事文化体育业按3%的税率计征营业税"。落实企业从事文化体育业按3%的税率计征营业税政策,需要地方财政、税务等部门出台相应细则并积极督促落实。

61. 近年来,国家制定了哪些体育场馆房产税和城镇土地使用税方面的政策❓

税费政策是体育场馆设施运营政策中最核心、最重要的政策,对于体育场馆设施的运营和体育公共服务的供给具有重要影响。根据《中华人民共和国税收征收管理法》和国家税务总局《事业单位、社会团体、民办非企业单位企业所得税征收管理办法》等国家有关法律、法规的要求,公共体育场馆作为纳税主体,应缴纳相应的税收。目前,中小型体育场馆需要缴纳的税种主要有营业税、企业所得税、城建税、房产税、城镇土地使用税等方面的税。

财政部2015年发布的《关于体育场馆房产税和城镇土地使用税政策的通知》（财税〔2015〕130号）文件中提出："经费自理事业单位、体育社会团体、体育基金会、体育类民办非企业单位拥有并运营管理的体育场馆，同时符合向社会开放，用于满足公众体育活动需要；体育场馆取得的收入主要用于场馆的维护、管理和事业发展；拥有体育场馆的体育社会团体、体育基金会及体育类民办非企业单位，除当年新设立或登记的以外，前一年度登记管理机关的检查结论为"合格"三个条件者，其用于体育活动的房产、土地，免征房产税和城镇土地使用税。企业拥有并运营管理的大型体育场馆，其用于体育活动的房产、土地，减半征收房产税和城镇土地使用税。"对房产税和城镇土地使用税进行了相关减免。

62. 近年来，国家制定了哪些体育健身设施水电气热价格方面的政策❓

水、电、气、热费用是体育场馆等健身场所运营的主要成本之一。水、电、气、热等能源费用征收标准可以分为居民家庭生活标准、行政事业标准、工业标准、商业（经营）服务标准和特种行业标准等，不同标准的价格有较大差异。目前，我国体育场馆大部分按照商业（经营）价格标准收取，甚至有部分游泳场馆和健身房等在部分地区按照特种行业标准收取，价格标准远远高于商业标准。总体来看，体育场馆的水、电、气、热等费用成本较高，一些地方未执行有关部门的相关优惠政策，是场馆运营压力较大的原因之一。《体育总局等八部门关于加强大型体育场馆运营管理改革创新　提高公共服务水平的指导意见》（体经字〔2013〕381号）已明确提出"大型体育场馆水、电、气、热价格按不高于一般工业标准执行"。《意见》进一步将适用范围扩大至全部体育场馆等健身场所，指出除体育场馆外，社会力量投资的商业健身俱乐部、体育场地等健身场所也在适用范围之内，与公共体育场馆执行同价政策。此外，《意见》提出按不高于一般工业标准执行。各省市应按照这一原则确定各自水、电、气、热费用的收费标准。

63. 如何运用现代信息技术、互联网＋技术发展，助推运动休闲特色小镇发展❓

国务院在2016年发布的《"健康中国2030"规划纲要》中指出，应积极促进健康与养老、旅游、互联网、健身休闲、食品融合，催生健康新产业、新业态、新模式。运动休闲特色小镇应该顺应"互联网＋"发展的大趋势，坚持"共享开放、引领超越、创新融合"的基本原则，以建设运动休闲特色小镇为契机，推进互联网与运动休闲特色小镇各领域的全面融合与深化发展。通过"互联网＋体育""互联网＋休闲"等发展运动休闲特色小镇新产业、新业态、新模式，使之成为小镇经济增长新动力，成为提供和优化公共服务的重要手段。着力培育一批"互联网＋体育""互联网＋休闲"等国内外知名企业，打造具有全国影响力的"互联网＋"运动休闲特色小镇。在建设运动休闲特色小镇的同时，深化移动互联网在公共服务、管理、营销等方面的一体化平台，逐步建立起特色鲜明、运转高效的智慧旅游政务管理体系、公共服务体系、市场营销体系，实现景区政务管理智能运行。开发移动终端应用，实现全过程、互动式的"旅游体验"，提升小镇内配套服务效率，激发消费潜力，基本形成小镇内网络经济与实体经济协同互动发展的格局。

五、体育专项篇

64. 足球运动特色小镇在产业孵化和实体培育上有哪些发展路径？

（1）聚焦足球产业的制造企业、服务企业和职业俱乐部发展。做大做强足球用品制造业。足球运动特色小镇可以支持企业加大研发设计投入力度，大力发展足球制品、运动服装、器材设施、纪念品的研发设计、生产制造和销售推广，打造若干龙头企业和知名品牌。扶持发展一批成长型足球小微企业，支持其进入各类创业平台和孵化基地，提供足球俱乐部运营、足球培训、足球网络媒体和社区平台等服务。吸引职业足球俱乐部到小镇发展训练基地或比赛活动，形成支持职业足球俱乐部发展的有效环境和平台。

（2）促进足球产业与相关业态融合发展，积极利用行业外平台和手段进行产品供给与实体培育。加快小镇足球产业与旅游业、建筑业、文化创意、餐饮酒店、健康养生等行业的互动发展，催生足球运动新业态。推动互联网技术与足球产业深度融合，重点引入移动互联网、电子商务、大数据等新技术和新业态，促进小镇足球产业多点创新。支持开发足球类手机应用程序、互联网和手机足球游戏、足球题材动漫和影视作品，丰富小镇足球文化内涵。

（3）促进足球开放发展和交流活动，发挥个人和社群在足球特色小镇发展中的突出作用。足球特色小镇可以实施海外教练人才引进计划，吸引高水平的足球人才来镇工作，完善出入境、居留、医疗、子女教育等相关政策。探索形成以培养输送青少年优秀足球人才为核心考核指标的海外教练人才激励考核制度。拓展足球对外交流渠道，鼓励各类企业主体举办形式多样的国际国内足球交流活动。积极发挥足球领军任务、优秀足球运动员和足球社团在培育足球人口，足球活动组织，保持和提高足球消费者消费黏性，带动足球产业可持续增长方面的突出作用。

65. 航空运动特色小镇在产业孵化和实体培育上有哪些发展路径？

（1）推进场地、赛事、人才三边联动发展。航空运动特色小镇要加强航空（营地）飞行场地建设，协调规划航空飞行场地（营地）间低空目视飞行航线，满足航空体育竞赛表演等需求。鼓励航空飞行场地（营地）营地与住宅、文化、娱乐、旅游景区等综合开发，打造航空运动服务综合体。广泛开展群众性航空运动活动，形成一批优秀航空运动品牌赛事活动。承接或举办航空运动职业技能比赛，选拔飞行技术水平高、综合能力强、能带动相关行业发展的飞行员和飞行团队。形成场地赛事人才综合联动，拉动发展的产业孵化和实体培育路径。

（2）鼓励企业和俱乐部品牌培育。支持中小微航空运动企业、经营性航空运动俱乐部在航空小镇落户，支持上述企业向"专、精、特、新"方向发展，强化特色经营、特色产品和特色服务，鼓励航空运动企业创业创新的品牌，营造航空运动领域"大众创业、万众创新"的良好氛围。

（3）促进航空运动融合发展。促进小镇内的航空运动设施与科技、旅游、教育、健康、文化等融合发展。大力发展航空运动旅游,支持和引导国内旅行社结合小镇的航空竞赛表演活动和设施资源,设计开发航空体育旅游项目和路线。

(4)努力引导航空运动消费。航空运动小镇应当大力开展各类群众性航空休闲运动,发挥航空运动活动、飞行表演和体验的示范作用,激发公众航空运动消费需求。充分利用多媒体传播技术,提高航空运动的参与性、模拟性和体验性,增强消费黏性和刚性。利用广播电视、多媒体广播电视、网络广播电视、手机 APP 等多渠道宣传航空运动知识。鼓励与周边学校、专业体育培训机构等单位合作,加强青少年航空运动培训,培育青少年养成航空运动消费习惯。

66. 山地户外运动特色小镇在建立健全安全救援体系方面需要重点做好哪些工作？

山地户外运动特色小镇的很多运动项目集中在山地地形条件下,地形复杂,项目难度大,对参与者的身体素质与应急自救能力的要求条件比较高。开展好相应项目的服务与保障工作,必需健全和完善山地户外安全救援系统。

通常山地户外安全救援系统的硬件组成包括 4 个方面。(1)包括导视标识、警示标识、劝示标识、服务指南等在内的健全完善的标识系统。(2)包括安全防护装置、预警装置、应急救援装置、紧急庇护所、救援队及救援装备等在内的安全系统。(3)包括救援、医疗、运输在内的一体救援应答反应体系。(4)包括服务中心、休息点、露营地、驿站、供水、供电、照明、停车场、卫生间、垃圾回收处置等在内的服务配套设施体系。

另外,山地户外安全救援系统在硬件设施配置的基础上,要加强软件管理和服务上的持续改进和风险防控。加大对山地户外运动参与者的安全教育力度,建立和运行山地户外运动参与者信息管理和行迹追踪系统,积极更新并实时发布山地户外运动目的地周边地区的天气状况、交通管制等信息。持续稳步推进山地户外救援人员队伍的培训和考核建设,强化预警、控制、救援、装备、保险等作业单元的应答演练和预案演练,形成救援、医疗、运输在内的一体化的全方位水陆空应急救援服务管理体系。

67. 水上运动特色小镇在产业孵化和实体培育上有哪些发展路径？

从全产业链角度培育水上运动特色小镇中的企业实体。过去,我国的水上运动装备制造企业,存在生产规模小、标准化程度不高、科技研发投入较小、与国际需求对接不紧密的情况。在水上运动特色小镇中发展和培育水上装备企业,应该站在全产业链发展的角度去思考问题。打通水上运动装备、活动、赛事、服务的产业链上下游。通过税费政策、土地政策和人才政策,鼓励水上运动装备制造的研发、设计、销售等高端环节,提高自主研发生产能力,鼓励水上运动装备企业对接赛事和群众使用需求,参与赛事活动的承办和运营服务,实现运动产品制造和运动休闲服务产业的产业链条对接与扩展。通过培育活动、组织赛事、承办运营,来扩大水上运动装备制造型企业产品的认知度,扩展企业转型发展的可塑空间。

另外,特色小镇应当做好水上运动码头建设,盘活水上设施资源,鼓励现有船舶码头、渔业码头等各类码头进行梳理和功能调整,适时促进其对公众开发。同时,打造和培育水上运动赛事体系,大力开放水上竞赛艺术文化表演、体验活动和主题节庆活动,普及水上运动知识,形成广泛参与的健身氛围,为撬动水上运动装备消费品市场打开需求空间。

68. 运动休闲特色小镇中通常配置的体育运动休闲项目有哪些？

运动休闲特色小镇通常配置的体育运动休闲项目可以分为3类。即体育休闲常规类项目、体育休闲挑战性项目、体育休闲趣味游艺性项目。

（1）体育休闲常规类项目。如：五人制足球、笼式足球、篮球、三人制篮球、排球、羽毛球、乒乓球、网球、壁球、棒球、垒球、保龄球、台球、门球、草地滚球、地掷球、滑雪、滑冰、射箭、轮滑、滑板、健身步道、登山步道等。

（2）体育休闲挑战性项目。如：素质拓展、高低空探险、军事化训练、CS野战、森林探险、蹦极、攀岩、速降、滑翔伞、跳伞、风洞跳伞、冲浪、野外生存训练、无线电定向、滑水、滑沙、滑草、皮划艇、赛艇、滑翔机、热气球、卡丁车、汽车赛车、摩托车赛车、漂流、山地自行车、公路自行车、小轮车等。

（3）体育休闲趣味游艺性项目。营地攻防箭、漂移车、平衡车、四季旱雪、迷你高尔夫、儿童蹦床、纸飞机、儿童游乐设施、滑梯、电子竞技、VR游戏、电子游戏游乐设备、泡泡球、棋牌等。

运动休闲特色小镇可根据主题特色、市场需求和功能分区布局，选择性配置上述体育项目场地和设施设备。

69. 可供汽车露营特色小镇规划布局所选的"三圈三线"经典自驾路线是哪些？

汽车露营特色小镇可以根据所在区位和地理环境优势，规划布局有关汽车露营地设施。在选址建设汽车露营特色小镇时，可以依据国家体育总局等部门发布的《汽车自驾运动营地发展规划》中发布的"三圈三线"经典自驾路线，进行选址，将资源和设施统一集合，形成吸引露营消费者的影响合力。《汽车自驾运动营地发展规划》指出，"积极发挥社会资本在建设汽车自驾运动营地中的主导作用，鼓励社会资本围绕'三圈三线'建设连锁经营的营地系统。大力推广政府和社会资本合作模式（PPP）建设汽车自驾运动营地，鼓励营地建设与运动休闲小镇、全国训练营地等建设相结合"。

"三圈三线"经典自驾路线的具体解释如下。

三圈：以北京为核心的京津冀经济圈，以上海为核心的泛长江三角经济圈，以广州为核心的泛珠三角经济圈。

三线：北京至深圳沿海精品线，这是一条贯穿我国南北的大动脉，可跟港澳台地区连通与东南亚连成一片；南宁至拉萨，贯穿云南、四川、甘肃、青海、进藏自驾路线；北京经乌鲁木齐至伊犁，贯穿中国东西部并可跨境覆盖"一带一路"路上丝绸之路的经典自驾路线。

70. 电子竞技运动特色小镇如何在相关产业发展上实现创新和突破？

电子竞技是近年来新兴的体育运动，其在青少年间、互联网和移动客户端上的传播影响力已经超越了各种其他传统运动项目。不少特色小镇规划建设投资主体，看到了这一潜在市场，希望发挥固有的资源优势，建设电子竞技运动特色小镇。实现这一领域特色小镇的创新和突破发展,需要做好4个方面的工作。

(1)聚合专业产业联盟,推动项目商业化发展。特色小镇应当发挥创业成本相对较低,用好聚集高端要素的各方面利好政策。汇聚成立专业的电子竞技产业联盟,汇聚行业内的俱乐部、职业赛手和游戏制作企业,通过制定行业标准、行业收入分享机制、规范赛事经纪模式、开展职业化培训、内容主题联合出品等方式,解决电子竞技项目职业化程度不高、商业价值开发不够充分的问题现状。推动赛事内容和运营的职业化,设施场馆建设的标准化、版权运营策略的个性化、队员"粉丝"共建的常态化。

(2)充分做好市场调研,挖掘赛事商业价值。特色小镇想要通过电子竞技产业带动小镇特色产业形成和发展,必需深度开发电子竞技产品和服务的核心价值,围绕赛事商业价值掘金,在深度挖掘其赛事直播和转播版权获利空间的基础上,逐步探索包括电子竞技赛事解说、明星与战队知名度效应、电子竞技小说和电影及漫画、有关音乐、相关赛事报道、服饰装饰玩具和有关综艺节目等项目产品的外延价值,打通项目全产业链布局。

(3)做好项目文化体验,持续优化顾客体验。深入做好青少年等顾客受众的需求调研工作,关注受众群体在参与电子竞技活动、收看电子竞技比赛的过程中的切实需求。从项目规则公平化改进、项目解说专业化程度提升、职业选手互动、VR虚拟技术应用增强体验感、普通选手年职业化发展路径建立、观看比赛渠道立体化丰富、周边产品小镇内营销与展示等多种方式优化顾客体验,运用电子竞技运动独特的魅力营造小镇特色文化。

71. 冰雪运动特色小镇如何发挥设施、组织和活动引领作用,营造冰雪运动主题文化❓

冰雪运动特色小镇应该通过加大投入,加强保障措施,从冰雪设施营建、冰雪运动组织协会辐射带动、冰雪主题活动与赛事举办3个方面营造冰雪运动主题特色文化。

(1)冰雪运动特色小镇应当加大群众性冰雪运动场地建设。在满足相关要求基础上,合理利用江河、湖泊等自然水域资源和城市公园的公开水域等,开辟天然滑冰场地,满足群众滑冰运动需求。有条件的公园可建立滑冰运动与滑雪运动相互结合的冰雪乐园。积极利用广场、操场、公共绿地等人工浇筑滑冰场地,满足学校教学、课外活动及社区居民休闲娱乐需要。充分利用国内外新技术、新材料、新工艺建设旱雪场、旱冰场、仿真冰场、可拆装冰场等替代性冬季运动场地。完善冰雪场地周边设施,打造集合运动、娱乐、休闲、餐饮、度假于一体的冰雪运动特色小镇。

(2)冰雪运动特色小镇培育、扶持冬季运动社会组织的发展,积极发挥各人群冰雪运动协会组织的作用,发挥人和社群在推广冰雪运动和营造主题文化中的突出作用。通过政府购买服务形式,激发冬季运动社会组织的发展活力,提高其承接政府购买冬季运动比赛活动服务的能力。发挥其在项目安全保障、教学培训指导、活动组织方面的综合优势。

(3)冰雪运动特色小镇应当广泛开展冰雪运动主题健身活动和竞赛活动。建立具有小镇自身特色的品牌活动,以冰雪旅游节、冰雪文化节、冰雪嘉年华、冰雪美食节、冰雪马拉松等活动形式为支撑,逐步形成冰雪主题活动体系。建立节庆趣味民俗活动与专业竞赛观赛活动相结合,冬季运动项目普及发展体系。逐步引入高水平冰雪运动赛事,提高小镇居民的观赛热情和专业体育素质。

72. 我国在冰雪运动设施建设用地保障措施上提出了哪些发展性规划和政策措施？

2016年11月25日,国家发展改革委、国家体育总局等七部门共同印发了《全国冰雪场地设施建设规划(2016—2022年)》。该规划对于冰雪运动设施建设用地保障措施提出了明确的意见,可供建设冰雪运动特色小镇参考。有关发展性规划和政策措施中指出了9个方面的土地用地意见。

(1) 要积极保障冰雪产业发展用地空间,引导冰雪产业用地控制规模、科学选址,并纳入地方各级土地利用总体规划中合理安排。

(2) 对符合土地利用总体规划、城乡规划、环境保护规划等相关规划的重点冰雪场地设施建设项目,各地应本着应保尽保的原则,及时安排新增建设用地计划指标,加快办理用地审批手续,积极组织实施土地供应。

(3) 在符合生态环境保护要求和相关规划的前提下,对使用荒山、荒地、荒滩及石漠化土地建设的冰雪项目,优先安排新增建设用地计划指标,出让底价可按不低于土地取得成本、土地前期开发成本和按规定应收取相关费用之和的原则确定。

(4) 对复垦利用垃圾场、废弃矿山等历史遗留损毁土地建设的冰雪项目,各地可按照"谁投资、谁受益"的原则,制定支持政策,吸引社会投资,鼓励土地权利人自行复垦。

(5) 政府收回和征收的历史遗留损毁土地用于冰雪项目建设的,可合并开展确定复垦投资主体和土地供应工作,但应通过招标拍卖挂牌方式进行。

(6) 鼓励基层冰雪场地设施共建共享,利用城市公园、郊野公园、城市空置场所等建设冰雪场地设施。

(7) 利用现有山川水面建设冰雪场地设施,对不占压土地、不改变地表形态的,可按原地类管理,涉及土地征收的依法办理土地征收手续。

(8) 对选址有特殊要求,在土地利用总体规划确定的城市、集镇和村庄建设用地指标以外的重大冰雪场地设施建设项目,可按单独选址项目安排用地。

(9) 实行差别化供地,对非营利性的冰雪运动项目专业比赛和专业训练场(馆)及其配套设施,符合划拨用地目录的,可以划拨方式供地;不符合划拨用地目录的,应当有偿使用,可以协议方式供地。修建冰雪运动场地及配套的服务设施用地,按照建设用地管理,办理建设用地审批手续。

73. 国外运动休闲特色小镇体育运动鲜明特色的具体表征有哪些？

国外运动休闲特色小镇的体育运动鲜明特色主要表现在它的特色产业、特色功能和特色形态景观上。具体表现的突出特征,依据小镇发展特点也有所不同。

有的小镇鲜明的体育特征表现为体育生活化,即参与体育活动的体育人口比较多。如新西兰皇后镇的居民人口和辐射周边带动前来参与户外体育活动的人数很多;有的小镇鲜明的体育特征表现为体育产业化,即体育产业劳动就业增长和体育企业的投入产出比较高。如德国巴伐利亚州赫尔佐根赫若拉赫是著名的手工业发达小镇,也是3家全球企业阿迪达斯、彪马、舍佛勒的总部。阿迪达斯作为区域内最大的体育用品制造企业,年营业额超过145亿欧元。作为全球著名的体育用品产业小镇,其体育特征以产业制造特征为主;有的小镇鲜明的体育特征表现为体育人文化、历史化。如英国苏格兰圣安德鲁斯高尔夫球小镇以它的高尔夫球运动起源历史而闻名。

74. "一带一路"体育旅游发展行动方案为沿线运动休闲特色小镇发展带来了哪些发展机遇？

（1）借助"一带一路"体育旅游发展行动方案，加大体育旅游宣传力度。作为体育旅游重要的服务主体和承载平台，运动休闲特色小镇可以利用体育旅游宣传活动、体育旅游地图编制工作、体育旅游国际展会等形式，组织相关企业实体参会、参展、参加，增加小镇的宣传影响力。

（2）借助"一带一路"体育旅游发展行动方案，培育体育旅游重点项目。该方案提出的重点培育的冰雪、汽车、摩托车、马拉松、自行车、水上运动、户外挑战、航空运动、电子竞技等体育赛事活动，以及重点开展的太极拳、武术、舞龙、舞狮、龙舟、射箭、摔跤等民族传统体育旅游项目，恰恰都是当前运动休闲特色小镇规划的重点方向。可以乘势而为，形成特色，培育精品线路和产品。

（3）借助"一带一路"体育旅游发展行动方案，加强体育旅游设施建设。该方案提出建立动态的体育旅游重大项目库，重点项目给予政策支持。鼓励和支持沿线地区举办投融资大会。设立"一带一路"体育旅游产业基金。运动休闲特色小镇应当抓住机遇，整合（统一）规划理念，加强体育与旅游的融合发展思路、发展规划、发展布局，借势加快推进体育旅游设施建设。

75. 为什么运动休闲特色小镇将赛事活动培育和体育服务企业培育的重点聚焦在户外休闲运动上？

运动休闲特色小镇将赛事活动培育和体育服务企业培育的重点聚焦在户外休闲运动上，可以从休闲体育运动的需求本身和运动休闲特色小镇的资源禀赋特点两个方面理解。

（1）休闲体育运动本身就是远离室内、亲近自然的运动行为。现代都市人由于工作压力大，消费水平增长快，对于户外休闲的需求日益增加。选择亲山、亲水、亲自然的环境进行修养、健身、休闲和娱乐活动成为人们钟爱的运动方式。而自行车、登山、徒步、露营等运动恰好契合了人们的需求。

（2）从运动休闲特色小镇的地理区位和资源禀赋来讲，多数小镇选址位于城市郊区，自然风貌良好，景区环境优异，天然的体育休闲旅游资源非常充沛。因此，运动休闲特色小镇将自身产业的定位主体确定为户外体育休闲服务企业的培育和户外体育赛事活动的组织，是供需双方高度匹配的结果产物。

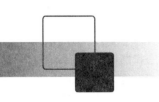

六、标准指南篇

76. 如何理解特色小镇按照景区标准建设？景区建设标准有哪些国家和行业标准依据可循？

优美宜居的生态环境是人民群众对城镇生活的新期待。建设特色小镇要树立"绿水青山就是金山银山"的发展理念,保护城镇特色景观资源,加强环境综合整治,构建生态网络。要有机协调城镇内外绿地、河湖、林地、耕地,推动生态保护与旅游发展互促共融、新型城镇化与旅游业有机结合,打造宜居宜业宜游的优美环境。2016 年,国家发展改革委印发了《关于加快美丽特色小(城)镇建设的指导意见》(发改规划〔2016〕2125 号),意见中指出,"鼓励有条件的小城镇按照不低于 3A 级景区的标准规划建设特色旅游景区,将美丽资源转化为'美丽经济'"。随后各地印发的建设发展特色小镇的政策文件中,也普遍提及此项要求。

例如,河北省提出"立足特色产业,培育独特文化,衍生旅游功能以及必需的社区功能,实现产业、文化、旅游和一定社区功能的有机融合。一般特色小镇要按 3A 级以上景区标准建设,旅游产业类特色小镇要按 4A 级以上景区标准建设";江苏省提出"所有特色小镇原则上要按 3A 级以上景区服务功能标准规划建设,旅游风情小镇原则上要达到国家 5A 级旅游景区规范要求,建设产城人文融合发展的现代化开放型特色小镇。"湖北省提出,"特色小(城)镇要按国家 3A 级景区标准建设,旅游产业类特色小(城)镇按湖北省旅游名镇标准建设"。

因此,在规划建设特色小镇时,可依据由国家旅游局提出,由全国旅游标准化技术委员会归口管理的国家标准 GB/T 17775—2003《旅游景区(点)质量等级的划分与评定》进行规划设计和建设。另外,可参考 GB/T 26355—2010《旅游景区服务指南》、GB/T 30225—2013《旅游景区数字化应用规范》、GB/T 31383—2015《旅游景区游客中心设置与服务规范》、GB/T 31384—2015《旅游景区公共信息导向系统设置规范》等标准规划设计相关设施,并提供服务。

77. 适用于足球运动特色小镇建设的足球场地设施标准有哪些？

适用于足球运动特色小镇建设的足球场地设施标准主要有:

(1) GB/T 19995.1—2005《天然材料体育场地使用要求及检验方法 第 1 部分:足球场地天然草面层》该标准规定了天然草坪足球场的术语和定义、场地面层分级、要求、检验方法及合格、分级判定规则。也适用于休闲等类型的天然草坪足球场地。

(2) GB/T 20033.3—2006《人工材料体育场地使用要求及检验方法 第 3 部分:足球场地人造草面层》和 GB/T 20394—2013《体育用人造草》两项国家标准分别对人造草面层足球场的场地及人造草作出具体要求。人造草面层足球场地相对于天然草面层足球场而言,具有全天候性、耐候性、回复性、透气透水性、经济性等优点,多用于学校教学及全民健身。

(3) TY/T 1002.1—2005《体育照明使用要求及检验方法 第 1 部分:室外足球场和综

合体育场》和 JGJ 354—2014《体育建筑电气设计规范》两项行业标准规定了足球场地的体育照明及电气设计相关要求。

（4）QB/T 4291—2012《足球门柱和网》行业标准规定了足球门柱和网的分类、要求、试验方法、检验规则和标志、包装、运输、贮存。该标准适用于 11 人制比赛、练习用的足球门柱和网。

78. 适用于航空运动特色小镇建设的航空场地或航空模型场地设施标准有哪些？

适用于航空运动特色小镇建设的航空场地或航空模型场地设施标准主要有：
GB 19079.12—2013《体育场所开放条件与技术要求　第 12 部分：伞翼滑翔场所》
GB 19079.13—2013《体育场所开放条件与技术要求　第 13 部分：气球与飞艇场所》
GB 19079.24—2013《体育场所开放条件与技术要求　第 24 部分：运动飞机场所》
GB 19079.25—2013《体育场所开放条件与技术要求　第 25 部分：跳伞场所》
GB 19079.26—2013《体育场所开放条件与技术要求　第 26 部分：航空航天模型场所》

以上 5 项标准分别规定了伞翼滑翔场所、气球与飞艇场所、运动飞机场所、跳伞场所以及航空航天模型场所开放应具备的基本条件和技术要求，可以为航空运动特色小镇运动场馆设施的建设提供技术支持。

另外，国家体育总局航空无线电模型运动管理中心和中国航空运动协会会同相关专家制定了《航空飞行营地及设施标准》，虽然不是正式的国家标准和行业标准，但该文件内容罗列了各运动项目所需场地及设施的基本条件，并提出通过不同项目基本条件的叠加，促使航空飞行营地的功能进一步扩展的方式方案，也可供运动休闲特色小镇建设参考。

79. 适用于山地户外运动特色小镇建设的山地户外运动场地设施标准有哪些？

适用于山地户外运动特色小镇建设的山地户外运动场地设施标准主要有：
GB 19079.4—2014《体育场所开放条件与技术要求　第 4 部分：攀岩场所》
GB 19079.30—2013《体育场所开放条件与技术要求　第 30 部分：山地户外场所》
GB 19079.31—2013《体育场所开放条件与技术要求　第 31 部分：高山探险场所》

以上 3 项标准分别规定了攀岩场所、山地户外场所、高山探险场所开放应具备的基本条件和技术要求，可以为户外运动特色小镇运动场馆设施的建设提供技术支持。

中国登山协会于 2010 年组织制定了《国家登山健身步道标准》，使登山健身步道规划设计、建设、管理、维护更加规范化；文件规定了国家登山健身步道系统开放所应具备的基本条件与基本技术要求。虽然不是正式的国家标准和行业标准，但也可供运动休闲特色小镇建设参考。

80. 适用于水上运动特色小镇建设的水上运动场地设施标准有哪些？

适用于水上运动特色小镇建设的水上运动场地设施标准相对较少，主要有：
GB 19079.11—2005《体育场所开放条件与技术要求　第 11 部分：漂流场所》

81. 适用于汽车露营特色小镇建设的汽车露营地标准有哪些？

适用于汽车露营特色小镇建设的汽车露营地标准标准主要有：

（1）GB/T 22550—2008《旅居车辆　术语及其定义》和 GB/T 22551—2008《旅居车辆　旅居挂车　居住要求》

以上两项标准规定了旅居车辆作为临时住所的相关术语及影响旅居车辆作为整车满足道路使用目的的术语，以及旅居挂车居住方面的功能要求和安全要求。

（2）GB/T 31710.2—2015《休闲露营地建设与服务规范　第2部分：自驾车露营地》、GB/T 31710.3—2015《休闲露营地建设与服务规范　第3部分：帐篷露营地》和 GB/T 31710.4—2015《休闲露营地建设与服务规范　第4部分：青少年营地》。

以上3项标准分别规定了自驾车露营地、帐篷露营地以及青少年营地的建设与服务要求。

（3）TY/T 4001—2013《汽车露营营地开放条件和要求》

该标准由体育总局组织制定。标准规定了各类汽车露营营地开放应具备的基本条件和星级评定要求。

82. 适用于汽车文化运动特色小镇建设的汽车运动场地标准有哪些？

适用于汽车文化运动特色小镇建设的汽车运动场地标准主要有：

（1）GB 19197—2003《卡丁车场建设规范》

该标准规定了卡丁车场的分类和场地建设要求，适用于卡丁车场的设计、鉴定检验和注册检验。

（2）GB 19079.2—2005《体育场所开放条件与技术要求　第2部分：卡丁车场所》

该标准规定了卡丁车场所开放应具备的基本条件和基本技术要求，适用于向社会开放的各类卡丁车场所。

（3）GB 19194—2003《竞赛类卡丁车通用技术条件》

该标准规定了竞赛类卡丁车整车及其部件的技术要求和检验规则，适用于中国境内生产、使用的卡丁车和进口卡丁车的鉴定检验、交收检验和仲裁检验。

83. 适用于电子竞技运动特色小镇建设的电子竞技场馆设施标准有哪些？

目前，适用于电子竞技运动特色小镇建设的电子竞技场馆设施标准仅有一项团体标准，即由中国体育场馆协会发布的 T/CSVA 0101—2017《电子竞技场馆建设》。该项标准的内容包括范围、规范性引用文件、术语和定义、分级、选址和要求、功能分区、用房配置、附属设施设备配置、软件系统以及 VR 应用系统 10 个部分。

第四部分"分级"，将电竞场馆分为了 A 级、B 级、C 级和 D 级 4 个等级，并对每个等级所对应的建筑规模列表做出了说明。

第五部分"选址和设计"，提出了对电竞场馆的选址要求和设计要求。

第六部分"功能分区"，分别对比赛区、训练区、裁判区、主播区、运动员区、观众区、赛事管理区、场馆运行管理区、互动体验区、休闲娱乐区、新闻媒体区以及展示交易区的场地组成做出了要求。

第七部分"用房配置"，对电竞场馆宜配备的辅助用房，包括运动员比赛用房、运动员训练用房、裁判员用房、主播用房、运动员用房、观众用房、赛事管理用房、场馆运行管理用房和新闻媒体用房做出了配置要求，用房配置的基本要求为应满足比赛要求，便于使用和管理，应考虑场馆赛后利用和常态化运营。

第八部分"场馆的附属设施设备配置",包括对舞台、观赛大屏、网络接入、照明、声学设计、摄像机位、比赛桌椅、比赛用计算机、看台、观众席、评论员席、场所引导图和标识牌的要求。

第九部分"软件系统",对模块划分、电竞场馆基础运营模块以及赛事应用系统模块做出了要求。

第十部分"VR 应用系统",对数据处理系统、VR 应用系统以及裸眼 3D 系统提出了相应的要求,其遵循的一般原则在于应根据场馆的等级、举办赛事的规模和功能需求等实际情况,选择配置相应的系统。

84. 适用于冰雪运动特色小镇建设的冬季运动场馆设施标准有哪些？

 适用于冰雪运动特色小镇建设的冬季运动场地标准主要有:

（1）运动冰场类标准

GB/T 19995.3—2006《天然材料体育场地使用要求和检验方法　第 3 部分:运动冰场》规定了冰球、短道速滑、冰壶以及 400 m 速度滑冰的竞赛用运动冰场场地规格及附属设施,适用于冰雪运动特色小镇的建设。

（2）高危险性运动场所开业条件类标准

GB 19079.6—2013《体育场所开放条件与技术要求　第 6 部分:滑雪场所》

GB 19079.7—2013《体育场所开放条件与技术要求　第 7 部分:花样滑冰场所》

GB 19079.20—2013《体育场所开放条件与技术要求　第 20 部分:冰球场所》

以上 3 项标准分别规定了滑雪场所、花样滑冰场所以及冰球场所开放应具备的基本条件和技术要求,可以为冰雪运动特色小镇冬季运动场馆的建设提供技术支撑。

（3）滑雪场质量等级评价类标准

LB/T 037—2014《旅游滑雪场质量等级划分》规定了旅游滑雪场的术语和定义、基本条件、等级及等级划分条件,适用于室外旅游滑雪场的等级划分。

（4）滑雪用具类标准

GB/T 23867—2009《滑雪用具　通用词汇》规定了滑雪板、固定器、滑雪靴和滑雪杖的术语和定义,可适用于冬季运动场馆中所需的滑雪用具。

GB/T 31169—2014《滑雪运动装备使用要求》规定了滑雪运动装备使用的术语和定义、分类及要求,适用于滑雪场滑雪运动装备的使用。

GB/T 31170—2014《雪具的维护与保养》规定了雪具的维护与保养的术语和定义、总则、要求、维护与保养和贮藏,适用于滑雪场雪具的维护与保养。

（5）人工雪场节水类标准

GB/T 30683—2014《室外人工滑雪场节水技术规范》规定了室外人工滑雪场节水的相关术语和定义、水源、设计要求、技术要求和管理要求。适用于室外人工滑雪场的节水设计和节水管理。

85. 适用于运动休闲特色小镇建设居民身边的健身设施标准有哪些？

适用于运动休闲特色小镇建设居民身边的健身设施标准主要有:

（1）社区健身房（室内）健身器材标准

GB 17498.1—2008《固定式健身器材　第1部分：通用安全要求和试验方法》

GB 17498.2—2008《固定式健身器材　第2部分：力量型训练器材　附加的特殊安全要求和试验方法》

GB 17498.4—2008《固定式健身器材　第4部分：力量型训练长凳　附加的特殊安全要求和试验方法》

GB 17498.5—2008《固定式健身器材　第5部分：曲柄踏板类训练器材　附加的特殊安全要求和试验方法》

GB 17498.6—2008《固定式健身器材　第6部分：跑步机　附加的特殊安全要求和试验方法》

GB 17498.7—2008《固定式健身器材　第7部分：划船器　附加的特殊安全要求和试验方法》

GB 17498.8—2008《固定式健身器材　第8部分：踏步机、阶梯机和登山器　附加的特殊安全要求和试验方法》

GB 17498.9—2008《固定式健身器材　第9部分：椭圆训练机　附加的特殊安全要求和试验方法》

GB 17498.10—2008《固定式健身器材　第10部分：带有固定轮或无飞轮的健身车　附加的特殊安全要求和试验方法》

以上9项标准适用于固定式健身器材，第1部分规定了固定式健身器材通用的术语和定义、分类、安全要求及试验方法。第2～10部分分别对力量型训练器材、力量型训练长凳、曲柄踏板类训练器材、跑步机、划船器、踏步机、阶梯机和登山器、椭圆训练机、带有固定轮或无飞轮的健身车的附加的特殊安全要求做出了规定，可为运动休闲特色小镇建设健身设施提供全面的标准参考。

（2）社区健身场地（室外）健身器材标准

GB 19272—2011《室外健身器材的安全　通用要求》规定了室外健身器材的术语和定义、命名、要求、试验方法、标志、包装、运输、贮存、管理与维护，适用于群众体育设施的建设。

（3）社区健身场地标准

JG/T 191—2006《城市社区体育设施技术要求》中涉及的社区体育基本项目为篮球、排球、足球、田径、门球、乒乓球、羽毛球、网球、游泳、轮滑、滑冰、台球、儿童游泳、室外健身、室内健身、健步走和跑步，标准规定了这几项常见健身运动项目的场地与设施要求和检验及判定规则，适用于运动休闲特色小镇中健身场地设施的建设。

另外，GB/T 34281—2017《全民健身活动中心分类配置要求》、GB/T 34280—2017《全民健身活动中心管理服务要求》、GB/T 34419—2017《城市社区多功能公共运动场配置要求》也可适用于运动休闲特色小镇中健身场地设施的建设。

86. 运动休闲特色小镇的标识系统设计应符合哪些标准？

在我国，公共信息图形符号具备一系列现行有效的通用符号设计国家标准，可供运动休闲特色小镇标识系统设计参考使用。主要有以下8项：

GB/T 10001.1—2012《公共信息图形符号　第1部分：通用符号》

GB/T 10001.2—2006《标志用公共信息图形符号　第2部分:旅游休闲符号》

GB/T 10001.3—2011《标志用公共信息图形符号　第3部分:客运货运符号》

GB/T 10001.4—2009《标志用公共信息图形符号　第4部分:运动健身符号》

GB/T 10001.5—2006《标志用公共信息图形符号　第5部分:购物符号》

GB/T 10001.6—2006《标志用公共信息图形符号　第6部分:医疗保健符号》

GB/T 10001.9—2008《标志用公共信息图形符号　第9部分:无障碍设施符号》

GB/T 10001.10—2014《公共信息图形符号　第10部分:通用符号要素》

87. 运动休闲特色小镇的公共服务领域设施的英文译写可以参考哪些标准❓

在我国,公共服务领域英文译写方面具备一系列现行有效的国家标准,可供运动休闲特色小镇英文译写参考使用。主要有以下10项:

GB/T 30240.1—2013《公共服务领域英文译写规范　第1部分:通则》

GB/T 30240.2—2017《公共服务领域英文译写规范　第2部分:交通》

GB/T 30240.3—2017《公共服务领域英文译写规范　第3部分:旅游》

GB/T 30240.4—2017《公共服务领域英文译写规范　第4部分:文化娱乐》

GB/T 30240.5—2017《公共服务领域英文译写规范　第5部分:体育》

GB/T 30240.6—2017《公共服务领域英文译写规范　第6部分:教育》

GB/T 30240.7—2017《公共服务领域英文译写规范　第7部分:医疗卫生》

GB/T 30240.8—2017《公共服务领域英文译写规范　第8部分:邮政电信》

GB/T 30240.9—2017《公共服务领域英文译写规范　第9部分:餐饮住宿》

GB/T 30240.10—2017《公共服务领域英文译写规范　第10部分:商业金融》

88. 运动休闲特色小镇中的体育设施设备常用验收标准有哪些❓

常用的体育设施设备场地验收依据如下:

GB/T 14833—2011《合成材料跑道面层》

GB/T 19995.1—2005《天然材料体育场地使用要求及检验方法　第1部分:足球场地天然草面层》

GB/T 19995.2—2005《天然材料体育场地使用要求及检验方法　第2部分:综合体育场馆木地板场地》

GB/T 19995.3—2006《天然材料体育场地使用要求及检验方法　第3部分:运动冰场》

GB/T 20033.2—2005《人工材料体育场地使用要求及检验方法　第2部分:网球场地》

GB/T 20033.3—2006《人工材料体育场地使用要求及检验方法　第3部分:足球场地人造草面层》

GB/T 22517.2—2008《体育场地使用要求及检验方法　第2部分:游泳场地》

GB/T 22517.3—2008《体育场地使用要求及检验方法　第3部分:棒球、垒球场地》

GB/T 22517.4—2018《体育场地使用要求及检验方法　第4部分:合成面层篮球场地》

GB/T 22517.6—2011《体育场地使用要求及检验方法　第6部分:田径场地》

GB/T 22517.7—2018《体育场地使用要求及检验方法　第7部分:网球场地》

GB/T 22517.10—2014《体育场地使用要求及检验方法　第10部分:壁球场地》

GB/T 22517.11—2014《体育场地使用要求及检验方法　第11部分:曲棍球场地》

GB/T 29458—2012《体育场馆LED显示屏使用要求及检验方法》

JGJ 31—2003《体育建筑设计规范(附加条文说明)》

JGJ 153—2016《体育场馆照明设计及检测标准》

89. 运动休闲特色小镇中体育场所开放与对外服务的具体国家标准和行业标准有哪些？

目前,我国体育场所开放与对外服务领域的标准数量较少,主要针对开展具有一定危险性运动项目的场所。其中体育场所等级划分相关国家标准3项;体育场所开放要求相关国家标准26项,体育行业标准2项,标准名称如下:

GB/T 18266.1—2000《体育场所等级的划分　第1部分:保龄球馆星级的划分及评定》

GB/T 18266.2—2002《体育场所等级的划分　第2部分:健身房星级的划分及评定》

GB/T 18266.3—2017《体育场所等级的划分　第3部分:游泳场馆星级的划分及评定》

GB 19079.1—2013《体育场所开放条件与技术要求　第1部分:游泳场所》

GB 19079.2—2005《体育场所开放条件与技术要求　第2部分:卡丁车场所》

GB 19079.3—2005《体育场所开放条件与技术要求　第3部分:蹦极场所》

GB 19079.4—2014《体育场所开放条件与技术要求　第4部分:攀岩场所》

GB 19079.5—2005《体育场所开放条件与技术要求　第5部分:轮滑场所》

GB 19079.6—2013《体育场所开放条件与技术要求　第6部分:滑雪场所》

GB 19079.7—2013《体育场所开放条件与技术要求　第7部分:花样滑冰场所》

GB 19079.8—2013《体育场所开放条件与技术要求　第8部分:射击场所》

GB 19079.9—2013《体育场所开放条件与技术要求　第9部分:射箭场所》

GB 19079.10—2013《体育场所开放条件与技术要求　第10部分:潜水场所》

GB 19079.11—2005《体育场所开放条件与技术要求　第11部分:漂流场所》

GB 19079.12—2013《体育场所开放条件与技术要求　第12部分:伞翼滑翔场所》

GB 19079.13—2013《体育场所开放条件与技术要求　第13部分:气球与飞艇场所》

GB 19079.19—2010《体育场所开放条件与技术要求　第19部分:拓展场所》

GB 19079.20—2013《体育场所开放条件与技术要求　第20部分:冰球场所》

GB 19079.21—2013《体育场所开放条件与技术要求　第21部分:拳击场所》

GB 19079.22—2013《体育场所开放条件与技术要求　第22部分:跆拳道场所》

GB 19079.23—2013《体育场所开放条件与技术要求　第23部分:蹦床场所》

GB 19079.24—2013《体育场所开放条件与技术要求　第24部分:运动飞机场所》

GB 19079.25—2013《体育场所开放条件与技术要求　第25部分:跳伞场所》

GB 19079.26—2013《体育场所开放条件与技术要求　第26部分:航空航天模型场所》

GB 19079.27—2013《体育场所开放条件与技术要求　第27部分:定向、无线电测向场所》

GB 19079.28—2013《体育场所开放条件与技术要求　第28部分:武术散打场所》

GB 19079.29—2013《体育场所开放条件与技术要求　第29部分:攀冰场所》

GB 19079.30—2013《体育场所开放条件与技术要求　第30部分:山地户外场所》

GB 19079.31—2013《体育场所开放条件与技术要求　第31部分:高山探险场所》

TY/T 4001—2013《汽车露营营地开放条件和要求》

TY/T 3001—2014《体育场所服务质量管理　通用要求》

90. 运动休闲特色小镇开展户外体育活动项目经营时,应针对哪些自然灾害重点提示消费者安全信息？

运动休闲特色小镇中较多的体育休闲项目在户外开展。在户外条件下开展体育活动,应注意规避自然灾害造成的安全风险。需要针对以下可能发生的地震、雷电、泥石流、洪水等自然灾害,提示消费者安全注意事项。

（1）地震。露营地遇地震时,要沉着冷静,保持头脑清醒。充分利用建筑物内的避震有利部位,如坚固的桌椅下、床下。逃往小跨度的厨房、厕所、小房间、墙角。身体尽量蜷曲缩小,卧倒或蹲下,抓住一个固定的物品,用手或其他物件护住头部、掩住口鼻。地震过后立即跑到空旷地。如在野外,应立即远离山边,以防滑坡、滚石、泥石流等。

（2）防雷。有雷雨时应离开高处,远离大树、水边和电线及电气设备;不要洗澡或淋浴,不要打电话,不要使用带有外接天线的收音机或电视机;不宜在旷野中打伞,或高举羽毛球拍、高尔夫球棍;不宜进行户外球类运动;不宜登山或钓鱼。如果在户外看到高压线遭雷击断裂,身处附近的人此时千万不要跑动,而应双脚并拢,跳离现场。

（3）泥石流。登山遇到泥石流、山体滑坡时,立刻向与泥石流成垂直方向的两侧山坡的高处跑,不要沿着山体向上方或下方奔跑。不要躲在有滚石和大量堆积物的山坡下面。不要停留在低洼处,也不要攀爬到树上躲避。跑得越快越好,如果有东西遗落也不要去捡。

（4）洪水。洪水时,如果时间充裕,应有组织地向山坡、高地等处转移。在措手不及的情况下,要尽可能利用船只、木排、门板、木床等做水上转移。已经来不及转移时,要立即爬上屋顶、楼顶、大树、高墙暂时避险,等待援救,千万不要单身游水转移。

七、综合评价篇

91. 各地在特色小镇基础设施建设上是否提出了明确的量化指标？

各地在特色小镇基础设施建设上的要求基本集中在城镇基础设施和公共服务设施的建设方面。城镇水、电、气、排污、垃圾处理、内外部交通、通讯、网络、公共文化体育设施成为基础设施完善的重点。部分省份还提出了具体指标要求。例如，云南省人民政府《关于加快特色小镇发展的意见》指出，"创建全国一流旅游休闲类特色小镇的，须按照国家 4A 级及以上旅游景区标准建设；创建全省一流旅游休闲类特色小镇的，须按照国家 3A 级及以上旅游景区标准建设。每个特色小镇建成验收时，集中供水普及率、污水处理率和生活垃圾无害化处理率均须达到 100%；均须建成公共服务 APP，实现 100M 宽带接入和公共 WiFi 全覆盖；均须配套公共基础设施、安防设施和与人口规模相适应的公共服务设施；至少建成 1 个以上公共停车场，有条件的尽可能建设地下停车场"。

92. 在特色小镇产城融合发展进程中，哪些可量化的指标可以彰显特色主导产业的发展贡献度？

特色小镇在产城融合发展过程中，主导产业的可持续发展是关乎小镇发展的重头戏。量化看待特色主导产业的发展贡献度，其实就是分析和评估产业发展是否"特而强"。研究认为，可以从"产业精专发展""高端要素聚集""产业投入产出效益"3 个方面来量化评价主导产业的发展贡献度。一些地区也提出了特色小镇在产业发展上的量化要求和指标。

例如，江苏省提出"旅游风情类小镇旅游综合收入要达到 10 亿元以上，实现直接就业人数 2 000 人以上，带动就业人数 7 500 人以上"；山东省提出"以产兴城，以城兴业。围绕打造创新创业载体，做大做强主导产业，就业岗位和税收有较大增长，主导产业税收占特色小镇税收总量的 70% 以上"；云南省提出"2017—2019 年，创建全国一流特色小镇的，每个特色小镇的企业主营业务收入（含个体工商户）年均增长 25% 以上，税收年均增长 15% 以上，就业人数年均增长 15% 以上；创建全省一流特色小镇的，每个特色小镇的企业主营业务收入（含个体工商户）年均增长 20% 以上，税收年均增长 10% 以上，就业人数年均增长 10% 以上"。

上述指标主要将主导产业发展的评估集中在投入产出效益上。研究认为，从"产业精专发展""高端要素聚集""产业投入产出效益"评价特色小镇的主导产业的发展贡献度。可以具体量化指标。

（1）"产业精专发展"方面，可以从专业企业入驻（世界、中国、省内百强企业及特色专业领域企业和服务机构入驻情况）、产业技术领先（专利享有、标准制修订参与、国家级以上荣誉获得情况）、产业模式创新（融合产品开发、大数据和物联网、互联网技术应用等情况）、特色产业比重（特色产业投资占比总投资情况、特色产业营业收入占比总收入情况等）4 个方面设置指标评价。

（2）"高端要素聚集"方面，可以从高端人才聚集（国家或省级"千人计划"、长江学者、行业人才、技术职称、职业（或执业）资质人员数量等情况）、科研机构支撑（与科研院所合作取得重大成果、小镇内科研院所创建创立、与科研院所开展技术合作等情况）、科技创新水平（小镇内高薪技术企业和科技型中小企业数量情况、企业科研投入占比主营业务收入情况综合排行等情况）3个方面设置指标评价。

（3）"产业投入产出效益"方面，可以从投入水平（投资规模、投资强度）、产出效益（税收收入、主营业务收入）、辐射带动（上下游产业带动能力、特色产业所持理念的输出与传播、企业上市与可持续发展情况）3个方面设置指标评价。

93．特色小镇建设中如果出现房地产化倾向，将会带来哪些负面影响？

提出特色小镇建设的初衷是解决大城市发展容量压力和大城市生产要素成本过高的问题。引导实体经济按照成本价值规律向小城镇疏散，促进经济的发展，解决城乡发展的二元制结构问题。但与此同时，中国经济发展中另一个不容忽视的问题正在显现。那就是房地产企业在大中城市面临着严峻的竞争压力和发展空间不足问题。特大城市的人口控制、土地出让成本提升，导致了房价过高和销售业绩下滑的情况。特色小镇及特色小城镇土地出让成本上相对较低、距离大城市郊区相对较近，由此，可能催生特色房地产主题代替特色小镇主题的现象。即通过特色养生主题、特色环保主题，来吸引购房者和投资者的新视角，催生新的房地产热。而这会大大提高特色小镇及特色小城镇的创业成本和人口生活成本，也有可能破坏原有的历史和文化风貌。这与产业自生发展和生产要素自然聚集流动的发展初衷确实有悖。

94．政府在特色小镇建设中应该扮演怎样的角色？

特色小镇的建设和发展，需要生产要素的重新流动和组合，需要聚集所在社群居民的智慧力量，需要资本准确地对接市场，需要充分发挥市场在资源配置中的决定性作用，需要更好地发挥政府作用。政府在特色小镇建设中需要做好政策、信息、配套扶持的服务工作。

（1）合理供给土地。政府可以为特色小镇建设扩大土地有效供给，合理安排土地使用，规划部门应提倡立体开发、复合开发使用存量空间。同时，在满足结余条件的情况下，可适当从土地增减挂钩的周转指标中，安排一定比例的土地留给特色小镇。适当降低或减免土地复合开发利用后新增部分的土地使用面积的出让费用等。

（2）基础设施完善。政府可以通过财政拨款或政府和社会资本合作模式，为特色小镇发展配套必要的交通、水、电、气、暖、通信、网络、公共设施等必要的基础设施。

（3）提供财政和融资支持。有条件的地区，可以通过政府财政补助形式，补贴特色小镇的规划设计款项。政府可以联合金融机构供给政策性和开发性金融支持产品，支持特色小镇的建设主体进行融资，扩大建设投入资金。

（4）建立激励机制。政府可以制定减免税收、税收返还、高新企业引进支持、人才落户、高端人才企业股权激励的个税政策优惠等措施激励高端要素向特色小镇流动。

95．如何理解特色小镇建设在解决"三农问题"和城乡二元结构中的突出作用？

众所周知，建设特色小镇是推进新型城镇化建设的有效抓手。在规划建设过程中，特色小镇会形成特色产业,聚合特色功能,表现特色形态,建立特色发展机制。在这个产业聚集、消费聚集和游客聚集的过程中,包括"吃、住、行、游、娱、购、运动、医疗"在内的城市生产和生活方式会向农村传递,形成农村城镇服务人口、服务设施和新的生产关系。土地出让形式和价格会更加面向市场,形成市场化机制。农村社会保障体系建设会更加完善。农民分享农产品的加工增值收益的机会普遍增多。

建设特色小镇,有助于完善农村基础设施、创造和配置农业发展条件与新生产要素、提高农民福利水平和分享发展成果的能力。在小镇建设中公共设施的完善,生产、生活、生态空间区域的规划布局,高端生产要素的吸引与聚集,都会带动农村面貌发生根本转变。

进而解决农业产业化、农村剩余劳动力转移和农民减负增收的问题。通过农业服务化、农村城镇化,逐步提高农村居民收入、带动土地升值、促进地产开发、完善公共设施、美化乡镇环境、缩小城乡差距、提升小镇品牌。对解决"三农问题"和城乡二元结构起到突出作用。

96. 成功的特色小镇主要具备哪些主要特征？

(1)确定特色产业形态。从各地实际出发,遵循客观规律,挖掘特色优势,体现区域差异性,提倡形态多样性,防止照搬照抄、"东施效颦"、一哄而上。产业定位要精准,要突出特色,选取最有基础、最具优势的特色产业,尽量避免同质化竞争。

(2)合理规划镇域面积。目前,国家没有明确出台文件规定小镇的镇域面积,但在初期规划阶段,应该合理控制城镇规模,防止无序发展和盲目扩张。《国家发展改革委关于加快美丽特色小(城)镇建设的指导意见》(发改规划〔2016〕2125号)中提出:"特色小镇主要指聚焦特色产业和新兴产业,集聚发展要素,不同于行政建制镇和产业园区的创新创业平台。"文件淡化了小镇的行政区域界线,将小镇作为一个发展平台,从重数量、规模转向重质量、品质和效益,打造"精而美"的小镇形态。

(3)努力实现融合共赢。坚持产业、文化、旅游"三位一体"和生产、生活、生态"三生融合"的发展思路,以推进"产业集聚、产业创新和产业升级"为目标的特色小镇理念。

特色小镇强调"产城人文"相融合,文化是特色小镇的精神内核。目前,国内大多数特色小镇的培育已经比较重视当地文化的挖掘和利用,例如安徽九华山运动休闲特色小镇,以当地佛教文化为主题,将其融入到小镇的建筑设计、旅游休闲、饮食消费、民俗活动等环节中,为小镇注入鲜活的文化品味,使传统文化得到传承和提升。

(4)积极保护生态环境。优美宜居的生态环境是人们对特色小镇的期待。特色小镇规划建设的过程中应该牢固树立"绿水青山就是金山银山"的发展理念,保护在特色小镇建设中的景观资源,加强环境综合整治,构建生态网络。浙江省、河北省、陕西省等多省市都出台了相关政策要求特色小镇要按3A级以上景区标准建设,将美丽资源转化为"美丽经济"。

97. 如何在运动休闲特色小镇建造功能完备化、质量标准化的体育设施？

体育设施区别于其他设施,具有体育功能的特性。因此,在体育设施施工之前,业主应充分了解相关资料,也可委托相应机构提供项目调研、分析、规划等咨询服务。做好项目建议书、可行性研究报告等预研工作。在对市场的调研中,了解相关运动设施的标准要求、产品的市场平均价格及厂家的专业能力、施工经验,在一定范围内选择中标者,拒绝低价者中标的现象。确保运动休闲特色小镇中的体育设施布局合理,功能完备。在体育设施场地建设过程中,应让施工方出示产品的合格报告,保证产品质量达标,保障产品使用安全。体育设施建造完成后应邀请专业的第三方检验检测机构对场地及设施进行检测,并根据检验检测机构出具的检测报告,对场地进行验收。

98. 如何对运动休闲特色小镇的体育设施设备进行验收?

为保证运动休闲特色小镇中的体育设施设备能够满足体育功能的基本条件、基本指标及合格水平,业主方、建设方或施工方应委托专业第三方检验检测机构根据国家标准、行业标准及相关技术文件的要求对体育设施设备进行检测。检测报告中应公示场地的检测依据、检测项目、项目合格判定要求和真实的现场检测数据。

专业第三方检验检测机构应满足下列要求:

(1) 应具备相应委托检测项目的检测能力;

(2) 应具备中国合格评定国家认可委员会(CNAS)资质及中国计量认证(CMA)资质。

99. 体育场所的服务和开放是否具备国家推行的服务认证制度?

2005年11月为引导百姓消费、规范市场秩序、保证体育场地质量以及提高体育服务者的安全卫生管理水平和服务质量,国家认证认可监督管理委员会和国家体育总局联合制定了《体育服务认证管理办法》,并成立了相应的第三方体育服务认证机构。

我国《体育服务认证管理办法》规定,从事体育服务认证的机构,应当符合有关法律、行政法规规定的资质能力要求,取得国家认证认可监督管理委员会批准,获得国家认证认可监督管理委员会确定的认证认可机构的认可,方可从事批准范围内的体育服务认证活动。体育服务认证采用统一的认证标准、技术规范和认证程序,执行统一的认证收费标准,使用统一的认证标志和认证标牌。

体育服务认证囊括了体育场所运营过程中涉及的行为规范、设施器械、健康卫生、安全保障、环境氛围等方面的内容。通过体育服务认证的手段可帮助体育场所运营方建立完整的服务管理体系,优化场馆资源配置,提升顾客满意度。可以说,体育服务认证制度的开展可有效提高体育服务质量,促进体育服务业的发展。

100. 如何从产业"特而强"、功能"聚而合"、形态"小而美"、机制"新而活"4个维度验收和评估运动休闲特色小镇的建设情况?

《国家发展改革委关于加快美丽特色小(城)镇建设的指导意见》(发改规划〔2016〕2125号)指出,要分类施策,探索城镇发展新路径,总结推广浙江等地特色小镇发展模式,立足产业"特而强"、功能"聚而合"、形态"小而美"、机制"新而活",将创新性供给与个性化需求有效对接,打造创新创业发展平台和新型城镇化有效载体。因此,建议按照产业"特而强"、功能"聚而合"、形态"小而美"、机制"新而活"4个维度验收和评估运动休闲特色小镇的建设情况。

(1) 产业"特而强"。可以从世界、中国、地区百强企业引入、体育企业引入、企业专利发明、企业供给体育标准、企业荣誉、研发生产成果、产业模式融合创新、特色产业投资占比、特色产业营收比例、高级人才引进、高级技术职称或职业资质人员引进、科研院所合作项目、累计总投资、特色产业税收收入、主营业务收入、产业链辐射与带动等方面对设计指标进行评价。

（2）功能"聚而合"。可以从社区服务、住宿设施、餐饮设施、购物设施、教育设施、医疗设施、小镇无线上网覆盖、小镇官方自媒体宣传、智能化建筑管理、小镇人口、就业人数、景区创建水平、文化传播与传承等方面对设计指标进行评价。

（3）形态"小而美"。可以从绿色建筑设计、节能产品应用、绿化覆盖率、公共场所卫生情况、镇核心区景观设计、建筑风貌、历史建筑保护、形象系统特色设计与识别、标识系统设计等方面对设计指标进行评价。

（4）机制"新而活"。可以从小镇开发面积完成率、投资计划完成率、规划客流实现率、政府审批效率、社会资本投资比重、知名骨干企业进行规划主导情况、运用政府和社会资本合作模式情况、引入企业孵化平台、检验检测标准化服务、专利服务、科技信息服务等第三方专业服务情况等方面对设计指标进行评价。

第二部分

国务院有关政策文件

国务院关于加快发展体育产业促进体育消费的若干意见

(国发〔2014〕46 号)

各省、自治区、直辖市人民政府,国务院各部委、各直属机构:

发展体育事业和产业是提高中华民族身体素质和健康水平的必然要求,有利于满足人民群众多样化的体育需求、保障和改善民生,有利于扩大内需、增加就业、培育新的经济增长点,有利于弘扬民族精神、增强国家凝聚力和文化竞争力。近年来,我国体育产业快速发展,但总体规模依然不大、活力不强,还存在一些体制机制问题。为进一步加快发展体育产业,促进体育消费,现提出以下意见。

一、总体要求

(一)指导思想

以邓小平理论、"三个代表"重要思想、科学发展观为指导,把增强人民体质、提高健康水平作为根本目标,解放思想、深化改革、开拓创新、激发活力,充分发挥市场在资源配置中的决定性作用和更好发挥政府作用,加快形成有效竞争的市场格局,积极扩大体育产品和服务供给,推动体育产业成为经济转型升级的重要力量,促进群众体育与竞技体育全面发展,加快体育强国建设,不断满足人民群众日益增长的体育需求。

(二)基本原则

坚持改革创新。加快政府职能转变,进一步简政放权,减少微观事务管理。加强规划、政策、标准引导,创新服务方式,强化市场监管,营造竞争有序、平等参与的市场环境。

发挥市场作用。遵循产业发展规律,完善市场机制,积极培育多元市场主体,吸引社会资本参与,充分调动全社会积极性与创造力,提供适应群众需求、丰富多样的产品和服务。

倡导健康生活。树立文明健康生活方式,推进健康关口前移,延长健康寿命,提高生活品质,激发群众参与体育活动热情,推动形成投资健康的消费理念和充满活力的体育消费市场。

创造发展条件。营造重视体育、支持体育、参与体育的社会氛围,将全民健身上升为国家战略,把体育产业作为绿色产业、朝阳产业培育扶持,破除行业壁垒、扫清政策障碍,形成有利于体育产业快速发展的政策体系。

注重统筹协调。立足全局,统筹兼顾,充分发挥体育产业和体育事业良性互动作用,推进体育产业各门类和业态全面发展,促进体育产业与其他产业相互融合,实现体育产业与经济社会协调发展。

(三)发展目标

到 2025 年,基本建立布局合理、功能完善、门类齐全的体育产业体系,体育产品和服务更加丰富,市场机制不断完善,消费需求愈加旺盛,对其他产业带动作用明显提升,体育产业总规模超过 5 万亿元,成为推动经济社会持续发展的重要力量。

——产业体系更加完善。健身休闲、竞赛表演、场馆服务、中介培训、体育用品制造与销售等体育产业各门类协同发展，产业组织形态和集聚模式更加丰富。产业结构更加合理，体育服务业在体育产业中的比重显著提升。体育产品和服务层次更加多样，供给充足。

——产业环境明显优化。体制机制充满活力，政策法规体系更加健全，标准体系科学完善，监管机制规范高效，市场主体诚信自律。

——产业基础更加坚实。人均体育场地面积达到 2 平方米，群众体育健身和消费意识显著增强，人均体育消费支出明显提高，经常参加体育锻炼的人数达到 5 亿，体育公共服务基本覆盖全民。

二、主要任务

（一）创新体制机制

进一步转变政府职能。全面清理不利于体育产业发展的有关规定，取消不合理的行政审批事项，凡是法律法规没有明令禁入的领域，都要向社会开放。取消商业性和群众性体育赛事活动审批，加快全国综合性和单项体育赛事管理制度改革，公开赛事举办目录，通过市场机制积极引入社会资本承办赛事。有关政府部门要积极为各类赛事活动举办提供服务。推行政社分开、政企分开、管办分离，加快推进体育行业协会与行政机关脱钩，将适合由体育社会组织提供的公共服务和解决的事项，交由体育社会组织承担。

推进职业体育改革。拓宽职业体育发展渠道，鼓励具备条件的运动项目走职业化道路，支持教练员、运动员职业化发展。完善职业体育的政策制度体系，扩大职业体育社会参与，鼓励发展职业联盟，逐步提高职业体育的成熟度和规范化水平。完善职业体育俱乐部的法人治理结构，加快现代企业制度建设。改进职业联赛决策机制，充分发挥俱乐部的市场主体作用。

创新体育场馆运营机制。积极推进场馆管理体制改革和运营机制创新，引入和运用现代企业制度，激发场馆活力。推行场馆设计、建设、运营管理一体化模式，将赛事功能需要与赛后综合利用有机结合。鼓励场馆运营管理实体通过品牌输出、管理输出、资本输出等形式实现规模化、专业化运营。增强大型体育场馆复合经营能力，拓展服务领域，延伸配套服务，实现最佳运营效益。

（二）培育多元主体

鼓励社会力量参与。进一步优化市场环境，完善政策措施，加快人才、资本等要素流动，优化场馆等资源配置，提升体育产业对社会资本吸引力。培育发展多形式、多层次体育协会和中介组织。加快体育产业行业协会建设，充分发挥行业协会作用，引导体育用品、体育服务、场馆建筑等行业发展。打造体育贸易展示平台，办好体育用品、体育文化、体育旅游等博览会。

引导体育企业做强做精。实施品牌战略，打造一批具有国际竞争力的知名企业和国际影响力的自主品牌，支持优势企业、优势品牌和优势项目"走出去"，提升服务贸易规模和水平。扶持体育培训、策划、咨询、经纪、营销等企业发展。鼓励大型健身俱乐部跨区域连锁经营，鼓励大型体育赛事充分进行市场开发，鼓励大型体育用品制造企业加大研发投入，充分挖掘品牌价值。扶持一批具有市场潜力的中小企业。

（三）改善产业布局和结构

优化产业布局。因地制宜发展体育产业，打造一批符合市场规律、具有市场竞争力的体育产业基地，建立区域间协同发展机制，形成东、中、西部体育产业良性互动发展格局。壮大长三角、珠三角、京津冀及海峡西岸等体育产业集群。支持中西部地区充分利用江河湖海、山地、沙漠、草原、冰雪等独特的自然资源优势，发展区域特色体育产业。扶持少数民族地区发展少数民族特色体育产业。

改善产业结构。进一步优化体育服务业、体育用品业及相关产业结构，着力提升体育服务业比重。大力培育健身休闲、竞赛表演、场馆服务、中介培训等体育服务业，实施体育服务业精品工程，支持各地打造一大批优秀体育俱乐部、示范场馆和品牌赛事。积极支持体育用品制造业创新发展，采用新工艺、新材料、新技术，提升传统体育用品的质量水平，提高产品科技含量。

抓好潜力产业。以足球、篮球、排球三大球为切入点，加快发展普及性广、关注度高、市场空间大的集体项目，推动产业向纵深发展。对发展相对滞后的足球项目制定中长期发展规划和场地设施建设规划，大力推广校园足球和社会足球。以冰雪运动等特色项目为突破口，促进健身休闲项目的普及和提高。制定冰雪运动规划，引导社会力量积极参与建设一批冰雪运动场地，促进冰雪运动繁荣发展，形成新的体育消费热点。

（四）促进融合发展

积极拓展业态。丰富体育产业内容，推动体育与养老服务、文化创意和设计服务、教育培训等融合，促进体育旅游、体育传媒、体育会展、体育广告、体育影视等相关业态的发展。以体育设施为载体，打造城市体育服务综合体，推动体育与住宅、休闲、商业综合开发。

促进康体结合。加强体育运动指导，推广"运动处方"，发挥体育锻炼在疾病防治以及健康促进等方面的积极作用。大力发展运动医学和康复医学，积极研发运动康复技术，鼓励社会资本开办康体、体质测定和运动康复等各类机构。发挥中医药在运动康复等方面的特色作用，提倡开展健身咨询和调理等服务。

鼓励交互融通。支持金融、地产、建筑、交通、制造、信息、食品药品等企业开发体育领域产品和服务。鼓励可穿戴式运动设备、运动健身指导技术装备、运动功能饮料、营养保健食品药品等研发制造营销。在有条件的地方制定专项规划，引导发展户外营地、徒步骑行服务站、汽车露营营地、航空飞行营地、船艇码头等设施。

（五）丰富市场供给

完善体育设施。各级政府要结合城镇化发展统筹规划体育设施建设，合理布点布局，重点建设一批便民利民的中小型体育场馆、公众健身活动中心、户外多功能球场、健身步道等场地设施。盘活存量资源，改造旧厂房、仓库、老旧商业设施等用于体育健身。鼓励社会力量建设小型化、多样化的活动场馆和健身设施，政府以购买服务等方式予以支持。在城市社区建设15分钟健身圈，新建社区的体育设施覆盖率达到100%。推进实施农民体育健身工程，在乡镇、行政村实现公共体育健身设施100%全覆盖。

发展健身休闲项目。大力支持发展健身跑、健步走、自行车、水上运动、登山攀岩、射击射箭、马术、航空、极限运动等群众喜闻乐见和有发展空间的项目。鼓励地方根据当地自然、人文资源发展特色体育产业,大力推广武术、龙舟、舞龙舞狮等传统体育项目,扶持少数民族传统体育项目发展,鼓励开发适合老年人特点的休闲运动项目。

丰富体育赛事活动。以竞赛表演业为重点,大力发展多层次、多样化的各类体育赛事。推动专业赛事发展,打造一批有吸引力的国际性、区域性品牌赛事。丰富业余体育赛事,在各地区和机关团体、企事业单位、学校等单位广泛举办各类体育比赛,引导支持体育社会组织等社会力量举办群众性体育赛事活动。加强与国际体育组织等专业机构的交流合作,积极引进国际精品赛事。

(六)营造健身氛围

鼓励日常健身活动。政府机关、企事业单位、社会团体、学校等都应实行工间、课间健身制度等,倡导每天健身一小时。鼓励单位为职工健身创造条件。组织实施《国家体育锻炼标准》。完善国民体质监测制度,为群众提供体质测试服务,定期发布国民体质监测报告。切实保障中小学体育课课时,鼓励实施学生课外体育活动计划,促进青少年培育体育爱好,掌握一项以上体育运动技能,确保学生校内每天体育活动时间不少于一小时。

推动场馆设施开放利用。积极推动各级各类公共体育设施免费或低收费开放。加快推进企事业单位等体育设施向社会开放。学校体育场馆课余时间要向学生开放,并采取有力措施加强安全保障,加快推动学校体育场馆向社会开放,将开放情况定期向社会公开。提高农民体育健身工程设施使用率。

加强体育文化宣传。各级各类媒体开辟专题专栏,普及健身知识,宣传健身效果,积极引导广大人民群众培育体育消费观念、养成体育消费习惯。积极支持形式多样的体育题材文艺创作,推广体育文化。弘扬奥林匹克精神和中华体育精神,践行社会主义核心价值观。

三、政策措施

(一)大力吸引社会投资

鼓励社会资本进入体育产业领域,建设体育设施,开发体育产品,提供体育服务。进一步拓宽体育产业投融资渠道,支持符合条件的体育产品、服务等企业上市,支持符合条件的企业发行企业债券、公司债、短期融资券、中期票据、中小企业集合票据和中小企业私募债等非金融企业债务融资工具。鼓励各类金融机构在风险可控、商业可持续的基础上积极开发新产品,开拓新业务,增加适合中小微体育企业的信贷品种。支持扩大对外开放,鼓励境外资本投资体育产业。推广和运用政府和社会资本合作等多种模式,吸引社会资本参与体育产业发展。政府引导,设立由社会资本筹资的体育产业投资基金。有条件的地方可设立体育发展专项资金,对符合条件的企业、社会组织给予项目补助、贷款贴息和奖励。鼓励保险公司围绕健身休闲、竞赛表演、场馆服务、户外运动等需求推出多样化保险产品。

(二)完善健身消费政策

各级政府要将全民健身经费纳入财政预算,并保持与国民经济增长相适应。要加大投入,安排投资支持体育设施建设。要安排一定比例体育彩票公益金等财政资金,通过政府购买服务等多种方式,积极支持群众健身消费,鼓励公共体育设施免费或低收费开放,引导经营主体提供公益性群众体育健身服务。鼓励引导企事业单位、学校、个人购买运动伤害类保险。进一步研究鼓励群众健身消费的优惠政策。

（三）完善税费价格政策

充分考虑体育产业特点，将体育服务、用品制造等内容及其支撑技术纳入国家重点支持的高新技术领域，对经认定为高新技术企业的体育企业，减按15%的税率征收企业所得税。提供体育服务的社会组织，经认定取得非营利组织企业所得税免税优惠资格的，依法享受相关优惠政策。体育企业发生的符合条件的广告费支出，符合税法规定的可在税前扣除。落实符合条件的体育企业创意和设计费用税前加计扣除政策。落实企业从事文化体育业按3%的税率计征营业税。鼓励企业捐赠体育服装、器材装备，支持贫困和农村地区体育事业发展，对符合税收法律法规规定条件向体育事业的捐赠，按照相关规定在计算应纳税所得额时扣除。体育场馆自用的房产和土地，可享受有关房产税和城镇土地使用税优惠。体育场馆等健身场所的水、电、气、热价格按不高于一般工业标准执行。

（四）完善规划布局与土地政策

各地要将体育设施用地纳入城乡规划、土地利用总体规划和年度用地计划，合理安排用地需求。新建居住区和社区要按相关标准规范配套群众健身相关设施，按室内人均建筑面积不低于0.1平方米或室外人均用地不低于0.3平方米执行，并与住宅区主体工程同步设计、同步施工、同步投入使用。凡老城区与已建成居住区无群众健身设施的，或现有设施没有达到规划建设指标要求的，要通过改造等多种方式予以完善。充分利用郊野公园、城市公园、公共绿地及城市空置场所等建设群众体育设施。鼓励基层社区文化体育设施共建共享。在老城区和已建成居住区中支持企业、单位利用原划拨方式取得的存量房产和建设用地兴办体育设施，对符合划拨用地目录的非营利性体育设施项目可继续以划拨方式使用土地；不符合划拨用地目录的经营性体育设施项目，连续经营一年以上的可采取协议出让方式办理用地手续。

（五）完善人才培养和就业政策

鼓励有条件的高等院校设立体育产业专业，重点培养体育经营管理、创意设计、科研、中介等专业人才。鼓励多方投入，开展各类职业教育和培训，加强校企合作，多渠道培养复合型体育产业人才，支持退役运动员接受再就业培训。加强体育产业人才培养的国际交流与合作，加强体育产业理论研究，建立体育产业研究智库。完善政府、用人单位和社会互为补充的多层次人才奖励体系，对创意设计、自主研发、经营管理等人才进行奖励和资助。加强创业孵化，研究对创新创业人才的扶持政策。鼓励退役运动员从事体育产业工作。鼓励街道、社区聘用体育专业人才从事群众健身指导工作。

（六）完善无形资产开发保护和创新驱动政策

通过冠名、合作、赞助、广告、特许经营等形式，加强对体育组织、体育场馆、体育赛事和活动名称、标志等无形资产的开发，提升无形资产创造、运用、保护和管理水平。加强体育品牌建设，推动体育企业实施商标战略，开发科技含量高、拥有自主知识产权的体育产品，提高产品附加值，提升市场竞争力。促进体育衍生品创意和设计开发，推进相关产业发展。充分利用现有科技资源，健全体育产业领域科研平台体系，加强企业研发中心、工程技术研究中心等建设。支持企业联合高等学校、科研机构建立产学研协同创新机制，建设产业技术创新战略联盟。支持符合条件的体育企业牵头承担各类科技计划（专项、基金）等科研项目。完善体育技术成果转化机制，加强知识产权运用和保护，促进科技成果产业化。

（七）优化市场环境

研究建立体育产业资源交易平台,创新市场运行机制,推进赛事举办权、赛事转播权、运动员转会权、无形资产开发等具备交易条件的资源公平、公正、公开流转。按市场原则确立体育赛事转播收益分配机制,促进多方参与主体共同发展。放宽赛事转播权限制,除奥运会、亚运会、世界杯足球赛外的其他国内外各类体育赛事,各电视台可直接购买或转让。加强安保服务管理,完善体育赛事和活动安保服务标准,积极推进安保服务社会化,进一步促进公平竞争,降低赛事和活动成本。

四、组织实施

（一）健全工作机制

各地要将发展体育产业、促进体育消费纳入国民经济和社会发展规划,纳入政府重要议事日程,建立发展改革、体育等多部门合作的体育产业发展工作协调机制。各有关部门要加强沟通协调,密切协作配合,形成工作合力,分析体育产业发展情况和问题,研究推进体育产业发展的各项政策措施,认真落实体育产业发展相关任务要求。选择有特点有代表性的项目和区域,建立联系点机制,跟踪产业发展情况,总结推广成功经验和做法。

（二）加强行业管理

完善体育产业相关法律法规,加快推动修订《中华人民共和国体育法》,清理和废除不符合改革要求的法规和制度。完善体育及相关产业分类标准和统计制度。建立评价与监测机制,发布体育产业研究报告。大力推进体育产业标准化工作,提高我国体育产业标准化水平。加强体育产业国际合作与交流。充实体育产业工作力量。加强体育组织、体育企业、从业人员的诚信建设,加强赛风赛纪建设。

（三）加强督查落实

各地区、各有关部门要根据本意见要求,结合实际情况,抓紧制定具体实施意见和配套文件。发展改革委、体育总局要会同有关部门对落实本意见的情况进行监督检查和跟踪分析,重大事项及时向国务院报告。

国务院

2014 年 10 月 2 日

（本文有删减）

（资料来源,中国政府网）

国务院关于积极发挥新消费引领作用
加快培育形成新供给新动力的指导意见

(国发〔2015〕66号)

各省、自治区、直辖市人民政府,国务院各部委、各直属机构:

我国已进入消费需求持续增长、消费结构加快升级、消费拉动经济作用明显增强的重要阶段。以传统消费提质升级、新兴消费蓬勃兴起为主要内容的新消费,及其催生的相关产业发展、科技创新、基础设施建设和公共服务等领域的新投资新供给,蕴藏着巨大发展潜力和空间。为更好发挥新消费引领作用,加快培育形成经济发展新供给新动力,现提出以下意见。

一、重要意义

消费是最终需求,积极顺应和把握消费升级大趋势,以消费升级引领产业升级,以制度创新、技术创新、产品创新满足并创造消费需求,有利于提高发展质量、增进民生福祉、推动经济结构优化升级、激活经济增长内生动力,实现持续健康高效协调发展。

发挥新消费引领作用是更好满足居民消费需求、提高人民生活质量的内在要求。消费关系民生福祉。随着居民收入水平提高、人口结构调整和科技进步,城乡居民的消费内容和消费模式都在发生变化,对消费质量和消费环境提出更高要求。紧紧围绕居民消费升级谋发展、促发展,符合发展的根本目的,有利于更好满足人民群众日益增长的物质文化需要,使发展成果更多体现为人民生活质量的提高和国民福利的改善。

发挥新消费引领作用是加快推动产业转型升级、实现经济提质增效的重要途径。消费升级的方向是产业升级的重要导向。我国居民消费呈现出从注重量的满足向追求质的提升、从有形物质产品向更多服务消费、从模仿型排浪式消费向个性化多样化消费等一系列转变。只有围绕消费市场的变化趋势进行投资、创新和生产,才能最大限度地提高投资和创新有效性、优化产业结构、提升产业竞争力和附加值,实现更有质量和效益的增长。

发挥新消费引领作用是畅通经济良性循环体系、构建稳定增长长效机制的必然选择。经济发展进入新常态需要构建经济循环新体系、增长动力新机制。只有从发展理念、制度环境和政策体系等深层次原因入手,破除市场竞争秩序不规范、消费环境不完善等体制机制障碍,才能充分激发市场活力和创造力,实现潜在需求向现实增长动力的有效转换,为经济长期健康发展提供保障。

二、总体要求和基本原则

全面贯彻党的十八大和十八届二中、三中、四中、五中全会精神,按照党中央、国务院决策部署,发挥市场在资源配置中的决定性作用,积极发现和满足群众消费升级需要,以体制机制创新激发新活力,以消费环境改善和市场秩序规范释放新空间,以扩大有效供给和品质提升满足新需求,以创新驱动产品升级和产业发展,推动消费和投资良性互动、产业升级和消费升级协同共进、创新驱动和经济转型有效对接,构建消费升级、有效投资、创新驱动、经济转型有机结合的发展路径,为经济提质增效升级提供更持久、更强劲的动力。

坚持消费引领,以消费升级带动产业升级。顺应消费升级规律,坚持消费者优先,以新消费为牵引,催生新技术、新产业,使中国制造不仅能够适应市场、满足基本消费,还能引导市场、促进新消费,加快形成消费引领投资、激励创新、繁荣经济、改善民生的良性循环机制。

坚持创新驱动,以供给创新释放消费潜力。营造有利于大众创业、万众创新的良好市场环境,以科技创新为核心引领全面创新,推动科技成果转化应用,培育形成更多新技术、新产业、新业态、新模式,以花色品种多样、服务品质提升为导向,增加优质新型产品和生活服务等有效供给,满足不同群体不断升级的多样化消费需求。

坚持市场主导,以公平竞争激发社会活力。加快推进全国统一市场建设,清除市场壁垒,维护市场秩序,促进商品和要素自由流动、平等交换,资源和要素高效配置。强化企业的市场主体地位和主体责任,完善市场监管,保护消费者合法权益,实现消费者自由选择、自主消费、安全消费,企业诚信守法、自主经营、公平竞争,最大限度地激发市场主体创新创造活力。

坚持制度保障,以体制创新培植持久动力。统筹推进体制机制和政策体系的系统性优化,着力加强供给侧结构性改革,以更加完善的体制机制引导和规范市场主体行为,推动形成节约、理性、绿色、健康的现代生产消费方式,努力构建新消费引领新投资、形成新供给新动力的良好环境和长效机制。实施更加积极主动的开放战略,更好利用全球要素和全球市场推动国内产业升级,更好利用全球商品和服务满足国内多元化、高品质的消费需求。

三、消费升级重点领域和方向

我国消费结构正在发生深刻变化,以消费新热点、消费新模式为主要内容的消费升级,将引领相关产业、基础设施和公共服务投资迅速成长,拓展未来发展新空间。

服务消费。随着物质生活水平提高,教育、健康、养老、文化、旅游等既满足人民生活质量改善需求、又有利于人力资本积累和社会创造力增强的服务消费迅速增长。职业技能培训、文化艺术培训等教育培训消费,健康管理、体育健身、高端医疗、生物医药等健康消费,家政服务和老年用品、照料护理等养老产业及适老化改造,动漫游戏、创意设计、网络文化、数字内容等新兴文化产业及传统文化消费升级,乡村旅游、自驾车房车旅游、邮轮旅游、工业旅游及配套设施建设,以及集多种服务于一体的城乡社区服务平台、大型服务综合体等平台建设,发展空间广阔。

信息消费。信息技术的广泛运用特别是移动互联网的普及,正在改变消费习惯、变革消费模式、重塑消费流程,催生跨区跨境、线上线下、体验分享等多种消费业态兴起。互联网与协同制造、机器人、汽车、商业零售、交通运输、农业、教育、医疗、旅游、文化、娱乐等产业跨界融合,在刺激信息消费、带动各领域消费的同时,也为云计算、大数据、物联网等基础设施建设,以及可穿戴设备、智能家居等智能终端相关技术研发和产品服务发展提供了广阔前景。

绿色消费。生态文明理念和绿色消费观念日益深入人心,绿色消费从生态有机食品向空气净化器、净水器、节能节水器具、绿色家电、绿色建材等有利于节约资源、改善环境的商品和服务拓展。这将推动循环经济、生态经济、低碳经济蓬勃发展,为生态农业、新能源、节能节水、资源综合利用、环境保护与污染治理、生态保护与修复等领域技术研发、生产服务能力提升和基础设施建设提供大量投资创业机会。

时尚消费。随着模仿型排浪式消费阶段的基本结束,个性化多样化消费渐成主流,特别是年轻一代更加偏好体现个性特征的时尚品牌商品和服务,将推动与消费者体验、个性化设计、柔性制造等相关的产业加速发展。同时,中高收入群体规模的壮大使得通用航空、邮轮等传统高端消费日益普及,消费潜力加速释放,并激发相关基础设施建设的投资需求。

品质消费。随着居民收入水平不断提高,广大消费者特别是中等收入群体对消费质量提出了更高要求,更加安全实用、更为舒适美观、更有品味格调的品牌商品消费发展潜力巨大。这类消费涉及几乎所有传统消费品和服务,将会带动传统产业改造提升和产品升级换代。

农村消费。随着农村居民收入持续较快增长、城市消费示范效应扩散、消费观念和消费方式快速更新,农村消费表现出明显的梯度追赶型特征,在交通通信、文化娱乐、绿色环保、家电类耐用消费品和家用轿车等方面还有很大提升空间。适宜农村地区的分布式能源、农业废弃物资源化综合利用和垃圾污水处理设施、农村水电路气信息等基础设施建设改造投资潜力巨大。

四、加快推进重点领域制度创新

加快破除阻碍消费升级和产业升级的体制机制障碍,维护全国统一市场和各类市场主体公平竞争,以事业单位改革为突破口加快服务业发展,以制度创新助推新兴产业发展,以推进人口城镇化为抓手壮大消费群体,激发市场内在活力。

(一)加快建设全国统一大市场

健全公平开放透明的市场规则,建立公平竞争审查制度,实现商品和要素自由流动、各类市场主体公平有序竞争。系统清理地方保护和部门分割政策,消除跨部门、跨行业、跨地区销售商品、提供服务、发展产业的制度障碍,严禁对外地企业、产品和服务设定歧视性准入条件。消除各种显性和隐性行政性垄断,加强反垄断执法,制定保障各类市场主体依法平等进入自然垄断、特许经营领域的具体办法,规范网络型自然垄断领域的产品和服务。

(二)加大服务业对内对外开放力度

加快推进公立教育、医疗、养老、文化等事业单位分类改革,尽快将生产经营类事业单位转为企业。创新公共服务供给方式,合理区分基本与非基本公共服务,政府重在保基本,扩大向社会购买基本公共服务的范围和比重,非基本公共服务主要由市场提供,鼓励社会资本提供个性化多样化服务。全面放宽民间资本市场准入,降低准入门槛,取消各种不合理前置审批事项。积极扩大服务业对外开放,对外资实行准入前国民待遇加负面清单管理模式,分领域逐步减少、放宽、放开对外资的限制。按照服务性质而不是所有制性质制定服务业发展政策,保障民办与公办机构在资格准入、职称评定、土地供给、财政支持、政府采购、监督管理等各方面公平发展。

(三)加强助推新兴领域发展的制度保障

加快推进适应新产业、新业态发展需要的制度建设。全面推进"三网融合"。加快推进低空空域开放。调整完善有利于新技术应用、个性化生产方式发展、智能微电网等新基础设施建设、"互联网+"广泛拓展、使用权短期租赁等分享经济模式成长的配套制度。建立健全有利于医养结合等行业跨界融合以及三次产业融合发展的政策和制度安排。在新兴领域避免出台事前干预性或限制性政策,建立企业从设立到退出全过程的规范化管理制度以及适应从业人员就业灵活、企业运营服务虚拟化等特点的管理服务方式,最大限度地简化审批程序,为新兴业态发展创造宽松环境。

(四)加快推进人口城镇化相关领域改革

加快户籍制度改革,释放农业转移人口消费潜力。督促各地区抓紧出台具体可操作的户籍制度改革措施,鼓励各地区放宽落户条件,逐步消除城乡区域间户籍壁垒。省会及以下城市要放开对吸收高校毕业生落户的限制,加快取消地级及以下城市对农业转移人口及其家属落户的限制。加快推进城镇基本公共服务向常住人口全覆盖,完善社保关系转移接续制度和随迁子女就学保障机制。鼓励中小城市采取措施,支持农业转移人口自用住房消费。

五、全面改善优化消费环境

加快完善标准体系和信用体系,加强质量监管,规范消费市场秩序,强化企业责任意识和主体责任,健全消费者权益保护机制,完善消费基础设施网络,打造面向全球的国际消费市场,营造安全、便利、诚信的良好消费环境。

(五)全面提高标准化水平

健全标准体系,加快制定和完善重点领域及新兴业态的相关标准,强化农产品、食品、药品、家政、养老、健康、体育、文化、旅游、现代物流等领域关键标准制修订,加强新一代信息技术、生物技术、智能制造、节能环保等新兴产业关键标准研究制定。提高国内标准与国际标准水平一致性程度。建立企业产品和服务标准自我声明公开和监督制度。整合优化全国标准信息网络平台。加强检验检测和认证认可能力建设。

(六)完善质量监管体系

建立健全预防为主、防范在先的质量监管体系,全面提升监管能力、效率和精准度。在食品药品、儿童用品、日用品等领域建立全过程质量安全追溯体系。大力推广随机抽查机制,完善产品质量监督抽查和服务质量监督检查制度,广泛运用大数据开展监测分析,建立健全产品质量风险监控和产品伤害监测体系。实行企业产品质量监督检查结果公开制度,健全质量安全事故强制报告、缺陷产品强制召回、严重失信企业强制退出机制。完善商会、行业协会、征信机构、保险金融机构等专门机构和中介服务组织以及消费者、消费者组织、新闻媒体参与的监督机制。

(七)改善市场信用环境

推动建立健全信用法律法规和标准体系,充分利用全国统一的信用信息共享交换平台,加强违法失信行为信息的在线披露和共享。加快构建守信激励和失信惩戒机制,实施企业经营异常名录、失信企业"黑名单"、强制退出等制度,推进跨地区、跨部门信用奖惩联动。引导行业组织开展诚信自律等行业信用建设。全面推行明码标价、明码实价,依法严惩价格欺诈、质价不符等价格失信行为。

(八)健全消费者权益保护机制

推动完善商品和服务质量相关法律法规,推动修订现行法律法规中不利于保护消费者权益的条款。强化消费者权益司法保护,扩大适用举证责任倒置的商品和服务范围。完善落实消费领域诉讼调解对接机制,探索构建消费纠纷独立非诉第三方调解组织。健全公益诉讼制度,适当扩大公益诉讼主体范围。加快建立跨境消费消费者权益保护机制。完善和强化消费领域惩罚性赔偿制度,加大对侵权行为的惩处力度。严厉打击制售假冒伪劣商品、虚假宣传、侵害消费者个人信息安全等违法行为。充分发挥消费者协会等社会组织在维护消费者权益方面的作用。建设全国统一的消费者维权服务网络信息平台,加强对消费者进行金融等专业知识普及工作。

(九)强化基础设施网络支撑

适应消费结构、消费模式和消费形态变化,系统构建和完善基础设施体系。加快新一代信息基础设施网络建设,提升互联网协议第 6 版(IPv6)用户普及率和网络接入覆盖率,加快网络提速降费。推动跨地区跨行业跨所有制的物流信息平台建设,在城市社区和村镇布局建设共同配送末端网点,提高"最后一公里"的物流配送效率。加快旅游咨询中心和集散中心、自驾车房车营地、旅游厕所、停车场等旅游基础设施建设,大力发展智能交通,推动从机场、车站、客运码头到主要景区交通零距离换乘和无缝化衔接,开辟跨区域旅游新路线和大通道。对各类居住公共服务设施实行最低配置规模限制,加快大众化全民健身和文化设施建设,推进城乡社区公共体育健身设施全覆盖。加快电动汽车充电设施、城市停车场的布局和建设。合理规划建设通用机场、邮轮游艇码头等设施。

(十)拓展农村消费市场

优化农村消费环境,完善农村消费基础设施,大幅降低农村流通成本,充分释放农村消费潜力。统筹规划城乡基础设施网络,加大农村地区和小城镇水电路气基础设施升级改造力度,加快信息、环保基础设施建设,完善养老服务和文化体育设施。加快县级公路货运枢纽站场和乡镇综合运输服务站建设。完善农产品冷链物流设施,健全覆盖农产品采收、产地处理、贮藏、加工、运输、销售等环节的冷链物流体系。支持各类社会资本参与涉农电商平台建设,促进线下产业发展平台和线上电商交易平台结合。发挥小城镇连接城乡、辐射农村的作用,提升产业、文化、旅游和社区服务功能,增强商品和要素集散能力。鼓励有条件的地区规划建设特色小镇。

(十一)积极培育国际消费市场

依托中心城市和重要旅游目的地,培育面向全球旅游消费者的国际消费中心。鼓励有条件的城市运用市场手段以购物节、旅游节、影视节、动漫节、读书季、时装周等为载体,提升各类国际文化体育会展活动的质量和水平,鼓励与周边国家(地区)联合开发国际旅游线路,带动文化娱乐、旅游和体育等相关消费。畅通商品进口渠道,稳步发展进口商品直销等新型商业模式。加快出台增设口岸进境免税店的操作办法。扩大 72 小时过境免签政策范围,完善和落实境外旅客购物离境退税政策。

六、创新并扩大有效供给

紧紧围绕消费升级需求,着力提高供给体系质量和效率,鼓励市场主体提高产品质量、扩大新产品和服务供给,营造大众创业、万众创新的良好环境,适当扩大先进技术装备和日用消费品进口,多渠道增加有效供给。

（十二）改造提升传统产业

加快推动轻工、纺织、食品加工等产业转型升级，瞄准国际标准和细分市场需求，从提高产品功效、性能、适用性、可靠性和外观设计水平入手，全方位提高消费品质量。实施企业技术改造提升行动计划，鼓励传统产业设施装备智能化改造，推动生产方式向数字化、精细化、柔性化转变；推进传统制造业绿色化改造，推行生态设计，加强产品全生命周期绿色管理。支持制造业由生产型向生产服务型转变，引导制造企业延伸产业链条、增加服务环节。实施工业强基工程，重点突破核心基础零部件（元器件）、先进基础工艺、关键基础材料、产业技术基础等瓶颈。加强计量技术基础建设，提升量传溯源、产业计量服务能力。健全国产首台（套）重大技术装备市场应用机制，支持企业研发和推广应用重大创新产品。

（十三）培育壮大战略性新兴产业

顺应新一轮科技革命和产业变革趋势，加快构建现代产业技术体系，高度重视颠覆性技术创新与应用，以技术创新推动产品创新，更好满足智能化、个性化、时尚化消费需求，引领、创造和拓展新需求。培育壮大节能环保、新一代信息技术、新能源汽车等战略性新兴产业。推动三维（3D）打印、机器人、基因工程等产业加快发展，开拓消费新领域。支持可穿戴设备、智能家居、数字媒体等市场前景广阔的新兴消费品发展。完善战略性新兴产业发展政策支持体系。

（十四）大力发展服务业

以产业转型升级需求为导向，着力发展工业设计、节能环保服务、检验检测认证、电子商务、现代流通、市场营销和售后服务等产业，积极培育新型服务业态，促进生产性服务业专业化发展、向价值链高端延伸，为制造业升级提供支撑。顺应生活消费方式向发展型、现代型、服务型转变的趋势，重点发展居民和家庭服务、健康养老服务等贴近人民群众生活、需求潜力大、带动力强的生活性服务业，着力丰富服务内容、创新服务方式，推动生活性服务业便利化、精细化、品质化发展。支持有条件的服务业企业跨业融合发展和集团化网络化经营。

（十五）推动大众创业万众创新蓬勃发展

加强政策系统集成，完善创业创新服务链条，加快构建有利于创业创新的良好生态，鼓励和支持各类市场主体创新发展。依托国家创新型城市、国家自主创新示范区、战略性新兴产业集聚区等创业创新资源密集区域，构建产业链、创新链与服务链协同发展支持体系，打造若干具有世界影响力的创业创新中心。加快建设大型共用实验装置以及数据资源、生物资源、知识和专利信息服务等科技服务平台。发展众创、众包、众扶、众筹等新模式，支持发展创新工场和虚拟创新社区等新型孵化器，积极打造孵化与创业投资结合、线上与线下结合的开放式服务载体，为新产品、新业态、新模式成长提供支撑。健全知识、技术、管理、技能等创新要素按贡献参与分配的机制。发展知识产权交易市场，严格知识产权保护，加大侵权惩处力度，建立知识产权跨境维权救援机制。

（十六）鼓励和引导企业加快产品服务升级

引导企业更加积极主动适应市场需求变化，支持企业通过提高产品质量、维护良好信誉、打造知名品牌，培育提升核心竞争力。支持企业应用新技术、新工艺、新材料，加快产品升级换代、延长产业链条。支持企业运用新平台、新模式,提高消费便利性和市场占有率。鼓励企业提升市场分析研判、产品研发设计、市场营销拓展、参与全球竞争等能力。优化产业组织结构,培育一批核心竞争力强的企业集团和专业化中小企业。激发和保护企业家精神,鼓励勇于创新、追求卓越。

(十七)适度扩大先进技术装备和日用消费品进口

健全进口管理体制,完善先进技术和设备进口免税政策,积极扩大新技术引进和关键设备、零部件进口;降低部分日用消费品进口关税,研究调整化妆品等品目消费税征收范围,适度增加适应消费升级需求的日用消费品进口。积极解决电子商务在境内外发展的技术、政策等问题,加强标准、支付、物流、通关、计量检测、检验检疫、税收等方面的国际协调,创新跨境电子商务合作方式。

(十八)鼓励企业加强质量品牌建设

实施质量强国战略,大力推动中国质量、中国品牌建设。推行企业产品质量承诺和优质服务承诺标志与管理制度,在教育、旅游、文化、产品"三包"、网络消费等重点领域开展服务业质量提升专项行动。实施品牌价值提升工程,加大"中国精品"培育力度,丰富品牌文化内涵,积极培育发展地理标志商标和知名品牌。保护和传承中华老字号,振兴中国传统手工艺。完善品牌维权与争端解决机制。引导企业健全商标品牌管理体系,鼓励品牌培育和运营专业服务机构发展,培育一批能够展示"中国制造"和"中国服务"优质形象的品牌与企业。

七、优化政策支撑体系

着眼于发挥制度优势、弥补市场失灵、引导市场行为,系统调整财税、金融、投资、土地、人才和环境政策,加强政策协调配合,形成有利于消费升级和产业升级协同发展的政策环境。

(十九)强化财税支持政策

加大对新消费相关领域的财政支持力度,更好发挥财政政策对地方政府和市场主体行为的导向作用。完善地方税体系,逐步提高直接税比重,激励地方政府营造良好生活消费环境、重视服务业发展。落实小微企业、创新型企业税收优惠政策和研发费用加计扣除政策。适时推进医疗、养老等行业营业税改征增值税改革试点,扩大增值税抵扣范围。严格落实公益性捐赠所得税税前扣除政策,进一步简化公益性捐赠所得税税前扣除流程。按照有利于拉动国内消费、促进公平竞争的原则,推进消费税改革,研究完善主要适应企业对企业(B2B)交易的跨境电子商务零售进口税收政策,进一步完善行邮税政策及征管措施。健全政府采购政策体系,逐步扩大政府购买服务范围,支持民办社会事业、创新产品和服务、绿色产品等发展。完善消费补贴政策,推动由补供方转为补需方,并重点用于具有市场培育效应和能够创造新需求的领域。

(二十)推动金融产品和服务创新

完善金融服务体系,鼓励金融产品创新,促进金融服务与消费升级、产业升级融合创新。发挥金融创新对技术创新的助推作用,健全覆盖从实验研究、中试到生产全过程的科技创新融资模式,更好发挥政府投资和国家新兴产业创业投资引导基金的杠杆作用,提高信贷支持创新的灵活性和便利性。鼓励商业银行发展创新型非抵押类贷款模式,发展融资担保机构。规范发展多层次资本市场,支持实体经济转型升级。支持互联网金融创新发展,强化普惠金融服务,打造集消费、理财、融资、投资等业务于一体的金融服务平台。支持发展消费信贷,鼓励符合条件的市场主体成立消费金融公司,将消费金融公司试点范围推广至全国。鼓励保险机构开发更多适合医疗、养老、文化、旅游等行业和小微企业特点的保险险种,在产品"三包"、特种设备、重点消费品等领域大力实施产品质量安全责任保险制度。

(二十一)优化政府投资结构

聚焦提供适应新消费新投资发展需要的基础设施和公共服务,创新投资方式,更好发挥政府投资的引领、撬动和催化作用。加大政府对教育、医疗、养老等基础设施,以及农村地区和中西部地区基础设施和公共服务领域的投资力度。加强适应新消费和新产业、新业态、新模式发展需要的基础设施和公共平台建设,强化对科技含量高、辐射带动作用强、有望形成新增长点的重大科技工程项目的支持,充分发挥政府投资对创新创业、技术改造、质量品牌建设等的带动作用。推动健全政府和社会资本合作(PPP)法律法规体系,创新政府投资与市场投资的合作方式,明确并规范政府和社会资本的权责利关系,鼓励和吸引社会资本参与新消费相关基础设施和公共服务领域投资。

(二十二)完善土地政策

按照优化用地结构、提升利用效率的要求,创新建设用地供给方式,更好满足新消费新投资项目用地需求。优化新增建设用地结构,加快实施有利于新产业新业态发展和大众创业、万众创新的用地政策,重点保障新消费新投资发展需要的公共服务设施、交通基础设施、市政公用设施等用地,适当扩大战略性新兴产业、生产性和生活性服务业、科研机构及科技企业孵化机构发展用地,多途径保障电动汽车充电设施、移动通信基站等小型配套基础设施用地。优化存量建设用地结构,积极盘活低效利用建设用地。推广在建城市公交站场、大型批发市场、会展和文体中心地上地下立体开发及综合利用。鼓励原用地企业利用存量房产和土地发展研发设计、创业孵化、节能环保、文化创意、健康养老等服务业。依法盘活农村建设用地存量,重点保障农村养老、文化及社区综合服务设施建设用地,合理规划现代农业设施建设用地。

(二十三)创新人才政策

加大人才培养和引进力度,促进人才流动,为消费升级、产业升级、创新发展提供人才保障。培养适应产业转型升级和新兴产业发展需要的人才队伍,扩大家政、健康、养老等生活性服务业专业人才规模,加强信息、教育、医疗、文化、旅游、环保等领域高技能人才和专业技术人才队伍建设。培养更多既懂农业生产又懂电子商务的新型农民。推动医疗、教育、科技等领域人才以多种形式充分流动。完善医疗、养老服务护理人员职业培训补贴等政策。通过完善永久居留权、探索放宽国籍管理、创造宽松便利条件等措施加大对国际优秀人才的吸引力度。

(二十四)健全环境政策体系

建立严格的生态环境保护政策体系,强化节约环保意识,以健康节约绿色消费方式引导生产方式变革。完善统一的绿色产品标准、标识、认证等体系,开展绿色产品评价,政府采购优先购买节能环保产品。鼓励购买节能环保产品和服务,支持绿色技术、产品研发和推广应用。鼓励发展绿色建筑、绿色制造、绿色交通、绿色能源,支持循环园区、低碳城市、生态旅游目的地建设。建立绿色金融体系,发展绿色信贷、绿色债券和绿色基金。推行垃圾分类回收和循环利用,推动生产和生活系统的循环链接。推进生态产品市场化,建立完善节能量、碳排放权、排污权、水权交易制度。大力推行合同能源管理和环境污染第三方治理。

各地区、各部门要高度重视并主动顺应消费升级大趋势,积极发挥新消费引领作用,加快培育形成新供给新动力,推动经济实现有质量、有效益、可持续发展。要加强组织领导和统筹协调,强化部门协同和上下联动,推动系统清理并修订或废止不适应新消费新投资新产业新业态发展的法律法规和政策,加快研究制定具体实施方案和配套措施,明确责任主体、时间表和路线图,形成政策合力。要完善政策实施评估体系,综合运用第三方评估、社会监督评价等多种方式,科学评估实施效果。加大督查力度,确保积极发挥新消费引领作用、加快培育形成新供给新动力各项任务措施落到实处。

国务院

2015 年 11 月 19 日

(资料来源,中国政府网)

国务院办公厅关于加快发展生活性服务业
促进消费结构升级的指导意见

（国办发〔2015〕85 号）

各省、自治区、直辖市人民政府，国务院各部委、各直属机构：

国务院高度重视发展服务业。近年来，我国服务业发展取得显著成效，成为国民经济和吸纳就业的第一大产业，稳增长、促改革、调结构、惠民生作用持续增强。当前我国进入全面建成小康社会的决胜阶段，经济社会发展呈现出更多依靠消费引领、服务驱动的新特征。但总体看，我国生活性服务业发展仍然相对滞后，有效供给不足、质量水平不高、消费环境有待改善等问题突出，迫切需要加快发展。与此同时，国民收入水平提升扩大了生活性服务消费新需求，信息网络技术不断突破拓展了生活性服务消费新渠道，新型城镇化等国家重大战略实施扩展了生活性服务消费新空间，人民群众对生活性服务的需要日益增长、对服务品质的要求不断提高，生活性服务消费蕴含巨大潜力。

生活性服务业领域宽、范围广，涉及人民群众生活的方方面面，与经济社会发展密切相关。加快发展生活性服务业，是推动经济增长动力转换的重要途径，实现经济提质增效升级的重要举措，保障和改善民生的重要手段。为加快发展生活性服务业、促进消费结构升级，经国务院同意，现提出以下意见。

一、总体要求

（一）指导思想

全面贯彻党的十八大和十八届二中、三中、四中、五中全会精神，认真落实国务院部署要求，以增进人民福祉、满足人民群众日益增长的生活性服务需要为主线，大力倡导崇尚绿色环保、讲求质量品质、注重文化内涵的生活消费理念，创新政策支持，积极培育生活性服务新业态新模式，全面提升生活性服务业质量和效益，为经济发展新常态下扩大消费需求、拉动经济增长、转变发展方式、促进社会和谐提供有力支撑和持续动力。

（二）基本原则

坚持消费引领，强化市场主导。努力适应居民消费升级的新形势新要求，充分发挥市场配置资源的决定性作用，更好发挥政府规划、政策引导和市场监管的作用，挖掘消费潜力，增添市场活力。

坚持突出重点，带动全面发展。加强生活性服务业分类指导，聚焦重点领域和薄弱环节，综合施策，形成合力，实现重点突破，增强示范带动效应。

坚持创新供给，推动新型消费。抢抓产业跨界融合发展新机遇，运用互联网、大数据、云计算等推动业态创新、管理创新和服务创新，开发适合高中低不同收入群体的多样化、个性化潜在服务需求。

坚持质量为本，提升品质水平。进一步健全生活性服务业质量管理体系、质量监督体系和质量标准体系，推动职业化发展，丰富文化内涵，打造服务品牌。

坚持绿色发展,转变消费方式。加强生态文明建设,促进服务过程和消费方式绿色化,推动生活性服务业高水平发展,加快生活方式转变和消费结构升级。

(三)发展导向

围绕人民群众对生活性服务的普遍关注和迫切期待,着力解决供给、需求、质量方面存在的突出矛盾和问题,推动生活性服务业便利化、精细化、品质化发展。

1. 增加服务有效供给。 鼓励各类市场主体根据居民收入水平、人口结构和消费升级等发展趋势,创新服务业态和商业模式,优化服务供给,增加短缺服务,开发新型服务。城市生活性服务业要遵循产城融合、产业融合和宜居宜业的发展要求,科学规划产业空间定位,合理布局网点,完善服务体系。农村生活性服务业要以改善基础条件、满足农民需求为重点,鼓励城镇生活性服务业网络向农村延伸,加快农村宽带、无线网络等信息基础设施建设步伐,推动电子商务和快递服务下乡进村入户,以城带乡,尽快改变农村生活性服务业落后面貌。

2. 扩大服务消费需求。 深度开发人民群众从衣食住行到身心健康、从出生到终老各个阶段各个环节的生活性服务,满足大众新需求,适应消费结构升级新需要,积极开发新的服务消费市场,进一步拓展网络消费领域,加快线上线下融合,培育新型服务消费,促进新兴产业成长。加强生活性服务基础设施建设,创新设计理念,体现人文精神。提升服务管理水平,拓展服务维度,精细服务环节,延伸服务链条,发展智慧服务。积极运用互联网等现代信息技术,改进服务流程,扩大消费选择。培育信息消费需求,丰富信息消费内容。改善生活性服务消费环境,加强服务规范和监督管理,健全消费者权益保护体系。深度挖掘我国传统文化、民俗风情和区域特色的发展潜力,促进生活性服务"走出去",开拓国际市场。

3. 提升服务质量水平。 营造全社会重视服务质量的良好氛围,打造"中国服务"品牌。鼓励服务企业将服务质量作为立业之本,坚持质量第一、诚信经营,强化质量责任意识,制定服务标准和规范。推进生活性服务业职业化发展,鼓励企业加强员工培训,增强爱岗敬业的职业精神和专业技能,提高职业素质。积极运用新理念和新技术,改进提高服务质量。优化质量发展环境,完善服务质量治理体系和顾客满意度测评体系。

经过一个时期的努力,力争实现生活性服务业总体规模持续扩大,新业态、新模式不断培育成长;生活性服务基础设施进一步完善,公共服务平台功能逐步增强;以城带乡和城乡互动发展机制日益完善,区域结构更加均衡,消费升级取得重大进展;消费环境明显改善,质量治理体系进一步健全,职业化进程显著加快,服务质量和服务品牌双提升,国内顾客和国外顾客双满意。

二、主要任务

今后一个时期,重点发展贴近服务人民群众生活、需求潜力大、带动作用强的生活性服务领域,推动生活消费方式由生存型、传统型、物质型向发展型、现代型、服务型转变,促进和带动其他生活性服务业领域发展。

(一)居民和家庭服务

健全城乡居民家庭服务体系,推动家庭服务市场多层次、多形式发展,在供给规模和服务质量方面基本满足居民生活性服务需求。引导家庭服务企业多渠道、多业态提供专业化的生活性服务,推进规模经营和网络化发展,创建一批知名家庭服务品牌。整合、充实、升级家庭服务业公共平台,健全服务网络,实现一网多能、跨区域服务,发挥平台对城乡生活性服务业的引导和支撑作用。完善社区服务网点,多方式提供婴幼儿看护、护理、美容美发、洗染、家用电器及其他日用品修理等生活性服务,推动房地产中介、房屋租赁经营、物业管理、搬家保洁、家用车辆保养维修等生活性服务规范化、标准化发展。鼓励在乡村建立综合性服务网点,提高农村居民生活便利化水平。

(二) 健康服务

围绕提升全民健康素质和水平,逐步建立覆盖全生命周期、业态丰富、结构合理的健康服务体系。鼓励发展健康体检、健康咨询、健康文化、健康旅游、体育健身等多样化健康服务。积极提升医疗服务品质,优化医疗资源配置,取消对社会办医的不合理限制,加快形成多元化办医格局。推动发展专业、规范的护理服务。全面发展中医药健康服务,推广科学规范的中医养生保健知识及产品,提升中医药健康服务能力,创新中医药健康服务技术手段,丰富中医药健康服务产品种类。推进医疗机构与养老机构加强合作,发展社区健康养老。支持医疗服务评价、健康管理服务评价、健康市场调查等第三方健康服务调查评价机构发展,培育健康服务产业集群。积极发展健康保险,丰富商业健康保险产品,发展多样化健康保险服务。

(三) 养老服务

以满足日益增长的养老服务需求为重点,完善服务设施,加强服务规范,提升养老服务体系建设水平。鼓励养老服务与相关产业融合创新发展,推动基本生活照料、康复护理、精神慰藉、文化服务、紧急救援、临终关怀等领域养老服务的发展。积极运用网络信息技术,发展紧急呼叫、健康咨询、物品代购等适合老年人的服务项目,创新居家养老服务模式,完善居家养老服务体系。加快推进养老护理员队伍建设,加强职业教育和从业人员培训。大力发展老年教育,支持各类老年大学等教育机构发展,扩大老年教育资源供给,促进养教结合。鼓励专业养老机构发挥自身优势,培训和指导社区养老服务组织和人员。引导社会力量举办养老机构,通过公建民营等方式鼓励社会资本进入养老服务业,鼓励境外资本投资养老服务业。鼓励探索创新,积极开发切合农村实际需求的养老服务方式。

(四) 旅游服务

以游客需求为导向,丰富旅游产品,改善市场环境,推动旅游服务向观光、休闲、度假并重转变,提升旅游文化内涵和附加值。大力发展红色旅游,加强革命传统教育,弘扬民族精神。突出乡村特色,充分发挥农业的多功能性,开发一批形式多样、特色鲜明的乡村旅游产品。进一步推动集观光、度假、休闲、娱乐、海上运动于一体的滨海旅游和海岛旅游。丰富老年旅游服务供给,积极开发多层次、多样化的老年人休闲养生度假产品。引导健康的旅游消费方式,积极发展休闲度假旅游、研学旅行、工业旅游,推动体育运动、竞赛表演、健身休闲与旅游活动融合发展。适应房车、自驾车、邮轮、游艇等新兴旅游业态发展需要,合理规划配套设施建设和基地布局。开发线上线下有机结合的旅游服务产品,推动旅游定制服务,满足个性化需求,深化旅游体验。开发特色旅游路线,加强国际市场营销,积极发展入境旅游。加强旅游纪念品在体现民俗、历史、区位等文化内涵方面的创意设计,推动中国旅游商品品牌建设。

（五）体育服务

大力推动群众体育与竞技体育协同发展，促进体育市场繁荣有序，加速形成门类齐全、结构合理的体育服务体系。重点培育健身休闲、竞赛表演、场馆服务、中介培训等体育服务业，促进康体结合，推动体育旅游、体育传媒、体育会展等相关业态融合发展。以足球、篮球、排球三大球为切入点，加快发展普及性广、关注度高、市场空间大的运动项目。以举办 2022 年冬奥会为契机，全面提升冰雪运动普及度和产业发展水平。大力普及健身跑、自行车、登山等运动项目，带动大众化体育运动发展。完善健身教练、体育经纪人等职业标准和管理规范，加强行业自律。推动专业赛事发展，丰富业余赛事，探索完善赛事市场开发和运作模式，实施品牌战略，打造一批国际性、区域性品牌赛事。有条件的地方可利用自然人文特色资源，举办汽车拉力赛、越野赛等体育竞赛活动。推动体育产业联系点工作，培育一批符合市场规律、具有竞争力的体育产业基地。鼓励体育优势企业、优势品牌和优势项目"走出去"。

（六）文化服务

着力提升文化服务内涵和品质，推进文化创意和设计服务等新型服务业发展，大力推进与相关产业融合发展，不断满足人民群众日益增长的文化服务需求。积极发展具有民族特色和地方特色的传统文化艺术，鼓励创造兼具思想性艺术性观赏性、人民群众喜闻乐见的优秀文化服务产品。加快数字内容产业发展，推动文化服务产品制作、传播、消费的数字化、网络化进程，推进动漫游戏等产业优化升级。深入推进新闻出版精品工程，鼓励民族原创网络出版产品、优秀原创网络文学作品等创作生产，优化新闻出版产业基地布局。积极发展移动多媒体广播电视、网络广播电视等新媒体、新业态。推动传统媒体与新兴媒体融合发展，提升先进文化的互联网传播吸引力。完善文化产业国际交流交易平台，提升文化产业国际化水平和市场竞争力。

（七）法律服务

加强民生领域法律服务，推进覆盖城乡居民的公共法律服务体系建设。大力发展律师、公证、司法鉴定等法律服务业，推进法律服务的专业化和职业化。提升面向基层和普通百姓的法律服务能力，加强对弱势群体的法律服务，加大对老年人、妇女和儿童等法律援助和服务的支持力度。支持中小型法律服务机构发展和法律服务方式创新。统筹城乡、区域法律服务资源，建立激励法律服务人才跨区域流动机制。加快发展公职律师、公司律师队伍，构建社会律师、公职律师、公司律师等优势互补、结构合理的律师队伍。规范法律服务秩序和服务行为，完善职业评价体系、诚信执业制度以及违法违规执业惩戒制度。强化涉外法律服务，着力培养一批通晓国际法律规则、善于处理涉外法律事务的律师人才，建设一批具有国际竞争力和影响力的律师事务所。完善法律服务执业权利保障机制，优化法律服务发展环境。

（八）批发零售服务

优化城市流通网络，畅通农村商贸渠道，加强现代批发零售服务体系建设。合理规划城乡流通基础设施布局，鼓励发展商贸综合服务中心、农产品批发市场、集贸市场以及重要商品储备设施、大型物流（仓储）配送中心、农村邮政物流设施、快件集散中心、农产品冷链物流设施。推动各类批发市场等传统商贸流通企业转变经营模式，利用互联网等先进信息技术进行升级改造。发挥实体店的服务、体验优势，与线上企业开展深度合作。鼓励发展绿色商场,提高绿色商品供给水平。大力发展社区商业,引导便利店等业态进社区,规范和拓展代收费、代收货等便民服务。积极发展冷链物流、仓储配送一体化等物流服务新模式,推广使用智能包裹柜、智能快件箱。依照相关法律、行政法规规定,加强对关系国计民生、人民群众生命安全等商品的流通准入管理,健全覆盖准入、监管、退出的全程管理机制。

（九）住宿餐饮服务

强化服务民生的基本功能,形成以大众化市场为主体、适应多层次多样化消费需求的住宿餐饮业发展新格局。积极发展绿色饭店、主题饭店、客栈民宿、短租公寓、长租公寓、有机餐饮、快餐团餐、特色餐饮、农家乐等满足广大人民群众消费需求的细分业态。大力推进住宿餐饮业连锁化、品牌化发展,提高住宿餐饮服务的文化品味和绿色安全保障水平。推动住宿餐饮企业开展电子商务,实现线上线下互动发展,促进营销模式和服务方式创新。鼓励发展预订平台、中央厨房、餐饮配送、食品安全等支持传统产业升级的配套设施和服务体系。

（十）教育培训服务

以提升生活性服务质量为核心,发展形式多样的教育培训服务,推动职业培训集约发展、内涵发展、融合发展、特色发展。广泛开展城乡社区教育,整合社区各类教育培训资源,引入行业组织等参与开展社区教育项目,为社区居民提供人文艺术、科学技术、幼儿教育、养老保健、生活休闲、职业技能等方面的教育服务,规范发展秩序。大力加强各类人才培养,创新人才培养模式,坚持产教融合、校企合作、工学结合,强化专业人才培养。加快推进教育培训信息化建设,发展远程教育和培训,促进数字资源共建共享。鼓励发展股份制、混合所有制职业院校,允许以资本、知识、技术、管理等要素参与办学。建立家庭、养老、健康、社区教育、老年教育等生活性服务示范性培训基地或体验基地,带动提升行业整体服务水平。逐步形成政府引导、以职业院校和各类培训机构为主体、企业全面参与的现代职业教育体系和终身职业培训体系。

在推动上述重点领域加快发展的同时,还要加强对生活性服务业其他领域的引导和支持,鼓励探索创新,营造包容氛围,推动生活性服务业在融合中发展、在发展中规范,增加服务供给,丰富服务种类,提高发展水平。

三、政策措施

围绕激发生活性服务业企业活力和保障居民放心消费,加快完善体制机制,注重加强政策引导扶持,营造良好市场环境,推动生活性服务业加快发展。

（一）深化改革开放

优化发展环境。建立全国统一、开放、竞争、有序的服务业市场,采取有效措施,切实破除行政垄断、行业垄断和地方保护,清理并废除生活性服务业中妨碍形成全国统一市场和公平竞争的各种规定和做法。进一步深化投融资体制改革,鼓励和引导各类社会资本投向生活性服务业。进一步推进行政审批制度改革,简化审批流程,取消不合理前置审批事项,加强事中事后监管。取消商业性和群众性体育赛事审批。健全并落实各类所有制主体统一适用的制度政策,切实解决产业发展过程中存在的不平等问题,促进公平发展。支持各地结合实际放宽新注册生活性服务业企业场所登记条件限制,为创业提供便利的工商登记服务。积极探索适合生活性服务业特点的未开业企业、无债权债务企业简易注销制度,建立有序的市场退出机制。

扩大市场化服务供给。积极稳妥推进教育、文化、卫生、体育等事业单位分类改革,将从事生产经营活动的事业单位逐步转为企业,规范转制程序,完善过渡政策,鼓励其提供更多切合市场需求的生活性服务。加快生活性服务业行业协会商会与行政机关脱钩,推动服务重心转向企业、行业和市场,提升专业化服务水平。创建全国服务业创新成果交易中心,加快创新成果转化和产业化进程。总结推广国家服务业综合改革试点经验,适应新形势新要求,开展新一轮试点示范工作,力争在一些重点难点问题上取得突破。稳步推进电子商务进农村综合示范。开展拉动城乡居民文化消费试点工作,推动文化消费数字化、网络化发展。

提升国际化发展水平。统一内外资法律法规,推进文化、健康、养老等生活性服务领域有序开放,提高外商投资便利化程度,探索实行准入前国民待遇加负面清单管理模式。支持具备条件的生活性服务业企业"走出去",完善支持生活性服务业企业"走出去"的服务平台,提升知名度和美誉度,创建具有国际影响力的服务品牌。鼓励中华老字号服务企业利用品牌效应,带动中医药、中餐等产业开拓国际市场。增强境外投资环境、投资项目评估等方面的服务功能,为境外投资企业提供法律、会计、税务、信息、金融、管理等专业化服务。

(二)改善消费环境

营造全社会齐抓共管改善消费环境的有利氛围,形成企业规范、行业自律、政府监管、社会监督的多元共治格局。鼓励弹性作息和错峰休假,强化带薪休假制度落实责任,把落实情况作为劳动监察和职工权益保障的重要内容。推动生活性服务业企业信用信息共享,将有关信用信息纳入国家企业信用信息公示系统,建立完善全国统一的信用信息共享交换平台,实施失信联合惩戒,逐步形成以诚信为核心的生活性服务业监管制度。深入开展价格诚信、质量诚信、计量诚信、文明经商等活动,强化环保、质检、工商、安全监管等部门的行政执法,完善食品药品、日用消费品等产品质量监督检查制度。严厉打击居民消费领域乱涨价、乱收费、价格欺诈、制售假冒伪劣商品、计量作弊等违法犯罪行为,依法查处垄断和不正当竞争行为,规范服务市场秩序。完善网络商品和服务的质量担保、损害赔偿、风险监控、网上抽查、源头追溯、属地查处、信用管理等制度,引入第三方检测认证等机制,有效保护消费者合法权益。

(三)加强基础设施建设

适应消费结构升级需求,加大对社会投资的引导,改造提升城市老旧生活性服务基础设施,补齐农村生活性服务基础设施短板,提升生活性服务基础设施自动化、智能化和互联互通水平,提高服务城乡的基础设施网络覆盖面,以健全高效的基础设施体系支撑生活性服务业加快发展和结构升级。围绕旅游休闲、教育文化体育和养老健康家政等领域,尽快组织实施一批重大工程。改善城市生活性服务业发展基础设施条件,鼓励社会资本参与大中城市停车场、立体停车库建设。在符合城市规划的前提下,充分利用地下空间资源,在已规划建设地铁的城市同步扩展地下空间,发展购物、餐饮、休闲等便民生活性服务。统筹体育设施建设规划和合理利用,推进企事业单位和学校的体育场馆向社会开放。

(四)完善质量标准体系

提升质量保障水平。健全以质量管理制度、诚信制度、监管制度和监测制度为核心的服务质量治理体系。规范服务质量分级管理,加强质量诚信制度建设,完善服务质量社会监督平台。加强认证认可体系建设,创新评价技术,完善生活性服务业重点领域认证认可制度。健全顾客满意度、万人投诉量等质量发展指标。加快实施服务质量提升工程和监测基础建设工程,规范集贸市场、餐饮行业、商品超市等领域计量行为,完善涉及人身健康与财产安全的商品检验制度和产品质量监管制度。实施服务标杆引领计划,发挥中国质量奖对服务企业的引导作用。

健全标准体系。制定实施好国家服务业标准规划和年度计划。实施服务标准体系建设工程,加快家政、养老、健康、体育、文化、旅游等领域的关键标准研制。完善居住(小)区配套公共设施规划标准,为生活性服务业相关设施建设、管理和服务提供依据。积极培育生活性服务业标准化工作技术队伍。继续开展国家级服务业标准化试点,总结推广经验。

(五)加大财税、金融、价格、土地政策引导支持

创新财税政策。适时推进"营改增"改革,研究将尚未试点的生活性服务行业纳入改革范围。科学设计生活性服务业"营改增"改革方案,合理设置生活性服务业增值税税率。发挥财政资金引导作用,创新财政资金使用方式,大力推广政府和社会资本合作(PPP)模式,运用股权投资、产业基金等市场化融资手段支持生活性服务业发展。对免费或低收费向社会开放的公共体育设施按照有关规定给予财政补贴。推进政府购买服务,鼓励有条件的地区购买养老、健康、体育、文化、社区等服务,扩大市场需求。

拓宽融资渠道。支持符合条件的生活性服务业企业上市融资和发行债券。鼓励金融机构拓宽对生活性服务业企业贷款的抵质押品种类和范围。鼓励商业银行在商业自愿、依法合规、风险可控的前提下,专业化开展知识产权质押、仓单质押、信用保险保单质押、股权质押、保理等多种方式的金融服务。发展融资担保机构,通过增信等方式放大资金使用效益,增强生活性服务业企业融资能力。探索建立保险产品保护机制,鼓励保险机构开展产品创新和服务创新。积极稳妥扩大消费信贷,将消费金融公司试点推广至全国。完善支付清算网络体系,加强农村地区和偏远落后地区的支付结算基础设施建设。

健全价格机制。在实行峰谷电价的地区,对商业、仓储等不适宜错峰运营的服务行业,研究实行商业平均电价,由服务业企业自行选择执行。深化景区门票价格改革,维护旅游市场秩序。研究完善银行卡刷卡手续费定价机制,进一步从总体上降低餐饮等行业刷卡手续费支出。

完善土地政策。各地要发挥生活性服务业发展规划的引导作用,在当地土地利用总体规划和年度用地计划中充分考虑生活性服务业设施建设用地,予以优先安排。继续加大养老、健康、家庭等生活性服务业用地政策落实力度。

(六)推动职业化发展

生活性服务业有关主管部门要制定相应领域的职业化发展规划。鼓励高等学校、中等职业学校增设家庭、养老、健康等生活性服务业相关专业,扩大人才培养规模。鼓励高等学校和职业院校采取与互联网企业合作等方式,对接线上线下教育资源,探索职业教育和培训服务新方式。依托各类职业院校、职业技能培训机构加强实训基地建设,实施家政服务员、养老护理员、病患服务员等家庭服务从业人员专项培训。鼓励从业人员参加依法设立的职业技能鉴定或专项职业能力考核,对通过初次职业技能鉴定并取得相应等级职业资格证书或专项职业能力证书的,按规定给予一次性职业技能鉴定补贴。鼓励和规范家政服务企业

以员工制方式提供管理和服务,实行统一标准、统一培训、统一管理。

(七)建立健全法律法规和统计制度

完善生活性服务业法律法规,研究制订文化产业促进法,启动服务业质量管理立法研究。加强知识产权保护立法和实施工作,强化对专利、商标、版权等无形资产的开发和保护。以国民经济行业分类为基础,抓紧研究制定生活性服务业及其重点领域统计分类,完善统计制度和指标体系,明确有关部门统计任务。建立健全部门间信息共享机制,逐步建立生活性服务业信息定期发布制度。

各地区、各部门要充分认识加快发展生活性服务业的重大意义,把加快发展生活性服务业作为提高人民生活水平、促进消费结构升级、拉动经济增长的重要任务,采取有效措施,加大支持力度,做到生产性服务业与生活性服务业并重、现代服务业与传统服务业并举,切实把服务业打造成经济社会可持续发展的新引擎。地方各级人民政府要加强组织领导,结合本地区实际尽快研究制定加快发展生活性服务业的实施方案。国务院有关部门要围绕发展生活性服务业的主要目标任务,抓紧制定配套政策措施,组织实施一批重大工程,为生活性服务业加快发展创造良好条件。发展改革委要会同有关部门,抓紧研究建立服务业部际联席会议制度,充分发挥专家咨询委员会作用,进一步强化政策指导和督促检查,重大情况和问题及时向国务院报告。

附件:政策措施分工表

国务院办公厅

2015 年 11 月 19 日

(资料来源:中国政府网)

附件

政策措施分工表

序号	工 作 任 务	负责部门
1	积极探索适合生活性服务业特点的未开业企业、无债权债务企业简易注销制度,建立有序的市场退出机制。	工商总局
2	推动生活性服务业企业信用信息共享,将有关信用信息纳入国家企业信用信息公示系统,建立完善全国统一的信用信息共享交换平台。	发展改革委、人民银行、工商总局、商务部会同有关部门
3	围绕旅游休闲、教育文化体育和养老健康家政等领域,尽快组织实施一批重大工程。	发展改革委及各有关部门
4	加强认证认可体系建设,创新评价技术,完善生活性服务业重点领域认证认可制度。加快实施服务质量提升工程和监测基础建设工程。	质检总局
5	制定实施好国家服务业标准规划和年度计划。实施服务标准体系建设工程,加快家政、养老、健康、体育、文化、旅游等领域的关键标准研制。继续开展国家级服务业标准化试点,总结推广经验。	质检总局及各有关部门
6	适时推进"营改增"改革,研究将尚未试点的生活性服务行业纳入改革范围。科学设计生活性服务业"营改增"改革方案,合理设置生活性服务业增值税税率。	财政部、税务总局会同有关部门
7	支持符合条件的生活性服务业企业上市融资和发行债券。	证监会、发展改革委、人民银行会同有关部门
8	鼓励金融机构拓宽对生活性服务业企业贷款的抵质押品种类和范围。鼓励商业银行在商业自愿、依法合规、风险可控的前提下,专业化开展知识产权质押、仓单质押、信用保险保单质押、股权质押、保理等多种方式的金融服务。探索建立保险产品保护机制,鼓励保险机构开展产品创新和服务创新。	人民银行、银监会、保监会
9	深化景区门票价格改革,维护旅游市场秩序。	发展改革委、旅游局
10	鼓励高等学校、中等职业学校增设家庭、养老、健康等生活性服务业相关专业,扩大人才培养规模。	教育部、发展改革委
11	依托各类职业院校、职业技能培训机构加强实训基地建设,实施家政服务员、养老护理员、病患服务员等家庭服务从业人员专项培训。	人力资源社会保障部

续表

序号	工 作 任 务	负责部门
12	鼓励从业人员参加依法设立的职业技能鉴定或专项职业能力考核,对通过初次职业技能鉴定并取得相应等级职业资格证书或专项职业能力证书的,按规定给予一次性职业技能鉴定补贴。	人力资源社会保障部
13	鼓励和规范家政服务企业以员工制方式提供管理和服务,实行统一标准、统一培训、统一管理。	人力资源社会保障部、商务部
14	加强知识产权保护立法和实施工作,强化对专利、商标、版权等无形资产的开发和保护。	知识产权局、工商总局、版权局
15	以国民经济行业分类为基础,抓紧研究制定生活性服务业及其重点领域统计分类,完善统计制度和指标体系,明确有关部门统计任务。建立健全部门间信息共享机制,逐步建立生活性服务业信息定期发布制度。	统计局、发展改革委会同各有关部门

（资料来源：中国政府网）

国务院关于印发全民健身计划（2016—2020年）的通知

（国发〔2016〕37号）

各省、自治区、直辖市人民政府，国务院各部委、各直属机构：

　　现将《全民健身计划（2016—2020年）》印发给你们，请认真贯彻执行。

国务院
2016年6月15日

全民健身计划（2016—2020年）

　　全民健康是国家综合实力的重要体现，是经济社会发展进步的重要标志。全民健身是实现全民健康的重要途径和手段，是全体人民增强体魄、幸福生活的基础保障。实施全民健身计划是国家的重要发展战略。在党中央、国务院正确领导下，过去五年，经过各地各有关部门和社会各界的共同努力，覆盖城乡、比较健全的全民健身公共服务体系基本形成，为提供更加完备公共体育服务、建设体育强国奠定坚实基础。今后五年，面对人民群众日益增长的体育健身需求、全面建成小康社会的目标要求、推动健康中国建设的机遇挑战，需要更加准确把握新时期全民健身发展内涵的深刻变化，不断开拓发展新境界，使其成为健康中国建设的有力支撑和全面建成小康社会的国家名片。为实施全民健身国家战略，提高全民族的身体素质和健康水平，制定本计划。

一、总体要求

（一）指导思想

　　全面贯彻党的十八大和十八届三中、四中、五中全会精神，紧紧围绕"四个全面"战略布局和党中央、国务院决策部署，牢固树立和贯彻落实创新、协调、绿色、开放、共享的发展理念，以增强人民体质、提高健康水平为根本目标，以满足人民群众日益增长的多元化体育健身需求为出发点和落脚点，坚持以人为本、改革创新、依法治体、确保基本、多元互促、注重实效的工作原则，通过立体构建、整合推进、动态实施，统筹建设全民健身公共服务体系和产业链、生态圈，提升全民健身现代治理能力，为全面建成小康社会贡献力量，为实现中华民族伟大复兴的中国梦奠定坚实基础。

（二）发展目标

　　到2020年，群众体育健身意识普遍增强，参加体育锻炼的人数明显增加，每周参加1次及以上体育锻炼的人数达到7亿，经常参加体育锻炼的人数达到4.35亿，群众身体素质稳步增强。全民健身的教育、经济和社会等功能充分发挥，与各项社会事业互促发展的局面基本形成，体育消费总规模达到1.5万亿元，全民健身成为促进体育产业发展、拉动内需和形成新的经济增长点的动力源。支撑国家发展目标、与全面建成小康社会相适应的全民健身公共服务体系日趋完善，政府主导、部门协同、全社会共同参与的全民健身事业发展格局更加明晰。

二、主要任务

（三）弘扬体育文化，促进人的全面发展

普及健身知识，宣传健身效果，弘扬健康新理念，把身心健康作为个人全面发展和适应社会的重要能力，树立以参与体育健身、拥有强健体魄为荣的个人发展理念，营造良好舆论氛围，通过体育健身提高个人的团队协作能力。引导发挥体育健身对形成健康文明生活方式的作用，树立人人爱锻炼、会锻炼、勤锻炼、重规则、讲诚信、争贡献、乐分享的良好社会风尚。

将体育文化融入体育健身的全周期和全过程，以举办体育赛事活动为抓手，大力宣传运动项目文化，弘扬奥林匹克精神和中华体育精神，挖掘传承传统体育文化，发挥区域特色文化遗产的作用。树立全民健身榜样，讲述全民健身故事，传播社会正能量，发挥体育文化在践行社会主义核心价值观、弘扬中华民族传统美德、传承人类优秀文明成果和提升国家软实力等方面的独特价值和作用。

（四）开展全民健身活动，提供丰富多彩的活动供给

因时因地因需开展群众身边的健身活动，分层分类引导运动项目发展，丰富和完善全民健身活动体系。大力发展健身跑、健步走、骑行、登山、徒步、游泳、球类、广场舞等群众喜闻乐见的运动项目，积极培育帆船、击剑、赛车、马术、极限运动、航空等具有消费引领特征的时尚休闲运动项目，扶持推广武术、太极拳、健身气功等民族民俗民间传统和乡村农味农趣运动项目，鼓励开发适合不同人群、不同地域和不同行业特点的特色运动项目。

激发市场活力，为社会力量举办全民健身活动创造便利条件，发挥网络等新兴活动组织渠道的作用，完善业余体育竞赛体系。鼓励举办不同层次和类型的全民健身运动会，设立残疾人组别，促进健全人与残疾人体育运动融合开展。支持各地、各行业结合地域文化、农耕文化、旅游休闲等资源，打造具有区域特色、行业特点、影响力大、可持续性强的品牌赛事活动。推动各级各类体育赛事的成果惠及更多群众，促进竞技体育与群众体育全面协调发展。重视发挥健身骨干在开展全民健身活动中的作用，引导、服务、规范全民健身活动健康发展。

（五）推进体育社会组织改革，激发全民健身活力

按照社会组织改革发展的总体要求，加快推动体育社会组织成为政社分开、权责明确、依法自治的现代社会组织，引导体育社会组织向独立法人组织转变，推动其社会化、法治化、高效化发展，提高体育社会组织承接全民健身服务的能力和质量。

积极发挥全国性体育社会组织在开展全民健身活动、提供专业指导服务等方面的龙头示范作用。加强各级体育总会作为枢纽型体育社会组织的建设，带动各级各类单项、行业和人群体育组织开展全民健身活动。加强对基层文化体育组织的指导服务，重点培育发展在基层开展体育活动的城乡社区服务类社会组织，鼓励基层文化体育组织依法依规进行登记。推进体育社会组织品牌化发展并在社区建设中发挥作用，形成架构清晰、类型多样、服务多元、竞争有序的现代体育社会组织发展新局面。

（六）统筹建设全民健身场地设施，方便群众就近就便健身

按照配置均衡、规模适当、方便实用、安全合理的原则，科学规划和统筹建设全民健身场

地设施。推动公共体育设施建设,着力构建县(市、区)、乡镇(街道)、行政村(社区)三级群众身边的全民健身设施网络和城市社区15分钟健身圈,人均体育场地面积达到1.8平方米,改善各类公共体育设施的无障碍条件。

有效扩大增量资源,重点建设一批便民利民的中小型体育场馆,建设县级体育场、全民健身中心、社区多功能运动场等场地设施,结合基层综合性文化服务中心、农村社区综合服务设施建设及区域特点,继续实施农民体育健身工程,实现行政村健身设施全覆盖。新建居住区和社区要严格落实按"室内人均建筑面积不低于0.1平方米或室外人均用地不低于0.3平方米"标准配建全民健身设施的要求,确保与住宅区主体工程同步设计、同步施工、同步验收、同步投入使用,不得挪用或侵占。老城区与已建成居住区无全民健身场地设施或现有场地设施未达到规划建设指标要求的,要因地制宜配建全民健身场地设施。充分利用旧厂房、仓库、老旧商业设施、农村"四荒"(荒山、荒沟、荒丘、荒滩)和空闲地等闲置资源,改造建设为全民健身场地设施,合理做好城乡空间的二次利用,推广多功能、季节性、可移动、可拆卸、绿色环保的健身设施。利用社会资金,结合国家主体功能区、风景名胜区、国家公园、旅游景区和新农村的规划与建设,合理利用景区、郊野公园、城市公园、公共绿地、广场及城市空置场所建设休闲健身场地设施。

进一步盘活存量资源,做好已建全民健身场地设施的使用、管理和提档升级,鼓励社会力量参与现有场地设施的管理运营。完善大型体育场馆免费或低收费开放政策,研究制定相关政策鼓励中小型体育场馆免费或低收费开放。确保公共体育场地设施和符合开放条件的企事业单位、学校体育场地设施向社会开放。

(七)发挥全民健身多元功能,形成服务大局、互促共进的发展格局

结合"健康中国2030"等总体发展战略,以及科技、教育、文化、卫生、养老、助残等事业发展,统筹谋划全民健身重大项目工程,发挥全民健身在促进素质教育、文化繁荣、社会包容、民生改善、民族团结、健身消费和大众创业、万众创新等方面的积极作用。

充分发挥全民健身对发展体育产业的推动作用,扩大与全民健身相关的体育健身休闲活动、体育竞赛表演活动、体育场馆服务、体育培训与教育、体育用品及相关产品制造和销售等体育产业规模,使健身服务业在体育产业中所占比重不断提高。鼓励发展健身信息聚合、智能健身硬件、健身在线培训教育等全民健身新业态。充分利用"互联网+"等技术开拓全民健身产品制造领域和消费市场,使体育消费在居民消费支出中所占比重不断提高。

(八)拓展国际大众体育交流,引领全民健身开放发展

坚持"请进来、走出去",拓展全民健身理论、项目、人才、设备等国际交流渠道,推动全民健身向更高层次发展。

搭建全民健身国际交流平台,加强国际间互动交流。传播和推广全民健身发展过程中的中国理念、中国故事、中国人物、中国标准、中国产品,发出中国声音,提升国际影响力,有效发挥全民健身在推广中国文化、提升国家形象和增强国家软实力等方面的独特作用。

(九)强化全民健身发展重点,着力推动基本公共体育服务均等化和重点人群、项目发展

依法保障基本公共体育服务,推动基本公共体育服务向农村延伸,以乡镇、农村社区为重点促进基本公共体育服务均等化。坚持普惠性、保基本、兜底线、可持续、因地制宜的原

则,重点扶持革命老区、民族地区、边疆地区、贫困地区发展全民健身事业。

将青少年作为实施全民健身计划的重点人群,大力普及青少年体育活动,提高青少年身体素质。加强学校体育教育,将提高青少年的体育素养和养成健康行为方式作为学校教育的重要内容,保证学生在校的体育场地和锻炼时间,把学生体质健康水平纳入工作考核体系,加强学校体育工作绩效评估和行政问责。全面实施青少年体育活动促进计划,积极发挥"青少年阳光体育大会"等青少年体育品牌活动的示范引领作用,使青少年提升身体素质、掌握运动技能、培养锻炼兴趣,形成终身体育健身的良好习惯。推进老年宜居环境建设,统筹规划建设公益性老年健身体育设施,加强社区养老服务设施与社区体育设施的功能衔接,提高使用率,支持社区利用公共服务设施和社会场所组织开展适合老年人的体育健身活动,为老年人健身提供科学指导。进一步加大对国家全民健身助残工程的支持力度,采取优惠政策,推动残疾人康复体育和健身体育广泛开展。开展职工、农民、妇女、幼儿体育,推动将外来务工人员公共体育服务纳入属地供给体系。加大对社区矫正人员等特殊人群的全民健身服务供给,使其享受更多社会关爱,在融入社会方面增加获得感和满足感。

加快发展足球运动和冰雪运动。着力加大足球场地供给,把建设足球场地纳入城镇化和新农村建设总体规划,因地制宜鼓励社会力量建设小型、多样化的足球场地。广泛开展校园足球活动,抓紧完善常态化、纵横贯通的大学、高中、初中、小学四级足球竞赛体系。积极倡导和组织行业、社区、企业、部队、残疾人、中老年、五人制、沙滩足球等形式多样的民间足球活动,举办多层级足球赛事,不断扩大足球人口规模,促进足球运动蓬勃发展。大力推广普及冰雪运动,利用筹备和举办北京 2022 年冬奥会和冬残奥会的契机,实施群众冬季运动推广普及计划。支持各地建设和改建多功能冰场和雪场,引导社会力量进入冰雪运动领域,推进冰雪运动进景区、进商场、进社区、进学校,扶持花样滑冰、冰球、高山滑雪等具有一定群众基础的冰雪健身休闲项目,打造品牌冰雪运动俱乐部、冰雪运动院校和一系列观赏性强、群众参与度高的品牌赛事活动。积极培育冰雪设备和运动装备产业,推动其发展壮大。鼓励各地依托当地自然人文资源开展形式多样的冰雪运动,实现 3 亿人参与冰雪运动,使冰雪运动的群众基础更加坚实。

三、保障措施

(十)完善全民健身工作机制

通过强化政府主导、部门协同、全社会共同参与的全民健身组织架构,推动各项工作顺利开展。政府要按照科学统筹、合理布局的原则,做好宏观管理、政策制定、资源整合分配、工作监督评估和协调跨部门联动;各有关部门要将全民健身工作与现有政策、目标、任务相对接,按照职责分工制定工作规划、落实工作任务;智库可为有关全民健身的重要工作、重大项目提供咨询服务,并在顶层设计和工作落实中发挥作用;社会组织可在日常体育健身活动的引导、培训、组织和体育赛事活动的承办等方面发挥作用,积极参与全民健身公共服务体系建设。以健康为主题,整合基层宣传、卫生计生、文化、教育、民政、养老、残联、旅游等部门相关工作,在街道、乡镇层面探索建设健康促进服务中心。

(十一)加大资金投入与保障

建立多元化资金筹集机制,优化投融资引导政策,推动落实财税等各项优惠政策。县级以上地方人民政府应当将全民健身工作相关经费纳入财政预算,并随着国民经济的发展逐步增加对全民健身的投入。安排一定比例的彩票公益金等财政资金,通过设立体育场地设施建设专项投资基金和政府购买服务等方式,鼓励社会力量投资建设体育场地设施,支持群众健身消费。依据政府购买服务总体要求和有关规定,制定政府购买全民健身公共服务的目录、办法及实施细则,加大对基层健身组织和健身赛事活动等的购买比重。完善中央转移支付方式,鼓励和引导地方政府加大对全民健身的财政投入。落实好公益性捐赠税前扣除政策,引导公众对全民健身事业进行捐赠。社会力量通过公益性社会组织或县级以上人民政府及其部门用于全民健身事业的公益性捐赠,符合税法规定的部分,可在计算企业所得税和个人所得税时依法从其应纳税所得额中扣除。

(十二)建立全民健身评价体系

制定全民健身相关规范和评价标准,建立政府、社会、专家等多方力量共同组成的工作平台,采用多层级、多主体、多方位的方式对全民健身发展水平进行立体评估,注重发挥各类媒体的监督作用。把全民健身评价指标纳入精神文明建设以及全国文明城市、文明村镇、文明单位、文明家庭和文明校园创建的内容,将全民健身公共服务相关内容纳入国家基本公共服务和现代公共文化服务体系。进一步明确全民健身发展的核心指标、评价标准和测评方法,为衡量各地全民健身发展水平提供科学依据。出台全国全民健身公共服务体系建设指导标准,鼓励各地结合实际制定全民健身公共服务体系建设地方标准,推进全民健身基本公共服务均等化、标准化。鼓励各地依托特色资源,积极创建体育特色城市、体育生活化街道(乡镇)和体育生活化社区(村)。继续完善全民健身统计制度,做好体育场地普查、国民体质监测以及全民健身活动状况调查数据分析,结合卫生计生部门的营养与慢性病状况调查等,推进全民健身科学决策。

(十三)创新全民健身激励机制

搭建更加适应时代发展需求的全民健身激励平台,拓展激励范围,有效调动城乡基层单位和个人的积极性,发挥典型示范带动作用。推行《国家体育锻炼标准》,颁发体育锻炼标准证书、证章,有条件的地方可通过试行向特定人群或在特定时段发放体育健身消费券等方式,建立多渠道、市场化的全民健身激励机制。鼓励对体育组织、体育场馆、全民健身品牌赛事和活动等的名称、标志等无形资产的开发和运用,引导开发科技含量高、拥有自主知识产权的全民健身产品,提高产品附加值。对支持和参与全民健身、在实施全民健身计划中作出突出贡献的组织机构和个人进行表彰。

(十四)强化全民健身科技创新

制定并实施运动促进健康科技行动计划,推广"运动是良医"等理念,提高全民健身方法和手段的科技含量。开展国民体质测试,开发应用国民体质健康监测大数据,研究制定并推广普及健身指导方案、运动处方库和中国人体育健身活动指南,开展运动风险评估,大力开展科学健身指导,提高群众的科学健身意识、素养和能力水平。推动移动互联网、云计算、大数据、物联网等现代信息技术手段与全民健身相结合,建设全民健身管理资源库、服务资源库和公共服务信息平台,使全民健身服务更加便捷、高效、精准。利用大数据技术及时分析经常参加体育锻炼人数、体育设施利用率,进行运动健身效果综合评价,提高全民健身指导水平和全民健身设施监管效率。推进全民健身场地设施创新,促进全民健身场地设施升级换代,为群众提供更加便利、科学、安全、灵活、无障碍的健身场地设施。积极支持体育用品制造业创新发展,采用新技术、新材料、新工艺,提高产品科技含量,增加产品品种,提升体育用品的质量水平和品牌影响力。鼓励企业参与全民健身科技创新平台和科学健身指导平台建设,加强全民健身科学研究和科学健身指导。

(十五)加强全民健身人才队伍建设

树立新型全民健身人才观,发挥人才在推动全民健身中的基础性、先导性作用,努力培养适应全民健身发展需要的组织、管理、研究、健康指导、志愿服务、宣传推广等方面的人才队伍。创新全民健身人才培养模式,加大对民间健身领军示范人物的发掘和扶持力度,重视对基层管理人员和工作人员中榜样人物的培育。将全民健身人才培养与综治、教育、人力资源社会保障、农业、文化、卫生计生、工会、残联等部门和单位的人才教育培训相衔接,畅通各类人才培养渠道。加强竞技体育与全民健身人才队伍的互联互通,形成全民健身与学校体育、竞技体育后备人才培养工作的良性互动局面,为各类体育人才培养和发挥作用创造条件。发挥互联网等科技手段在人才培训中的作用,加大对社会化体育健身培训机构的扶持力度。

(十六)完善法律政策保障

推动在《中华人民共和国体育法》修订过程中进一步完善全民健身的相关内容,依法保障公民的体育健身权利。推动加快地方全民健身立法,加强全民健身与精神文明、社区服务、公共文化、健康、卫生、旅游、科技、养老、助残等相关制度建设的统筹协调,完善健身消费政策,将加快全民健身相关产业与消费发展纳入体育产业和其他相关产业政策体系。建立健全全民健身执法机制和执法体系,做好全民健身中的纠纷预防与化解工作,利用社会资源提供多样化的全民健身法律服务。完善规划与土地政策,将体育场地设施用地纳入城乡规划、土地利用总体规划和年度用地计划,合理安排体育用地。鼓励保险机构创新开发与全民健身相关的保险产品,为举办和参与全民健身活动提供全面风险保障。

四、组织实施

(十七)加强组织领导与协调

各地要加强对全民健身事业的组织领导,建立完善实施全民健身计划的组织领导协调机制,确保全民健身国家战略深入推进。要把全民健身公共服务体系建设摆在重要位置,纳入当地国民经济和社会发展规划及基本公共服务发展规划,把相关重点工作纳入政府年度民生实事加以推进和考核,构建功能完善的综合性基层公共服务载体。

(十八)严格过程监管与绩效评估

县级以上地方人民政府要制定本地《全民健身实施计划(2016—2020年)》,做好任务分工和监督检查,并在2020年对《全民健身实施计划(2016—2020年)》实施情况进行全面评估。建立全民健身公共服务绩效评估指标体系,定期开展第三方评估和社会满意度调查,对重点目标、重大项目的实施进度和全民健身实施计划推进情况进行专项评估,形成包括媒体在内的多方监督机制。

(资料来源:中国政府网)

国务院办公厅关于印发国家标准化体系
建设发展规划(2016—2020年)的通知

(国办发〔2015〕89号)

各省、自治区、直辖市人民政府,国务院各部委、各直属机构:

《国家标准化体系建设发展规划(2016—2020年)》已经国务院同意,现印发给你们,请认真贯彻执行。

国务院办公厅

2015年12月17日

国家标准化体系建设发展规划(2016—2020年)

标准是经济活动和社会发展的技术支撑,是国家治理体系和治理能力现代化的基础性制度。改革开放特别是进入21世纪以来,我国标准化事业快速发展,标准体系初步形成,应用范围不断扩大,水平持续提升,国际影响力显著增强,全社会标准化意识普遍提高。但是,与经济社会发展需求相比,我国标准化工作还存在较大差距。为贯彻落实《中共中央关于制定国民经济和社会发展第十三个五年规划的建议》和《国务院关于印发深化标准化工作改革方案的通知》(国发〔2015〕13号)精神,推动实施标准化战略,加快完善标准化体系,提升我国标准化水平,制定本规划。

一、总体要求

(一)指导思想

认真落实党的十八大和十八届二中、三中、四中、五中全会精神,按照"四个全面"战略布局和党中央、国务院决策部署,落实深化标准化工作改革要求,推动实施标准化战略,建立完善标准化体制机制,优化标准体系,强化标准实施与监督,夯实标准化技术基础,增强标准化服务能力,提升标准国际化水平,加快标准化在经济社会各领域的普及应用和深度融合,充分发挥"标准化+"效应,为我国经济社会创新发展、协调发展、绿色发展、开放发展、共享发展提供技术支撑。

(二)基本原则

需求引领,系统布局。围绕经济、政治、文化、社会和生态文明建设重大部署,合理规划标准化体系布局,科学确定发展重点领域,满足产业结构调整、社会治理创新、生态环境保护、文化繁荣发展、保障改善民生和国际经贸合作的需要。

深化改革,创新驱动。全面落实标准化改革要求,完善标准化法制、体制和机制。强化以科技创新为动力,推进科技研发、标准研制和产业发展一体化,提升标准技术水平。以管理创新为抓手,加大标准实施、监督和服务力度,提高标准化效益。

协同推进,共同治理。坚持"放、管、治"相结合,发挥市场对标准化资源配置的决定性作用,激发市场主体活力;更好发挥政府作用,调动各地区、各部门积极性,加强顶层设计和统筹管理;强化社会监督作用,形成标准化共治新格局。

包容开放,协调一致。坚持各类各层级标准协调发展,提高标准制定、实施与监督的系统性和协调性;加强标准与法律法规、政策措施的衔接配套,发挥标准对法律法规的技术支撑和必要补充作用。坚持与国际接轨,统筹引进来与走出去,提高我国标准与国际标准一致性程度。

(三)发展目标

到 2020 年,基本建成支撑国家治理体系和治理能力现代化的具有中国特色的标准化体系。标准化战略全面实施,标准有效性、先进性和适用性显著增强。标准化体制机制更加健全,标准服务发展更加高效,基本形成市场规范有标可循、公共利益有标可保、创新驱动有标引领、转型升级有标支撑的新局面。"中国标准"国际影响力和贡献力大幅提升,我国迈入世界标准强国行列。

——标准体系更加健全。政府主导制定的标准与市场自主制定的标准协同发展、协调配套,强制性标准守底线、推荐性标准保基本、企业标准强质量的作用充分发挥,在技术发展快、市场创新活跃的领域培育和发展一批具有国际影响力的团体标准。标准平均制定周期缩短至 24 个月以内,科技成果标准转化率持续提高。在农产品消费品安全、节能减排、智能制造和装备升级、新材料等重点领域制修订标准9 000 项,基本满足经济建设、社会治理、生态文明、文化发展以及政府管理的需求。

——标准化效益充分显现。农业标准化生产覆盖区域稳步扩大,农业标准化生产普及率超过 30%。主要高耗能行业和终端用能产品实现节能标准全覆盖,主要工业产品的标准达到国际标准水平。服务业标准化试点示范项目新增 500 个以上,社会管理和公共服务标准化程度显著提高。新发布的强制性国家标准开展质量及效益评估的比例达到 50% 以上。

——标准国际化水平大幅提升。参与国际标准化活动能力进一步增强,承担国际标准化技术机构数量持续增长,参与和主导制定国际标准数量达到年度国际标准制修订总数的 50%,着力培养国际标准化专业人才,与"一带一路"沿线国家和主要贸易伙伴国家的标准互认工作扎实推进,主要消费品领域与国际标准一致性程度达到95% 以上。

——标准化基础不断夯实。标准化技术组织布局更加合理,管理更加规范。按照深化中央财政科技计划管理改革的要求,推进国家技术标准创新基地建设。依托现有检验检测机构,设立国家级标准验证检验检测点 50 个以上,发展壮大一批专业水平高、市场竞争力强的标准化科研机构。标准化专业人才基本满足发展需要。充分利用现有网络平台,建成全国标准信息网络平台,实现标准化信息互联互通。培育发展标准化服务业,标准化服务能力进一步提升。

二、主要任务

（一）优化标准体系

深化标准化工作改革。把政府单一供给的现行标准体系，转变为由政府主导制定的标准和市场自主制定的标准共同构成的新型标准体系。整合精简强制性标准，范围严格限定在保障人身健康和生命财产安全、国家安全、生态环境安全以及满足社会经济管理基本要求的范围之内。优化完善推荐性标准，逐步缩减现有推荐性标准的数量和规模，合理界定各层级、各领域推荐性标准的制定范围。培育发展团体标准，鼓励具备相应能力的学会、协会、商会、联合会等社会组织和产业技术联盟协调相关市场主体共同制定满足市场和创新需要的标准，供市场自愿选用，增加标准的有效供给。建立企业产品和服务标准自我声明公开和监督制度，逐步取消政府对企业产品标准的备案管理，落实企业标准化主体责任。

完善标准制定程序。广泛听取各方意见，提高标准制定工作的公开性和透明度，保证标准技术指标的科学性和公正性。优化标准审批流程，落实标准复审要求，缩短标准制定周期，加快标准更新速度。完善标准化指导性技术文件和标准样品等管理制度。加强标准验证能力建设，培育一批标准验证检验检测机构，提高标准技术指标的先进性、准确性和可靠性。

落实创新驱动战略。加强标准与科技互动，将重要标准的研制列入国家科技计划支持范围，将标准作为相关科研项目的重要考核指标和专业技术资格评审的依据，应用科技报告制度促进科技成果向标准转化。加强专利与标准相结合，促进标准合理采用新技术。提高军民标准通用化水平，积极推动在国防和军队建设中采用民用标准，并将先进适用的军用标准转化为民用标准，制定军民通用标准。

发挥市场主体作用。鼓励企业和社会组织制定严于国家标准、行业标准的企业标准和团体标准，将拥有自主知识产权的关键技术纳入企业标准或团体标准，促进技术创新、标准研制和产业化协调发展。

（二）推动标准实施

完善标准实施推进机制。发布重要标准，要同步出台标准实施方案和释义，组织好标准宣传推广工作。规范标准解释权限管理，健全标准解释机制。推进并规范标准化试点示范，提高试点示范项目的质量和效益。建立完善标准化统计制度，将能反映产业发展水平的企业标准化统计指标列入法定的企业年度统计报表。

强化政府在标准实施中的作用。各地区、各部门在制定政策措施时要积极引用标准，应用标准开展宏观调控、产业推进、行业管理、市场准入和质量监管。运用行业准入、生产许可、合格评定/认证认可、行政执法、监督抽查等手段，促进标准实施，并通过认证认可、检验检测结果的采信和应用，定性或定量评价标准实施效果。运用标准化手段规范自身管理，提高公共服务效能。

充分发挥企业在标准实施中的作用。企业要建立促进技术进步和适应市场竞争需要的企业标准化工作机制。根据技术进步和生产经营目标的需要，建立健全以技术标准为主体、包括管理标准和工作标准的企业标准体系，并适应用户、市场需求，保持企业所用标准的先进性和适用性。企业应严格执行标准，把标准作为生产经营、提供服务和控制质量的依据和手段,提高产品服务质量和生产经营效益,创建知名品牌。充分发挥其他各类市场主体在标准实施中的作用。行业组织、科研机构和学术团体以及相关标准化专业组织要积极利用自身有利条件,推动标准实施。

(三)强化标准监督

建立标准分类监督机制。健全以行政管理和行政执法为主要形式的强制性标准监督机制,强化依据标准监管,保证强制性标准得到严格执行。建立完善标准符合性检测、监督抽查、认证等推荐性标准监督机制,强化推荐性标准制定主体的实施责任。建立以团体自律和政府必要规范为主要形式的团体标准监督机制,发挥市场对团体标准的优胜劣汰作用。建立企业产品和服务标准自我声明公开的监督机制,保障公开内容真实有效,符合强制性标准要求。

建立标准实施的监督和评估制度。国务院标准化行政主管部门会同行业主管部门组织开展重要标准实施情况监督检查,开展标准实施效果评价。各地区、各部门组织开展重要行业、地方标准实施情况监督检查和评估。完善标准实施信息反馈渠道,强化对反馈信息的分类处理。

加强标准实施的社会监督。进一步畅通标准化投诉举报渠道,充分发挥新闻媒体、社会组织和消费者对标准实施情况的监督作用。加强标准化社会教育,强化标准意识,调动社会公众积极性,共同监督标准实施。

(四)提升标准化服务能力

建立完善标准化服务体系。拓展标准研发服务,开展标准技术内容和编制方法咨询,为企业制定标准提供国内外相关标准分析研究、关键技术指标试验验证等专业化服务,提高其标准的质量和水平。提供标准实施咨询服务,为企业实施标准提供定制化技术解决方案,指导企业正确、有效执行标准。完善全国专业标准化技术委员会与相关国际标准化技术委员会的对接机制,畅通企业参与国际标准化工作渠道,帮助企业实质性参与国际标准化活动,提升企业国际影响力和竞争力。帮助出口型企业了解贸易对象国技术标准体系,促进产品和服务出口。加强中小微企业标准化能力建设服务,协助企业建立标准化组织架构和制度体系、制定标准化发展策略、建设企业标准体系、培养标准化人才,更好促进中小微企业发展。

加快培育标准化服务机构。支持各级各类标准化科研机构、标准化技术委员会及归口单位、标准出版发行机构等加强标准化服务能力建设。鼓励社会资金参与标准化服务机构发展。引导有能力的社会组织参与标准化服务。

(五)加强国际标准化工作

积极主动参与国际标准化工作。充分发挥我国担任国际标准化组织常任理事国、技术管理机构常任成员等作用,全面谋划和参与国际标准化战略、政策和规则的制定修改,提升我国对国际标准化活动的贡献度和影响力。鼓励、支持我国专家和机构担任国际标准化技术机构职务和承担秘书处工作。建立以企业为主体、相关方协同参与国际标准化活动的工作机制,培育、发展和推动我国优势、特色技术标准成为国际标准,服务我国企业和产业走出去。吸纳各方力量,加强标准外文版翻译出版工作。加大国际标准跟踪、评估力度,加快转化适合我国国情的国际标准。加强口岸贸易便利化标准研制。服务高标准自贸区建设,运用标准化手段推动贸易和投资自由化便利化。

深化标准化国际合作。积极发挥标准化对"一带一路"战略的服务支撑作用,促进沿线国家在政策沟通、设施联通、贸易畅通等方面的互联互通。深化与欧盟国家、美国、俄罗斯等在经贸、科技合作框架内的标准化合作机制。推进太平洋地区、东盟、东北亚等区域标准化合作,服务亚太经济一体化。探索建立金砖国家标准化合作新机制。加大与非洲、拉美等地区标准化合作力度。

(六)夯实标准化工作基础

加强标准化人才培养。推进标准化学科建设,支持更多高校、研究机构开设标准化课程和开展学历教育,设立标准化专业学位,推动标准化普及教育。加大国际标准化高端人才队伍建设力度,加强标准化专业人才、管理人才培养和企业标准化人员培训,满足不同层次、不同领域的标准化人才需求。

加强标准化技术委员会管理。优化标准化技术委员会体系结构,加强跨领域、综合性联合工作组建设。增强标准化技术委员会委员构成的广泛性、代表性,广泛吸纳行业、地方和产业联盟代表,鼓励消费者参与,促进军、民标准化技术委员会之间相互吸纳对方委员。利用信息化手段规范标准化技术委员会运行,严格委员投票表决制度。建立完善标准化技术委员会考核评价和奖惩退出机制。

加强标准化科研机构建设。支持各类标准化科研机构开展标准化理论、方法、规划、政策研究,提升标准化科研水平。支持符合条件的标准化科研机构承担科技计划和标准化科研项目。加快标准化科研机构改革,激发科研人员创新活力,提升服务产业和企业能力,鼓励标准化科研人员与企业技术人员相互交流。加强标准化、计量、认证认可、检验检测协同发展,逐步夯实国家质量技术基础,支撑产业发展、行业管理和社会治理。加强各级标准馆建设。

加强标准化信息化建设。充分利用各类标准化信息资源,建立全国标准信息网络平台,实现跨部门、跨行业、跨区域标准化信息交换与资源共享,加强民用标准化信息平台与军用标准化信息平台之间的共享合作、互联互通,全面提升标准化信息服务能力。

三、重点领域

(一)加强经济建设标准化,支撑转型升级

以统一市场规则、调整产业结构和促进科技成果转化为着力点,加快现代农业和新农村建设标准化体系建设,完善工业领域标准体系,加强生产性服务业标准制定及试点示范,推进服务业与工业、农业在更高水平上有机融合,强化标准实施,促进经济提质增效升级,推动中国经济向中高端水平迈进。

着重健全战略性新兴产业标准体系,加大关键技术标准研制力度,深入推进《战略性新兴产业标准化发展规划》实施,促进战略性新兴产业的整体创新能力和产业发展水平提升。

专栏1 农业农村标准化重点

农业

制定和实施高标准农田建设、现代种业发展、农业安全种植和健康养殖、农兽药残留限量及检测、农业投入品合理使用规范、产地环境评价等领域标准,以及动植物疫病预测诊治、农业转基因安全评价、农业资源合理利用、农业生态环境保护、农业废弃物综合利用等重要标准。继续完善粮食、棉花等重要农产品分级标准,以及纤维检验技术标准。推动现代农业基础设施标准化建设,继续健全和完善农产品质量安全标准体系,提高农业标准化生产普及程度。

续表

专栏 1　农业农村标准化重点
林业 　　制修订林木种苗、新品种培育、森林病虫害和有害生物防治、林产品、野生动物驯养繁殖、生物质能源、森林功能与质量、森林可持续经营、林业机械、林业信息化等领域标准。研制森林用材林、经营模式规范、抚育效益评价等标准。制定林地质量评价、林地保护利用、经济林评价、速生丰产林评价、林产品质量安全、资源综合利用等重要标准,保障我国林业资源的可持续利用。
水利 　　制定和实施农田水利、水文、中小河流治理、灌区改造、农村水电、防汛抗旱减灾等标准,研制高效节水灌溉技术、江河湖库水系连通、地下水严重超采区综合治理、水源战略储备工程等配套标准,提高我国水旱灾害综合防御能力、水资源合理配置和高效利用能力、水资源保护和河湖健康保障能力。
粮食 　　制修订和实施粮油产品质量、粮油收购、粮油储运、粮油加工、粮油追溯、粮油检测、品种品质评判等领域标准,研制粮油质量安全控制、仪器化检验、现代仓储流通、节粮减损、粮油副产品综合利用、粮油加工机械等标准,健全我国粮食质量标准体系和检验监测体系。
农业社会化服务 　　开展农资供应、农业生产、农技推广、动植物疫病防控、农产品质量监管和质量追溯、农产品流通、农业信息化、农业金融、农业经营等领域的管理、运行、维护、服务及评价等标准的制修订,增强农业社会化服务能力。
美丽乡村建设 　　加强农村公共服务、农村社会管理、农村生态环境保护和农村人居环境改善等标准的制修订,提高农业农村可持续发展能力,促进城乡经济社会发展一体化新格局的形成。

专栏 2　工业标准化重点
能源 　　研制页岩气工厂化作业、水平井钻井、水力压裂和环保方面标准。研制海上油气勘探开发与关键设备等关键技术标准。优化天然气产品标准,开展天然气能量计量、上游领域取样、分析测试、湿气计量的标准研究。研制煤炭清洁高效利用、石油高效与清洁转化、天然气与煤层气加工技术等标准。研究整体煤气化联合循环发电系统、冷热电联供分布式电流系统等技术标准。研制油气长输管道建设及站场关键设备、大型天然气液化处理储运及设备、超低硫成品油储运等标准。加强特高压及柔性直流输电、智能电网、微电网及分布式电源并网、电动汽车充电基础设施标准制修订,研制大规模间歇式电源并网和储能技术等标准。研制风能太阳能气候资源测量和评估等标准。研制先进压水堆核电技术、高温气冷堆技术、快堆技术标准,全面提升能源开发转化和利用效率。
机械 　　加强关键基础零部件标准研制,制定基础制造工艺、工装、装备及检测标准,从全产业链条综合推进数控机床及其应用标准化工作,重点开展机床工具、内燃机、农业机械等领域的标准体系优化,提高机械加工精度、使用寿命、稳定性和可靠性。

续表

专栏2 工业标准化重点
材料 完善钢铁、有色金属、石化、化工、建材、黄金、稀土等原材料工业标准,加快标准制修订工作,充分发挥标准的上下游协同作用,加快传统材料升级换代步伐。全面推进新材料标准体系建设,重点开展新型功能材料、先进结构材料和高性能复合材料等标准研制,积极开展前沿新材料领域标准预研,有效保障新材料推广应用,促进材料工业结构调整。
消费品 加强跨领域通用、重点领域专用和重要产品等三级消费品安全标准和配套检验方法标准的制定与实施。研制消费品标签标识、全产业链质量控制、质量监管、特殊人群适用型设计和个性化定制等领域标准。加强化妆品和口腔护理用品领域标准制定。
医疗器械 开展生物医学工程、新型医用材料、高性能医疗仪器设备、医用机器人、家用健康监护诊疗器械、先进生命支持设备以及中医特色诊疗设备等领域的标准化工作。
仪器仪表及自动化 开展智能传感器与仪器仪表、工业通信协议、数字工厂、制造系统互操作、嵌入式制造软件、全生命周期管理以及工业机器人、服务机器人和家用机器人的安全、测试和检测等领域标准化工作,提高我国仪器仪表及自动化技术水平。
电工电气 加强核电、风电、海洋能、太阳热能、光伏发电用装备和产品标准制修订,开展低压直流系统及设备、输变电设备、储能系统及设备、燃料电池发电系统、火电系统脱硫脱硝和除尘、电力电子系统和设备、高速列车电气系统、电气设备安全环保技术等标准化工作,提高我国电工电气产品的国际竞争力。
空间及海洋 推进空间科学与环境安全、遥感、超导、纳米等领域标准化工作,促进科技成果产业化。制定海域海岛综合管理、海洋生态环境保护、海洋观测预报与防灾减灾、海洋经济监测与评估、海洋安全保障与权益维护、生物资源保护与开发、海洋调查与科技研究、海洋资源开发等领域标准。研制极地考察、大洋矿产资源勘探与开发、深海探测、海水淡化与综合利用、海洋能开发、海洋卫星遥感及地面站建设等技术标准。
电子信息制造与软件 加强集成电路、传感器与智能控制、智能终端、北斗导航设备与系统、高端服务器、新型显示、太阳能光伏、锂离子电池、LED、应用电子产品、软件、信息技术服务等标准化工作,服务和引领产业发展。
信息通信网络与服务 开展新一代移动通信、下一代互联网、三网融合、信息安全、移动互联网、工业互联网、物联网、云计算、大数据、智慧城市、智慧家庭等标准化工作,推动创新成果产业化进程。
生物技术 加强生物样本、生物资源、分析方法、生物工艺、生物信息、生物计量与质量控制等基础通用标准的研制。开展基因工程技术、蛋白工程技术、细胞工程技术、酶工程技术、发酵工程技术和实验动物、生物芯片,以及生物农业、生物制造、生物医药、生物医学工程、生物服务等领域标准的研制,促进我国生物技术自主创新能力显著提升。
汽车船舶 制修订车船安全、节能、环保及新能源车船、关键系统部件等领域标准,加强高技术船舶、智能网联汽车及相关部件等关键技术标准研究,促进我国汽车及船舶技术提升和产业发展。

专栏3　服务业标准化重点
交通运输 　　制定经营性机动车营运安全标准,研制交通基础设施和综合交通枢纽的建设、维护、管理标准。开展综合运输、节能环保、安全应急、管理服务、城市客运关键技术标准研究,重点加强旅客联程运输和货物多式联运领域基础设施、转运装卸设备和运输设备的标准研制,提高交通运输效率、降低交通运输能耗。
金融 　　开展银行业信用融资、信托、理财、网上银行等金融产品及监管标准的研制,开展证券业编码体系、接口协议、信息披露、信息安全、信息技术治理、业务规范以及保险业消费者保护、巨灾保险、健康医疗保险、农业保险、互联网保险等基础和服务标准制修订,增强我国金融业综合实力、国际竞争力和抗风险能力。
商贸和物流 　　加强批发零售、住宿餐饮、居民服务、重要商品交易、移动商务以及物流设施设备、物流信息和管理等相关标准的研制,强化售后服务重要标准制定,加快建立健全现代国内贸易体系。开展运输技术、配送技术、装卸搬运技术、自动化技术、库存控制技术、信息交换技术、物联网技术等现代物流技术标准的研制,提高物流效率。
旅游 　　开展网络在线旅游、度假休闲旅游、生态旅游、中医药健康旅游等新业态标准研制。制修订旅行社、旅游住宿、旅游目的地和旅游安全、红色旅游、文明旅游、景区环境保护和旅游公共服务标准,提高旅游业服务水平。
高技术等新兴服务领域 　　加强信息技术服务、研发设计、知识产权、检验检测、数字内容、科技成果转化、电子商务、生物技术、创业孵化、科技咨询、标准化服务等服务业标准化体系建设及重要标准研制,研制会展、会计、审计、税务、法律等商务服务标准,全面提高新兴服务领域标准化水平。
人力资源服务 　　加强人力资源服务业、人力资源服务机构评价、人力资源服务从业人员、人力资源产业园管理与服务、产业人才信息平台、培训等标准研制,提升人力资源服务质量。

（二）加强社会治理标准化,保障改善民生

以改进社会治理方式、优化公共资源配置和提高民生保障水平为着力点,建立健全教育、就业、卫生、公共安全等领域标准体系,推进食品药品安全标准清理整合与实施监督(完善食品安全国家标准体系工作,在国家食品安全监管体系"十三五"规划中另行要求),深化安全生产标准化建设,加强防灾减灾救灾标准体系建设,加快社会信用标准体系建设,提高社会管理科学化水平,促进社会更加公平、安全、有序发展。

专栏4　社会领域标准化重点
公共教育 　　完善学校建设标准、学科专业和课程体系标准、教师队伍建设标准、学校运行和管理标准、教育质量标准、教育装备标准、教育信息化标准,制定学前教育、职业教育、特殊教育等重点领域标准,开展国家通用语言文字、少数民族语言文字、特殊语言文字、涉外语言文字、语言文字信息化标准制修订,加快城乡义务教育公办学校标准化建设,基本建成具有国际视野、适合中国国情、涵盖各级各类教育的国家教育标准体系。

续表

专栏4　社会领域标准化重点
劳动就业和社会保险 　　建立健全劳动就业公共服务国家标准体系,加快就业服务和管理、劳动关系等劳动就业公共服务的标准研制与推广实施,研制职业技能培训、劳动关系协调、劳动人事争议调解仲裁和劳动保障监察标准,加强就业信息公共服务网络建设标准研制,制修订人力资源社会保障系统信用体系建设、机关事业单位养老保险经办、待遇审核、服务规范、社会保险风险防控、医保经办、工伤康复经办等领域的标准,提高社会保障服务和管理的规范化、信息化、专业化水平。
基本医疗卫生 　　制修订卫生、中医药相关标准,包括卫生信息、医疗机构管理、医疗服务、中医特色优势诊疗服务和"治未病"预防保健服务、临床检验、血液、医院感染控制、护理、传染病、寄生虫病、地方病、病媒生物控制、职业卫生、环境卫生、放射卫生、营养、学校卫生、消毒、卫生应急管理、卫生检疫等领域的标准。制定重要相关产品标准,包括中药材种子种苗标准、中药材和中药饮片分级标准、道地药材认证标准,提高基本医疗卫生服务的公平性、可及性和质量水平。
食品及相关产品 　　开展食品基础通用标准以及重要食品产品和相关产品、食品添加剂、生产过程管理与控制、食品品质检测方法、食品检验检疫、食品追溯技术、地理标志产品等领域标准制定,支撑食品产业持续健康发展。
公共安全 　　建立健全公共安全基础国家标准体系,开展全国视频联网与应用和人体生物特征识别应用、警用爆炸物防护装备设计与安全评估、公共场所防爆炸技术等领域的标准研究,研究编制信息安全、社会消防安全管理、社会消防技术服务、消防应急救援、消防应急通信、刑事科学技术系列标准,研制危险化学品管理、化学品安全生产、废弃化学品管理和资源化利用、安全生产监管监察、职业健康与防护、事故应急救援、工矿商贸安全技术以及核应急、安防和电气防火等标准,完善优化特种设备质量安全标准,提高我国公共安全管理水平。
基本社会服务 　　制定和实施妇女儿童保护、优抚安置、社会救助、基层民主、社区建设、地名、社会福利、慈善与志愿服务、康复辅具、老龄服务、婚姻、收养、殡葬、社会工作等领域标准,提高基本社会服务标准化水平,保障基本社会服务的规模和质量。
地震和气象 　　研制地震预警技术系统建设与管理、地震灾情快速评估与发布、地震基础探测与抗震防灾应用等服务领域标准,制修订气象仪器与观测方法、气象数据格式与接口、天气预报、农业气象等基础标准,重点研制气象灾害监测预警评估、气候影响评估、大气成分监测预警服务、人工影响天气作业等技术标准和服务标准,针对气象服务市场发展需求,加强市场准入、行为规范、共享共用等配套标准的研究与制定,提升我国防震减灾和气象预测的准确性、及时性与有效性。
测绘地理信息 　　重点研制地理国情普查与监测、测绘基准建设及应用、地理信息资源建设与应用、应急测绘与地图服务、地下空间测绘与管理、地理信息共享与交换、导航与位置服务、地理信息公共服务等标准,加速提升测绘地理信息保障服务能力。

续表

专栏 4　社会领域标准化重点
社会信用体系 　　加快社会信用标准体系建设,制定和实施实名制、信用信息采集和信用分类管理标准,完善信贷、纳税、合同履约、产品质量等重点领域信用标准建设,规范信用评价、信息共享和应用,服务政务诚信、商务诚信、社会诚信和司法公信建设。
物品编码 　　完善和拓展国家物品编码体系及应用,加快物品信息资源体系建设,制定基于统一产品编码的电子商务交易产品质量信息发布系列标准,加强商品条码在电子商务产品监管中的应用研究,加强条码信息在质量监督抽样中的应用,加快物联网标识研究、二维条码标准研究,加强物品编码技术在产品质量追溯中的应用研究,加大商品条码数据库建设力度,支撑产品质量信用信息平台建设。
统一社会信用代码 　　研制跨部门跨领域统一社会信用代码应用的通用安全标准,加快统一社会信用代码地理信息采集、服务接口、数据安全、数据元、赋码规范、数据管理、交换接口等关键标准的制定和实施,初步实现相关部门法人单位信息资源的实时共享,推动统一社会信用代码在电子政务和电子商务领域应用。
城镇化和城市基础设施 　　重点开展城市和小城镇给排水、污水处理、节水、燃气、城镇供热、市容和环境卫生、风景园林、邮政、城市导向系统、城镇市政信息技术应用及服务等领域的标准制修订,提升城市管理标准化、信息化、精细化水平。提高建筑节能标准,推广绿色建筑和建材。

（三）加强生态文明标准化,服务绿色发展

　　以资源节约、节能减排、循环利用、环境治理和生态保护为着力点,推进森林、海洋、土地、能源、矿产资源保护标准化体系建设,加强重要生态和环境标准研制与实施,提高节能、节水、节地、节材、节矿标准,加快能效能耗、碳排放、节能环保产业、循环经济以及大气、水、土壤污染防治标准研制,推进生态保护与建设,提高绿色循环低碳发展水平。

专栏 5　生态保护与节能减排领域标准化重点
自然生态系统保护 　　加强森林、湿地、荒漠、海洋等自然生态系统与生物多样性保护、修复、检测、评价以及生态系统服务、外来生物入侵预警、生态风险评估、生态环境影响评价、野生动植物及濒危物种保护、水土保持、自然保护区、环境承载力等领域的标准制定与实施,实现生态资源的可持续开发与利用。
土地资源保护 　　制修订土地资源规划、调查、监测和评价,耕地保护、土地整治、高标准基本农田建设、永久基本农田红线划定,土地资源节约集约利用等领域的关键技术标准,制定不动产统一登记、不动产权籍调查以及不动产登记信息管理基础平台等领域的关键技术标准,制修订土地资源信息化领域标准,提高国土资源保障能力和保护水平。
水资源保护 　　制修订水资源规划、评价、监测以及水源地保护、取用水管理等标准,研制水资源开发利用控制、用水效率控制、水功能区限制纳污"三条红线"配套标准和重点行业节水标准、水资源承载能力监测预警标准,开展实施最严格水资源管理制度相关标准研究。

续表

专栏 5　生态保护与节能减排领域标准化重点
地质和矿产资源保护 　　制修订地质调查、地质矿产勘查、矿产资源储量、矿产资源开发与综合利用、地质矿产实验测试、矿产资源信息化等领域的关键技术标准以及石油、天然气、页岩气、煤层气等勘查与开采关键技术标准,研制水文地质、工程地质、地质环境和地质灾害等领域标准,制修订珠宝玉石领域基础性、通用性技术标准,提高地质、矿产资源开发利用效率和水平。
环境保护 　　制修订环境质量、污染物排放、环境监测方法、放射性污染防治标准,开展海洋环境保护和城市垃圾处理技术标准的研究,开展防腐蚀领域标准制定。研制工业品生态设计标准体系,制修订电子电气产品、汽车等相关有毒有害物质管控标准,制修订再制造、大宗固体废物综合利用、园区循环化改造、资源再生利用、废旧产品回收、餐厨废弃物资源化等标准,为建设资源节约型和环境友好型社会提供技术保障。
节能低碳 　　制修订能效、能耗限额等强制性节能标准以及在线监测、能效检测、能源审计、能源管理体系、合同能源管理、经济运行、节能量评估、节能技术评估、能源绩效评价等节能基础与管理标准,制修订高效能环保产品、环保设施运行效果评估相关标准,制修订碳排放核算与报告审核、碳减排量评估与审核、产品碳足迹、低碳园区、企业及产品评价、碳资产管理、碳汇交易、碳金融服务相关标准。

（四）加强文化建设标准化,促进文化繁荣

　　以优化公共文化服务、推动文化产业发展和规范文化市场秩序为着力点,建立健全文化行业分类指标体系,加快文化产业技术标准、文化市场产品标准与服务规范建设,完善公共文化服务标准体系,建立和实施国家基本公共文化服务指导标准,制定文化安全管理和技术标准,促进基本公共文化服务标准化、均等化,保障文化环境健康有序发展,建设社会主义文化强国。

专栏 6　文化领域标准化重点
文化艺术 　　重点开展公共文化服务、文化市场产品与服务术语、分类、文化内容管理、服务数量和质量要求、运行指标体系、评价体系,以及公共图书馆、文化馆(站)、博物馆、美术馆、艺术场馆和临时搭建舞台看台公共服务技术、质量、服务设施、服务信息、术语与语言资源等领域重要标准制修订与实施工作,推动文化创新,繁荣文化事业,发展文化产业。
新闻出版 　　加强新闻出版领域相关内容资源标识与管理标准制修订,加快研制版权保护与版权运营相关标准,推进数字出版技术与管理、新闻出版产品流通、信息标准的研制与应用,完善绿色印刷标准体系,开展全民阅读等新闻出版公共服务领域相关标准研制,丰富新闻出版服务供给,满足多样化需求。
广播电影电视 　　开展新一代网络制播、超高清电视、高效视音频编码、广播电视媒体融合、下一代广播电视网、三网融合、数字音频广播、新一代地面数字电视、卫星广播电视、应急广播、数字电影与数字影院等标准的研制,提高影视服务质量。

续表

专栏 6   文化领域标准化重点
文物保护 　　开展文化遗产保护与利用标准研究,制定与实施文物保护专用设施以及可移动文物、不可移动文物、文物调查与考古发掘等文物保护标准,重点制定文物保存环境质量检测、文物分类、文物病害评估等标准,加强文物风险管理标准的制定,提高文物保护水平。开展中国文化传承标准研究。
体育 　　加强公共体育服务、体育竞赛、全民健身、体育场馆设施以及国民体质监测等标准的研制与应用,重点推动体育产业标准化工作的开展,加快体育项目经营活动、竞赛表演业、健身娱乐业、中介活动、体育用品、信息产业等标准的制修订工作,促进体育事业又好又快发展。

（五）加强政府管理标准化,提高行政效能

以推进各级政府事权规范化、提升公共服务质量和加快政府职能转变为着力点,固化和推广政府管理成熟经验,加强权力运行监督、公共服务供给、执法监管、政府绩效管理、电子政务等领域标准制定与实施,构建政府管理标准化体系,树立依法依标管理和服务意识,建设人民满意政府。

专栏 7   政府管理领域标准化重点
权力运行监督 　　探索建立权力运行监督标准体系,推进各级政府事权规范化。研究制定行政审批事项分类编码、行政审批取消和下放效果评估、权力行使流程等标准,实现依法行政、规范履职、廉洁透明、高效服务的政府建设目标。
基本公共服务 　　完善基本公共服务分类与供给、质量控制与绩效评估标准,研制政府购买公共服务、社区服务标准,制定实施综合行政服务平台建设、检验检测共用平台建设、基本公共服务设施分级分类管理、服务规范等标准,培育基本公共服务标准化示范项目,提高基本公共服务保障能力。
执法监管 　　强化节能节地节水、安全等市场准入标准和公共卫生、生态环境保护、消费者安全等领域强制性标准的实施监督,开展基层执法设备设施、行为规范、抽样技术等标准研制,提高执法效率和规范化水平,促进市场公平竞争。
政府绩效管理 　　加强政府工作标准的制定实施,制定实施政府服务质量控制、绩效评估、满意度测评方法和指标体系标准,促进政府行政效能与工作绩效的提升。
电子政务服务 　　推进电子公文管理、档案信息化与电子档案管理、电子监察、电子审计等标准体系建设,加强互联网政务信息数据服务、便民服务平台、行业数据接口、电子政务系统可用性、政务信息资源共享等政务信息标准化工作,制定基于大数据、云计算等信息技术应用的舆情分析和风险研判标准,促进电子政务标准化水平提升。
信息安全保密 　　进一步完善国家保密标准体系,加强涉密信息系统分级保护、保密检查监管、安全保密产品等标准化工作,开展虚拟化、移动互联网、物联网等信息技术应用的安全保密标准研究,增强信息安全保密技术能力。

四、重大工程

（一）农产品安全标准化工程

结合国家农业发展规划和重点领域实际，以保障粮食等重要农产品安全为目标，全面提升农业生产现代化、规模化、标准化水平，保障国家粮食安全、维护社会稳定。

围绕安全种植、健康养殖、绿色流通、合理加工，构建科学、先进、适用的农产品安全标准体系和标准实施推广体系。重点加强现代农业基础设施建设，种质资源保护与利用，"米袋子"、"菜篮子"产品安全种植，畜禽、水产健康养殖，中药材种植，新型农业投入品安全控制，粮食流通，鲜活农产品及中药材流通溯源，粮油产品品质提升和节约减损，动植物疫病预防控制等领域标准制定，制修订相关标准 3 000 项以上，进一步完善覆盖农业产前、产中、产后全过程，从农田到餐桌全链条的农产品安全保障标准体系，有效保障农产品安全。围绕农业综合标准化示范、良好农业操作规范试点、公益性农产品批发市场建设、跨区域农产品流通基础设施提升等，大力开展以建立现代农业生产体系为目标的标准化示范推广工作，建设涵盖农产品生产、加工、流通各环节的各类标准化示范项目 1 000 个以上，组织农业标准化技术机构、行业协会、科研机构、产业联盟，构建农业标准化区域服务与推广平台 50 个，建立现代农业标准化示范和推广体系。

（二）消费品安全标准化工程

以保障消费品安全为目标，建立完善消费品安全标准体系，促进我国消费品安全和质量水平不断提高。

开展消费品安全标准"筑篱"专项行动，围绕化学安全、机械物理安全、生物安全和使用安全，建立跨领域通用安全标准、重点领域专用安全标准和重要产品安全标准相互配套、相互衔接的消费品安全标准体系。在家用电器、纺织服装、家具、玩具、鞋类、电器附件、纸制品、体育用品、化妆品、涂料、建筑卫生陶瓷等 30 个重点领域，开展 1 000 项国内外标准比对评估。加快制定消费品设计、关键材料、重要零部件、生产制造等产业技术基础标准，加强消费品售后服务、标签标识、质量信息揭示、废旧消费品再利用等领域标准研制，制定相关标准 1 000 项以上。建设消费品标准信息服务平台，完善产业发展、产品质量监督、进出口商品检验、消费维权等多环节信息与标准化工作的衔接互动机制，加强对消费品标准化工作的信息共享和风险预警。在重点消费品领域，扶持建立一批团体标准制定组织，整合产业链上下游产学研资源，合力研究制定促进产业发展的设计、材料、工艺、检测等关键共性标准。结合现有各级检验检测实验力量，建设一批标准验证检验检测机构，探索建立重要消费品关键技术指标验证制度。

（三）节能减排标准化工程

落实节能减排低碳发展有关规划及《国家应对气候变化规划（2014—2020 年）》，以有效降低污染水平为目标，开展治污减霾、碧水蓝天标准化行动，实现主要高耗能行业、主要终端用能产品的能耗限额和能效标准全覆盖。

滚动实施百项能效标准推进工程，加快能效与能耗标准制修订速度，加强与能效领跑者制度的有效衔接，适时将领跑者指标纳入能效、能耗强制性标准体系中。重点研究制定能源在线监测、能源绩效评价、合同能源管理、节能量及节能技术评估、能源管理与审计、节能监察等节能基础与管理标准,为能源在线监测、固定资产投资项目节能评估和审查等重要节能管理制度提供技术支撑。针对钢铁、水泥、电解铝等产能过剩行业,实施化解产能过剩标准支撑工程,重点制定节能、节水、环保、生产设备节能、高效节能型产品、节能技术、再制造等方面标准,加速淘汰落后产能,引导产业结构转型升级。研究制定环境质量、污染物排放、环境监测与检测服务、再利用及再生利用产品、循环经济评价、碳排放评估与管理等领域的标准。制修订相关标准 500 项以上,有效支撑绿色发展、循环发展和低碳发展。围绕国家生态文明建设的总体要求,开展 100 家循环经济标准化试点示范。加强标准与节能减排政策的有效衔接,针对 10 个行业研究构建节能减排成套标准工具包,推动系列标准在行业的整体实施。完善节能减排标准有效实施的政策机制。

(四)基本公共服务标准化工程

围绕国家基本公共服务体系规划,聚焦城乡一体化发展中的基层组织和特殊人群保护等重点领域,加快推进基本公共服务标准化工作,促进基本公共服务均等化。

围绕基本公共服务的资源配置、运行管理、绩效评价,农村、社区等基层基本公共服务,老年人、残疾人等特殊人群的基本公共服务,研制 300 项以上标准,健全公共教育、劳动就业、社会保险、医疗卫生、公共文化等基本公共服务重点领域标准体系。鼓励各地区、各部门紧贴政府职能转变,开展基本公共服务标准宣传贯彻和培训,利用网络、报刊等公开基本公共服务标准,协同推动基本公共服务标准实施。开展 100 项以上基本公共服务领域的标准化试点示范项目建设,总结推广成功经验。加强政府自我监督,探索创新社会公众监督、媒体监督等方式,强化基本公共服务标准实施的监督,畅通投诉、举报渠道。加强基本公共服务供给模式、标准实施评价、政府购买公共服务等基础标准研究,不断完善基本公共服务标准化理论方法体系。

(五)新一代信息技术标准化工程

编制新一代信息技术标准体系规划,建立面向未来、服务产业、重点突出、统筹兼顾的标准体系,支撑信息产业创新发展,推动各行业信息化水平全面提升,保障网络安全和信息安全自主可控。

围绕集成电路、高性能电子元器件、半导体照明、新型显示、新型便携式电源、智能终端、卫星导航、操作系统、人机交互、分布式存储、物联网、云计算、大数据、智慧城市、数字家庭、电子商务、电子政务、新一代移动通信、超宽带通信、个人信息保护、网络安全审查等领域,研究制定关键技术和共性基础标准,制定相关标准 1 000 项以上,推动 50 项以上优势标准转化为国际标准,提升国际竞争力。搭建国产软硬件互操作、数据共享与服务、软件产品与系统检测、信息技术服务、云服务安全、办公系统安全、国家信息安全标准化公共服务平台。建立国家网络安全审查技术标准体系并试点应用。发布实施信息技术服务标准化工作行动计划,创建 20 个信息技术服务标准化示范城市(区)。开展标准化创新服务机制研究,推动"科技、专利、标准"同步研发的新模式,助力企业实现创新发展。

(六)智能制造和装备升级标准化工程

围绕"中国制造 2025",立足国民经济发展和国防安全需求,制定智能制造和装备升级标准的规划,研制关键技术标准,显著提升智能制造和装备制造技术水平和国际竞争力,保障产业健康、有序发展。

建立智能制造标准体系,研究制定智能制造关键术语和词汇表、企业间联网和集成、智能制造装备、智能化生产线和数字化车间、智慧工厂、智能传感器、高端仪表、智能机器人、工业通信、工业物联网、工业云和大数据、工业安全、智能制造服务架构等200项以上标准。搭建标准化验证测试公共服务平台,重点针对流程制造、离散制造、智能装备和产品、智能制造新业态新模式、智能化管理和智能服务5个领域开展标准化试点示范。组织编制制造业标准化提升计划,制修订2 000项以上技术标准。聚焦清洁发电设备、核电装备、石油石化装备、节能环保装备、航空装备、航天装备、海洋工程装备、海洋深潜和极地考察装备、高技术船舶、轨道交通装备、工程机械、数控机床、安全生产及应急救援装备等重大产业领域,开展装备技术标准研究。重点制定关键零部件所需的钢铁、有色、有机、复合等基础材料标准,铸造、锻压、热处理、增材制造等绿色工艺及基础制造装备标准,提高国产轴承、齿轮、液气密等关键零部件性能、可靠性和寿命标准指标。加快重大成套装备技术标准研制,在高铁、发动机、大飞机、发电和输变电、冶金及石油石化成套设备等领域,建立一批标准综合体。结合新型工业化产业示范,发挥地方积极性,加大推动装备制造产业标准化试点力度。通过产业链之间协作,开展优势装备"主制造商＋典型用户＋供应商"模式的标准化试点。组织编制《中国装备走出去标准名录》,服务促进一批重大技术装备制造企业走出去。

（七）新型城镇化标准化工程

依据《国家新型城镇化规划（2014—2020年）》,建立层次分明、科学合理、适用有效的标准体系,基本覆盖新型城镇建设各环节,满足城乡规划、建设与管理的需要。

围绕推进农业转移人口市民化、优化城镇化布局和形态、提高城市可持续发展能力、推动城乡发展一体化等改革重点领域,研究编制具有中国特色的新型城镇化标准体系,组织制定相关标准700项以上。加快制定用于指导和评价新型城镇化进程的量化指标、测算依据、数据采集、监测与评价方法等基础通用标准。加强新型城镇化规划建设、资源配置、管理评价以及与统筹城乡一体化发展相配套的标准制定。选择10个省、市开展新型城镇化标准化试点,推动标准在新型城镇化发展过程中的应用和实施,提升新型城镇化发展过程中的标准化水平。建设一批新型城镇化标准化示范城市,总结经验,形成可复制、可推广的发展模式,支撑和促进新型城镇化规范、有序发展。

（八）现代物流标准化工程

落实《物流业发展中长期规划（2014—2020年）》,系统推进物流标准研制、实施、监督、国际化等各项任务,满足物流业转型升级发展的需要。

完善物流标准体系,加大物流安全、物流诚信、绿色物流、物流信息、先进设施设备和甩挂运输、城市共同配送、多式联运等物流业发展急需的重要标准研制力度,制定100项基础类、通用类及专业类物流标准。加强重要物流标准宣传贯彻和培训,促进物流标准实施。实施商贸物流标准化专项行动计划,推广标准托盘及循环共用。选择大型物流企业、配送中心、售后服务平台、物流园区、物流信息平台等,开展100个物流标准化试点。针对危险货物仓储运输、物流装备安全要求等强制性标准,推进物流设备和服务认证,推动行业协会、媒体和社会公众共同监督物流标准实施,加大政府监管力度。积极采用适合我国物流业发展的国际先进标准,在电子商务物流、快递物流等优势领域争取国际标准突破,支撑物流业国际化发展。

（九）中国标准走出去工程

按照"促进贸易、统筹协作、市场导向、突出重点"的要求,大力推动中国标准走出去,支撑我国产品和服务走出去,服务国家构建开放型经济新体制的战略目标。

围绕节能环保、新一代信息技术、高端装备制造、新能源、新材料、新能源汽车、船舶、农产品、玩具、纺织品、社会管理和公共服务等优势、特色领域以及战略性新兴产业领域,平均每年主导和参与制定国际标准 500 项以上。围绕实施"一带一路"战略,按照《标准联通"一带一路"行动计划(2015—2017)》的要求,以东盟、中亚、海湾、蒙俄等区域和国家为重点,深化标准化互利合作,推进标准互认;在基础设施、新兴和传统产业领域,推动共同制定国际标准;组织翻译 1 000 项急需的国家标准、行业标准英文版,开展沿线国家大宗进出口商品标准比对分析;在水稻、甘蔗和果蔬等特色农产品领域,开展东盟农业标准化示范区建设;在电力电子设备、家用电器、数字电视广播、半导体照明等领域,开展标准化互联互通项目;加强沿线国家和区域标准化研究,推动建立沿线重点国家和区域标准化研究中心。

（十）标准化基础能力提升工程

以整体提升标准化发展的基础能力为目标,推进标准化核心工作能力、人才培养模式和技术支撑体系建设,发挥好标准在国家质量技术基础建设及产业发展、行业管理和社会治理中的支撑作用。

围绕标准化技术委员会建设和标准制修订全过程管理,推进标准化核心工作能力建设。整合优化技术委员会组织体系,引入项目委员会、联合工作组等多种技术组织形式;建立技术委员会协调、申诉和退出等机制,加强技术委员会工作考核评价。推动标准从立项到复审的信息化管理,将标准制定周期缩短至 24 个月以内;加强标准审查评估工作,围绕标准立项、研制、实施开展全过程评估;依托现有检验检测机构,设立国家级标准验证检验检测点 50 个以上,加强对标准技术指标的实验验证;加快强制性标准整合修订和推荐性标准体系优化,集中开展滞后老化标准复审工作。

围绕标准化知识的教育、培训和宣传,完善标准化人才培养模式。开展标准化专业学历学位教育,推动标准化学科建设;开展面向专业技术人员的标准化专业知识培训;开展面向企业管理层和员工的标准化技能培训;开展面向政府公务人员和社会公众的标准化知识宣传普及。实施我国国际标准化人才培育计划,着力培养懂技术、懂规则的国际标准化专业人才;依托国际交流和对外援助,开展面向发展中国家的标准化人才培训与交流项目。

围绕标准化科研机构、标准创新基地和标准化信息化建设,加强标准化技术支撑体系建设。加强标准化科研机构能力建设,系统开展标准化理论、方法和技术研究,夯实标准化发展基础。加强标准研制与科技创新的融合,针对京津冀、长三角、珠三角等区域以及现代农业、新兴产业、高技术服务业等领域发展需求,按照深化中央财政科技计划管理改革的要求,推进国家技术标准创新基地建设。进一步加强标准化信息化建设,利用大数据技术凝练标准化需求,开展标准实施效果评价,建成支撑标准化管理和全面提供标准化信息服务的全国标准信息网络平台。

五、保障措施

（一）加快标准化法治建设

加快推进《中华人民共和国标准化法》及相关配套法律法规、规章的制修订工作,夯实标准化法治基础。加大法律法规、规章、政策引用标准的力度,在法律法规中进一步明确标准制定和实施中有关各方的权利、义务和责任。鼓励地方立法推进标准化战略实施,制定符合本行政区域标准化事业发展实际的地方性配套法规、规章。完善支持标准化发展的政策保障体系。充分发挥标准对法律法规的技术支撑和补充作用。

(二)完善标准化协调推进机制

进一步健全统一管理、分工负责、协同推进的标准化管理体制。加强标准化工作的部门联动,完善农业、服务业、社会管理和公共服务等领域标准化联席会议制度,充分发挥国务院各有关部门在标准制定、实施及监督中的作用。地方各级政府要加强对标准化工作的领导,建立完善地方政府标准化协调推进机制,加强督查、强化考核,加大重要标准推广应用的协调力度。在长江经济带、京津冀等有条件的地区建立区域性标准化协作机制,协商解决跨区域跨领域的重大标准化问题。加强标准化省部合作。建立健全军民融合标准化工作机制,促进民用标准化与军用标准化之间的相互协调与合作。

(三)建立标准化多元投入机制

各级财政应根据工作实际需要统筹安排标准化工作经费。制定强制性标准和公益类推荐性标准以及参与国际标准化活动的经费,由同级财政予以安排。探索建立市场化、多元化经费投入机制,鼓励、引导社会各界加大投入,促进标准创新和标准化服务业发展。

(四)加大标准化宣传工作力度

各地区、各部门要通过多种渠道,大力宣传标准化方针政策、法律法规以及标准化先进典型和突出成就,扩大标准化社会影响力。加强重要舆情研判和突发事件处置。广泛开展世界标准日、质量月、消费者权益保护日等群众性标准化宣传活动,深入企业、机关、学校、社区、乡村普及标准化知识,宣传标准化理念,营造标准化工作良好氛围。

(五)加强规划组织实施

国务院标准化行政主管部门牵头组织,各地区、各部门分工负责,组织和动员社会各界力量推进规划实施。做好相关专项规划与本规划的衔接,抓好发展目标、主要任务和重大工程的责任分解和落实,将规划实施情况纳入地方政府和相关部门的绩效考核。健全标准化统一管理和协调推进机制,完善各项配套政策措施,确保规划落到实处。适时开展规划实施的效果评估和监督检查,跟踪分析规划的实施进展。根据外部因素和内部条件变化,对规划进行中期评估和调整、优化,提高规划科学性和有效性。

各地区、各部门可依据本规划,制定本地区、本部门标准化体系建设发展规划。

(资料来源:中国政府网)

国务院办公厅关于加快发展健身休闲产业的指导意见

（国办发〔2016〕77 号）

各省、自治区、直辖市人民政府，国务院各部委、各直属机构：

　　健身休闲产业是体育产业的重要组成部分，是以体育运动为载体、以参与体验为主要形式、以促进身心健康为目的，向大众提供相关产品和服务的一系列经济活动，涵盖健身服务、设施建设、器材装备制造等业态。当前，我国已进入全面建成小康社会决胜阶段，人民群众多样化体育需求日益增长，消费方式逐渐从实物型消费向参与型消费转变，健身休闲产业面临重大发展机遇。但目前健身休闲产业总体规模不大、产业结构失衡，还存在有效供给不足、大众消费激发不够、基础设施建设滞后、器材装备制造落后、体制机制不活等问题。加快发展健身休闲产业是推动体育产业向纵深发展的强劲引擎，是增强人民体质、实现全民健身和全民健康深度融合的必然要求，是建设"健康中国"的重要内容，对挖掘和释放消费潜力、保障和改善民生、培育新的经济增长点、增强经济增长新动能具有重要意义。为加快健身休闲产业发展，经国务院同意，现提出以下意见。

一、总体要求

（一）指导思想

　　全面贯彻党的十八大和十八届三中、四中、五中全会精神，按照"四个全面"战略布局，牢固树立和贯彻落实创新、协调、绿色、开放、共享的发展理念，认真落实党中央、国务院决策部署，推进健身休闲产业供给侧结构性改革，提高健身休闲产业发展质量和效益，培育壮大各类市场主体，丰富产品和服务供给，推动健身休闲产业全面健康可持续发展，不断满足大众多层次多样化的健身休闲需求，提升幸福感和获得感，为经济发展新常态下扩大消费需求、拉动经济增长、转变发展方式提供有力支撑和持续动力。

（二）基本原则

　　市场主导，创新驱动。充分发挥市场在资源配置中的决定性作用，引导各类市场主体在组织管理、建设运营、研发生产等环节创新理念和模式，提高服务质量，更好满足消费升级的需要。

　　转变职能，优化环境。大力推进简政放权、放管结合、优化服务改革，着力破解社会资本投资健身休闲产业的"玻璃门""弹簧门""旋转门"等问题；加强统筹规划、政策支持、标准引导，改善消费环境，培养健康消费理念，使各类群体有意愿、有条件参与健身休闲。

　　分类推进，融合发展。分层分类、区别对待，保障大众基本健身休闲需求，促进健身休闲产业多元化发展；遵循产业发展规律，立足全局，促进产业各门类全面发展，统筹协调健身休闲产业与全民健身事业，推进健身休闲与旅游、健康等产业融合互动。

　　重点突破，力求实效。围绕"一带一路"建设、京津冀协同发展、长江经济带发展三大战略，结合新型城镇化建设、社会主义新农村建设、精准扶贫、棚户区改造等国家重大部署，以健身休闲重点运动项目和产业示范基地等为依托，发挥其辐射和带动效应，促进区域经济发展和民生改善。

（三）发展目标

到2025年,基本形成布局合理、功能完善、门类齐全的健身休闲产业发展格局,市场机制日益完善,消费需求愈加旺盛,产业环境不断优化,产业结构日趋合理,产品和服务供给更加丰富,服务质量和水平明显提高,同其他产业融合发展更为紧密,健身休闲产业总规模达到3万亿元。

二、完善健身休闲服务体系

（四）普及日常健身

推广适合公众广泛参与的健身休闲项目,加快发展足球、篮球、排球、乒乓球、羽毛球、网球、游泳、徒步、路跑、骑行、棋牌、台球、钓鱼、体育舞蹈、广场舞等普及性广、关注度高、市场空间大的运动项目,保障公共服务供给,引导多方参与。

（五）发展户外运动

制定健身休闲重点运动项目目录,以户外运动为重点,研究制定系列规划,支持具有消费引领性的健身休闲项目发展。

——冰雪运动。以举办2022年冬奥会为契机,围绕"三亿人参与冰雪运动"的发展目标,以东北、华北、西北为带动,以大众滑雪、滑冰、冰球等为重点,深入实施"南展西扩",推动冰雪运动设施建设,全面提升冰雪运动普及程度和产业发展水平。

——山地户外运动。推广登山、攀岩、徒步、露营、拓展等山地户外运动项目,推动山地户外运动场地设施体系建设,形成"三纵三横"(太行山及京杭大运河、西安至成都、青藏公路,丝绸之路、318国道、长江沿线)山地户外运动布局,完善山地户外运动赛事活动组织体系,加强户外运动指导员队伍建设,完善山地户外运动安全和应急救援体系。

——水上运动。推动公共船艇码头建设和俱乐部发展,积极发展帆船、赛艇、皮划艇、摩托艇、潜水、滑水、漂流等水上健身休闲项目,实施水上运动精品赛事提升计划,依托水域资源,推动形成"两江两海"(长江、珠江,渤海、东海)水上运动产业集聚区。

——汽车摩托车运动。推动汽车露营营地和中小型赛车场建设,利用自然人文特色资源,举办拉力赛、越野赛、集结赛等赛事,组织家庭露营、青少年营地、主题自驾等活动,不断完善赛事活动组织体系,打造"三圈三线"(京津冀、长三角、泛珠三角,北京至深圳、北京至乌鲁木齐、南宁至拉萨)自驾路线和营地网络。

——航空运动。整合航空资源,深化管理改革,合理布局"200公里航空体育飞行圈",推动航空飞行营地和俱乐部发展,推广运动飞机、热气球、滑翔、飞机跳伞、轻小型无人驾驶航空器、航空模型等航空运动项目,构建以大众消费为核心的航空体育产品和服务供给体系。

（六）发展特色运动

推动极限运动、电子竞技、击剑、马术、高尔夫等时尚运动项目健康发展,培育相关专业培训市场。发展武术、龙舟、舞龙舞狮等民族民间健身休闲项目,传承推广民族传统体育项目,加强体育类非物质文化遗产的保护和发展。加强对相关体育创意活动的扶持,鼓励举办以时尚运动为主题的群众性活动。

（七）促进产业互动融合

大力发展体育旅游，制定体育旅游发展纲要，实施体育旅游精品示范工程，编制国家体育旅游重点项目名录。支持和引导有条件的旅游景区拓展体育旅游项目，鼓励国内旅行社结合健身休闲项目和体育赛事活动设计开发旅游产品和路线。推动"体医结合"，加强科学健身指导，积极推广覆盖全生命周期的运动健康服务，发展运动医学和康复医学，发挥中医药在运动康复等方面的特色作用。促进健身休闲与文化、养老、教育、健康、农业、林业、水利、通用航空、交通运输等产业融合发展。

（八）推动"互联网＋健身休闲"

鼓励开发以移动互联网、大数据、云计算技术为支撑的健身休闲服务，推动传统健身休闲企业由销售导向向服务导向转变，提升场馆预定、健身指导、运动分析、体质监测、交流互动、赛事参与等综合服务水平。积极推动健身休闲在线平台企业发展壮大，整合上下游企业资源，形成健身休闲产业新生态圈。

三、培育健身休闲市场主体

（九）支持健身休闲企业发展

鼓励具有自主品牌、创新能力和竞争实力的健身休闲骨干企业做大做强，通过管理输出、连锁经营等方式，进一步提升核心竞争力，延伸产业链和利润链，支持具备条件的企业"走出去"，培育一批具有国际竞争力和影响力的领军企业集团。支持企业实现垂直、细分、专业发展，鼓励各类中小微健身休闲企业、运动俱乐部向"专精特新"方向发展，强化特色经营、特色产品和特色服务。发挥多层次资本市场作用，支持符合条件的健身休闲企业上市，加大债券市场对健身休闲企业的支持力度。完善抵质押品登记制度，鼓励金融机构在风险可控的前提下拓宽对健身休闲企业贷款的抵质押品种类和范围。

（十）鼓励创业创新

充分利用运动员创业扶持基金，鼓励退役运动员创业创新，投身健身休闲产业。大力推进商事制度改革，为健身休闲产业提供良好的准入环境。开展体育产业创新创业教育服务平台建设，帮助企业、高校、金融机构有效对接。鼓励各地成立健身休闲产业孵化平台，为健身休闲领域大众创业、万众创新提供支持。

（十一）壮大体育社会组织

推进体育类社会团体、基金会、民办非企业单位等社会组织发展，支持其加强自身建设，健全内部治理结构，增强服务功能。对在城乡社区开展健身休闲活动的社区社会组织，降低准入门槛，加强分类指导和业务指导。鼓励各类社会组织承接政府公共体育服务职能。发挥体育社会组织在营造氛围、组织活动、服务消费者等方面的积极作用。

四、优化健身休闲产业结构和布局

（十二）改善产业结构

优化健身休闲服务业、器材装备制造业及相关产业结构，着力提升服务业比重。实施健身服务精品工程,打造一批优秀健身休闲俱乐部、场所和品牌活动。结合各级体育产业基地建设,培育一批以健身休闲服务为核心的体育产业示范基地、单位和项目。发挥重大体育旅游项目的引领带动作用,发展一批体育旅游示范基地。拓宽健身休闲服务贸易领域,探索在自由贸易试验区开展健身休闲产业政策试点,鼓励地方积极培育一批以健身休闲为特色的服务贸易示范区。

(十三)打造地区特色

组织开展山水运动资源调查、民族传统体育资源调查,摸清发展健身休闲产业的自然、人文基础条件。各地要因地制宜,合理布局,错位发展,在保护自然资源和生态环境的基础上,充分利用冰雪、森林、湖泊、江河、湿地、山地、草原、戈壁、沙漠、滨海等独特的自然资源和传统体育人文资源,打造各具特色的健身休闲集聚区和产业带。积极推进资源相近、产业互补、供需对接的区域联动发展,形成东、中、西部良性互动发展格局。

五、加强健身休闲设施建设

(十四)完善健身休闲基础设施网络

严格执行城市居住区规划设计等标准规范有关配套建设健身设施的要求,并实现同步设计、同步施工、同步投入。科学规划健身休闲项目的空间布局,适当增加健身休闲设施用地和配套设施配建比例,充分合理利用公园绿地、城市空置场所、建筑物屋顶、地下室等区域,重点建设一批便民利民的社区健身休闲设施,形成城市15分钟健身圈。鼓励健身休闲设施与住宅、文化、商业、娱乐等综合开发,打造健身休闲服务综合体。

(十五)盘活用好现有体育场馆资源

加快推进企事业单位等体育设施向社会开放。推动有条件的学校体育场馆设施在课后和节假日对本校学生和公众有序开放。通过公共体育设施免费或合理收费开放等措施增加供给,满足基本健身需求。通过管办分离、公建民营等模式,推行市场化商业运作,满足多层次健身消费需求。各类健身休闲场所的水、电、气、热价格按不高于一般工业标准执行。落实体育场馆房产税和城镇土地使用税优惠政策。

(十六)加强特色健身休闲设施建设

结合智慧城市、绿色出行,规划建设城市步行和自行车交通体系。充分挖掘水、陆、空资源,研究打造国家步道系统和自行车路网,重点建设一批山地户外营地、徒步骑行服务站、自驾车房车营地、运动船艇码头、航空飞行营地等健身休闲设施。鼓励和引导旅游景区、旅游度假区、乡村旅游区等根据自身特点,建设特色健身休闲设施。

六、提升健身休闲器材装备研发制造能力

(十七)推动转型升级

支持企业、用户单位、科研单位、社会组织等组建跨行业产业联盟,鼓励健身休闲器材装备制造企业向服务业延伸发展,形成全产业链优势。鼓励企业通过海外并购、合资合作、联合开发等方式,提升冰雪运动、山地户外运动、水上运动、汽车摩托车运动、航空运动等器材装备制造水平。结合传统制造业去产能,引导企业进军健身休闲装备制造领域。

（十八）增强自主创新能力

鼓励企业加大研发投入，提高关键技术和产品的自主创新能力，积极参与高新技术企业认定。支持企业利用互联网技术对接健身休闲个性化需求，根据不同人群，尤其是青少年、老年人的需要，研发多样化、适应性强的健身休闲器材装备。研制新型健身休闲器材装备、可穿戴式运动设备、虚拟现实运动装备等。鼓励与国际领先企业合作设立研发机构，加快对国外先进技术的吸收转化。

（十九）加强品牌建设

支持企业创建和培育自主品牌，提升健身休闲器材装备的附加值和软实力。鼓励企业与各级各类运动项目协会等体育组织开展合作，通过赛事营销等模式，提高品牌知名度。推动优势品牌企业实施国际化发展战略，扩大国际影响力。

七、改善健身休闲消费环境

（二十）深挖消费潜力

开展各类群众性体育活动，合理编排职业联赛赛程，丰富节假日体育赛事供给，发挥体育明星和运动达人示范作用，激发大众健身休闲消费需求。积极推行《国家体育锻炼标准》、业余运动等级标准、业余赛事等级标准，增强健身休闲消费粘性。推动体育部门、体育社会组织、专业体育培训机构等与各类学校合作，提供专业支持，培养青少年体育爱好和运动技能。

（二十一）完善消费政策

鼓励健身休闲企业与金融机构合作，试点发行健身休闲联名银行卡，实施特惠商户折扣。支持各地创新健身休闲消费引导机制。引导保险公司根据健身休闲运动特点和不同年龄段人群身体状况，开发场地责任保险、运动人身意外伤害保险。积极推动青少年参加体育活动相关责任保险发展。

（二十二）引导消费理念

加大宣传力度，普及科学健身知识。鼓励制作和播出国产健身休闲类节目，支持形式多样的体育题材文艺创作。鼓励发展多媒体广播电视、网络广播电视、手机应用程序（APP）等体育传媒新业态，促进消费者利用各类社交平台互动交流，提升消费体验。

八、加强组织实施

（二十三）持续推动"放管服"改革

加快政府职能转变，大幅度削减健身休闲活动相关审批事项，实施负面清单管理，促进空域水域开放。推进体育行业协会改革，加强事中事后监管，完善相关安保服务标准，加强行业信用体系建设。完善政务发布平台、信息交互平台、展览展示平台、资源交易平台。

（二十四）优化规划和土地利用政策

积极引导健身休闲产业用地控制规模、科学选址，并将相关用地纳入地方各级土地利用总体规划中合理安排。对符合土地利用总体规划、城乡规划、环保规划等相关规划的重大健身休闲项目，要本着应保尽保的原则及时安排新增建设用地计划指标。对使用荒山、荒地、荒滩及石漠化、边远海岛土地建设的健身休闲项目，优先安排新增建设用地计划指标，出让底价可按不低于土地取得成本、土地前期开发成本和按规定应收取相关费用之和的原则确定。在土地利用总体规划确定的城市和村庄、集镇建设用地范围外布局的重大健身休闲项目,可按照单独选址项目安排用地。利用现有健身休闲设施用地、房产增设住宿、餐饮、娱乐等商业服务设施的,经批准可以协议方式办理用地手续。鼓励以长期租赁、先租后让、租让结合方式供应健身休闲项目建设用地。支持农村集体经济组织自办或以土地使用权入股、联营等方式参与健身休闲项目。

(二十五) 完善投入机制

加快推动设立由社会资本筹资的体育产业投资基金,引导社会力量参与健身休闲产业。鼓励社会资本以市场化方式设立健身休闲产业发展投资基金。推动开展政府和社会资本合作示范,符合条件的项目可申请政府和社会资本合作融资支持基金的支持。进一步健全政府购买公共体育服务的体制机制。运用彩票公益金对健身休闲相关项目给予必要资助。鼓励地方通过体育产业引导资金等渠道对健身休闲产业予以必要支持。鼓励符合条件的企业发行企业债券,募集资金用于健身休闲产业项目的建设。

(二十六) 加强人才保障

鼓励校企合作,培养各类健身休闲项目经营策划、运营管理、技能操作等应用型专业人才。加强从业人员职业培训,提高健身休闲场所工作人员的服务水平和专业技能。完善体育人才培养开发、流动配置、激励保障机制,支持专业教练员投身健身休闲产业。加强社会体育指导员队伍建设,充分发挥其对群众参与健身休闲的服务和引领作用。加强健身休闲人才培育的国际交流与合作。

(二十七) 完善标准和统计制度

全面推动健身休闲标准体系建设,制定健身休闲服务规范和质量标准,在服务提供、技能培训、活动管理、设施建设、器材装备制造等各方面提高健身休闲产业标准化水平。引导和鼓励企业积极参与行业和国家标准制定。以国家体育产业统计分类为基础,完善健身休闲产业统计制度和指标体系,建立健身休闲产业监测机制。

(二十八) 健全工作机制

建立体育、发展改革、旅游等多部门合作的健身休闲产业发展工作协调机制,及时分析健身休闲产业发展情况,解决存在的问题,落实惠及健身休闲产业的文化、旅游等相关政策。各地要把发展健身休闲产业纳入国民经济和社会发展规划,鼓励有条件的地方编制健身休闲发展专项规划。各级体育行政部门要加强职能建设,充实体育产业工作力量,推动健身休闲产业发展。

(二十九) 强化督查落实

各地各有关部门要根据本意见要求,结合实际情况,抓紧制定具体实施意见和配套政策。体育总局、国家发展改革委、国家旅游局要会同有关部门对落实本意见的情况进行监督检查和跟踪分析,重大事项及时向国务院报告。

国务院办公厅

2016 年 10 月 25 日

(资料来源:中国政府网)

国务院办公厅关于进一步扩大旅游文化体育健康养老教育培训等领域消费的意见

（国办发〔2016〕85 号）

各省、自治区、直辖市人民政府，国务院各部委、各直属机构：

当前，我国国内消费持续稳定增长，为经济运行总体平稳、稳中有进发挥了基础性作用。顺应群众期盼，以改革创新增加消费领域特别是服务消费领域有效供给、补上短板，有利于改善民生、促进服务业发展和经济转型升级、培育经济发展新动能。要按照党中央、国务院决策部署，牢固树立和贯彻落实创新、协调、绿色、开放、共享的发展理念，坚持以供给侧结构性改革为主线，发挥市场配置资源的决定性作用和更好发挥政府作用，深入推进简政放权、放管结合、优化服务改革，消除各种体制机制障碍，放宽市场准入，营造公平竞争市场环境，激发大众创业、万众创新活力，推动一二三产业融合发展，改善产品和服务供给，积极扩大新兴消费、稳定传统消费、挖掘潜在消费。经国务院同意，现提出以下意见：

一、着力推进幸福产业服务消费提质扩容

围绕旅游、文化、体育、健康、养老、教育培训等重点领域，引导社会资本加大投入力度，通过提升服务品质、增加服务供给，不断释放潜在消费需求。

（一）加速升级旅游消费

1. 2016 年底前再新增 100 家全域旅游示范区创建单位。实施乡村旅游后备箱行动。研究出台休闲农业和乡村旅游配套设施建设支持政策。（国家旅游局、农业部、国家发展改革委按职责分工负责）

2. 指导各地依法办理旅居挂车登记，允许具备牵引功能并安装有符合国家标准牵引装置的小型客车按规定拖挂旅居车上路行驶，研究改进旅居车准驾管理制度。加快研究出台旅居车营地用地政策。（公安部、交通运输部、国土资源部、国家旅游局按职责分工负责）

3. 制定出台邮轮旅游发展总体规划。规范并简化邮轮通关手续，鼓励企业开拓国内和国际邮轮航线，进一步促进国内邮轮旅游发展。将已在上海启动实施的国际邮轮入境外国旅游团 15 天免签政策，逐步扩大至其他邮轮口岸。（国家旅游局、交通运输部、海关总署、公安部、质检总局按职责分工负责）

4. 制定出台游艇旅游发展指导意见。有序推动开展粤港澳游艇自由行，规划建设 50～80 个公共游艇码头或水上运动中心，探索试点游艇租赁业务。（国家旅游局、交通运输部、工业和信息化部、公安部、海关总署、国家发展改革委、质检总局按职责分工负责）

5. 出台促进体育与旅游融合发展的指导意见。（国家旅游局、体育总局按职责分工负责）

（二）创新发展文化消费

6. 支持实体书店融入文化旅游、创意设计、商贸物流等相关行业发展，建设成为集阅读学习、展示交流、聚会休闲、创意生活等功能于一体、布局合理的复合式文化场所。（新闻出

版广电总局牵头负责)

7. 稳步推进引导城乡居民扩大文化消费试点工作,尽快总结形成一批可供借鉴的有中国特色的文化消费模式。(文化部、财政部按职责分工负责)

8. 适时将文化文物单位文化创意产品开发试点扩大至符合条件的地市级博物馆、美术馆、图书馆。(文化部牵头负责)

9. 出台推动文化娱乐行业转型升级的意见,提升文化娱乐行业经营管理水平。出台推动数字文化产业发展的指导意见,丰富数字文化内容和形式,创新数字文化技术和装备。(文化部、新闻出版广电总局按职责分工负责)

(三)大力促进体育消费

10. 2016年内完成体育类社团组织第一批脱钩试点。以足球、篮球、排球三大球联赛改革为带动,推进职业联赛改革,在重大节假日期间进一步丰富各类体育赛事活动。(体育总局牵头负责)

11. 提高体育场馆使用效率,盘活存量资源,推动有条件的学校体育场馆设施在课后和节假日对本校学生和公众有序开放,运用商业运营模式推动体育场馆多层次开放利用。(体育总局、教育部、财政部按职责分工负责)

12. 制定实施冰雪运动、山地户外运动、水上运动、航空运动等专项运动产业发展规划。(体育总局、国家发展改革委、工业和信息化部按职责分工负责)

(四)培育发展健康消费

13. 适时将自2016年1月1日起实施的商业健康保险个人所得税税前扣除政策,由31个试点城市向全国推广。(财政部、税务总局、保监会按职责分工负责)

14. 重点推进两批90个国家级医养结合试点地区创新医养结合管理机制和服务模式,形成一批创新成果和可持续、可复制的经验。(国家卫生计生委、民政部按职责分工负责)

15. 促进健康医疗旅游,建设国家级健康医疗旅游示范基地,推动落实医疗旅游先行区支持政策。(国家卫生计生委、国家旅游局、国家发展改革委按职责分工负责)

(五)全面提升养老消费

16. 抓紧落实全面放开养老服务市场、提升养老服务质量的政策性文件,全面清理、取消申办养老服务机构不合理的前置审批事项,进一步降低养老服务机构准入门槛,增加适合老年人吃住行等日常需要的优质产品和服务供给。(国家发展改革委、民政部按职责分工负责)

17. 支持整合改造闲置社会资源发展养老服务机构,将城镇中废弃工厂、事业单位改制后腾出的办公用房、转型中的公办培训中心和疗养院等,整合改造成养老服务设施。(民政部、国家发展改革委按职责分工负责)

18. 探索建立适合国情的长期护理保险制度政策框架,重点解决重度失能人员的基本生活照料和与基本生活密切相关的医疗护理等所需费用。(人力资源社会保障部、国家卫生计生委、民政部、财政部、保监会按职责分工负责)

(六)持续扩大教育培训消费

19. 深化国有企业所办教育机构改革,完善经费筹集制度,避免因企业经营困难导致优质职业培训机构等资源流失,加强相关领域人才培养。加强教育培训与"双创"的有效衔接,鼓励社会资本参与相关教育培训实践,为"双创"提供更多人才支撑。(国务院国资委、教育部、财政部、人力资源社会保障部按职责分工负责)

20. 重点围绕理工农医、国家急需的交叉前沿学科、薄弱空白学科等领域,开展高水平、示范性的中外合作办学。(教育部牵头负责)

二、大力促进传统实物消费扩大升级

以传统实物消费升级为重点,通过提高产品质量、创新增加产品供给,创造消费新需求。

(七)稳定发展汽车消费

21. 加快制定新的汽车销售管理办法,打破品牌授权单一模式,鼓励发展共享型、节约型、社会化的汽车流通体系。(商务部牵头负责)

22. 在总结4个自贸试验区汽车平行进口试点政策的基础上,加快扩大汽车平行进口试点范围。(商务部牵头负责)

(八)培育壮大绿色消费

23. 研究出台空气净化器、洗衣机等家用绿色净化器具能效标准,并纳入能效领跑者计划,引导消费者优先购买使用能效领跑者产品。(国家发展改革委牵头负责)

24. 加大节能门窗、陶瓷薄砖、节水洁具等绿色建材评价的推进力度,引导扩大绿色建材消费的市场份额。(住房城乡建设部、工业和信息化部按职责分工负责)

25. 完善绿色产品认证制度和标准体系,建立统一的绿色产品标准、认证、标识体系,制定流通领域节能环保技术产品推广目录,鼓励流通企业采购和销售绿色产品。(质检总局、商务部按职责分工负责)

三、持续优化消费市场环境

聚焦增强居民消费信心,吸引居民境外消费回流,通过加强消费基础设施建设、畅通流通网络、健全标准规范、创新监管体系、强化线上线下消费者权益保护等,营造便利、安心、放心的消费环境,同时兼顾各方利益,在实践中探索完善有利于发展新消费、新业态的监管方式。

(九)畅通城乡销售网络

26. 结合城市快速消费品等民生物资运输需求,将具备条件的城市中心既有铁路货场改造为城市配送中心。2016年内争取建成已纳入规划的全部一级铁路物流基地,二、三级铁路物流基地完成规划目标一半以上的建设任务。进一步扩大货运班列开行覆盖范围。(中国铁路总公司牵头负责)

27. 加强冷链物流基础设施网络建设,完善冷链物流标准和操作规范体系,鼓励企业创新经营模式,加快先进技术研发应用,扩大冷链物流覆盖范围、提高服务水平。(国家发展改革委、商务部、质检总局按职责分工负责)

28. 开展加快内贸流通创新推动供给侧结构性改革扩大消费专项行动,加大对农产品批发市场、农贸市场、社区菜场、农村物流设施等公益性较强的流通设施支持力度。通过加快建设农民工生活服务站和农村综合服务中心等方式健全服务网络,促进农村服务业发展,扩大农村生活服务消费。(商务部牵头负责)

29. 推动实体零售创新转型,鼓励企业创新经营模式、加强技术应用、优化消费环境、提高服务水平,由销售商品向创新生活方式转变,做精做深体验消费。发挥品牌消费集聚区的引导作用,扩大品牌商品消费。积极培育国际消费中心城市。(商务部牵头负责)

30. 深入开展重要产品追溯示范建设。开展地域特色产品追溯示范和电商平台产品追溯示范活动,支持龙头企业创立可追溯特色产品品牌,鼓励电商平台创建可追溯产品专区,形成城乡产品信息畅通、线上线下有效衔接的全程追溯网络,提升重要产品质量安全保障能力和流通、消费安全监测监管水平。(商务部牵头负责)

(十)提升产品和服务标准

31. 将内外销产品"同线同标同质"工程实施范围,由食品企业进一步扩大至日用消费品企业。(质检总局牵头负责)

32. 持续提升无公害农产品、绿色食品、有机农产品和地理标志农产品("三品一标"产品)总量规模和质量水平。(农业部、质检总局按职责分工负责)

33. 加快推进生活性服务业标准体系和行业规范建设,推动养老服务等认证制度,提升幸福产业的标准化水平。(质检总局牵头负责)

34. 加快智慧家庭综合标准化体系、虚拟/增强现实标准体系以及可穿戴设备标准建设,推进标准应用示范。(工业和信息化部、质检总局按职责分工负责)

35. 创新市场监管方式,加强部门间、区域间执法协作,建立完善线索通报、证据移转、案件协查、联合办案等机制,严厉打击制售侵权假冒商品违法行为,维护安全放心的消费环境。(全国打击侵权假冒工作领导小组办公室牵头负责)

各地区、各部门要充分认识进一步扩大国内消费特别是服务消费的重要意义,切实强化组织领导,逐项抓好政策落实,确保各项措施见到实效,不断研究解决扩消费和服务业发展所面临的新情况、新问题。各地区要结合本地实际制定具体实施方案,明确工作分工,落实工作责任。国家发展改革委等有关部门要注重分类指导,抓紧制定配套政策和具体措施,加强部门协作配合,共同开展好相关工作。

国务院办公厅

2016 年 11 月 20 日

(资料来源:中国政府网)

国务院办公厅关于进一步激发
社会领域投资活力的意见

(国办发〔2017〕21号)

各省、自治区、直辖市人民政府，国务院各部委、各直属机构：

党的十八大以来，我国社会领域新兴业态不断涌现，投资总量不断扩大，服务能力不断提升，但也仍然存在放宽准入不彻底、扶持政策不到位、监管体系不健全等问题。面对社会领域需求倒逼扩大有效供给的新形势，深化社会领域供给侧结构性改革，进一步激发医疗、养老、教育、文化、体育等社会领域投资活力，着力增加产品和服务供给，不断优化质量水平，对于提升人民群众获得感、挖掘社会领域投资潜力、保持投资稳定增长、培育经济发展新动能、促进经济转型升级、实现经济社会协调发展具有重要意义。要按照党中央、国务院决策部署，坚持稳中求进工作总基调，牢固树立和贯彻落实新发展理念，以供给侧结构性改革为主线，坚持社会效益和经济效益相统一，不断增进人民福祉；坚持营利和非营利分类管理，深化事业单位改革，在政府切实履行好基本公共服务职责的同时，把非基本公共服务更多地交给市场；坚持"放管服"改革方向，注重调动社会力量，降低制度性交易成本，吸引各类投资进入社会领域，更好满足多层次多样化需求。经国务院同意，现提出以下意见：

一、扎实有效放宽行业准入

1. 制定社会力量进入医疗、养老、教育、文化、体育等领域的具体方案，明确工作目标和评估办法，新增服务和产品鼓励社会力量提供。（教育部、民政部、文化部、国家卫生计生委、新闻出版广电总局、体育总局、国家文物局、国家中医药局按职责分工负责）在社会需求大、供给不足、群众呼声高的医疗、养老领域尽快有突破，重点解决医师多点执业难、纳入医保定点难、养老机构融资难等问题。（国家卫生计生委、人力资源社会保障部、民政部、银监会等部门按职责分工负责）

2. 分别制定医疗、养老、教育、文化、体育等机构设置的跨部门全流程综合审批指引，推进一站受理、窗口服务、并联审批，加强协作配合，并联范围内的审批事项不得互为前置。（教育部、民政部、文化部、国家卫生计生委、新闻出版广电总局、体育总局、国家文物局、国家中医药局分别牵头会同公安部、国土资源部、环境保护部、住房城乡建设部等部门负责）各地出台实施细则，进一步细化各项审批的条件、程序和时限，提高部门内各环节审批效率，推广网上并联审批，实现审批进程可查询。（各省级人民政府负责）

3. 完善医疗机构管理规定，优化和调整医疗机构类别、设置医疗机构的申请人、建筑设计审查、执业许可证制作等规定，推进电子证照制度。（国家卫生计生委、国家中医药局按职责分工负责）

4. 按照保障安全、方便合理的原则，修订完善养老设施相关设计规范、建筑设计防火规范等标准。（住房城乡建设部、公安部、民政部等部门按职责分工负责）

5. 制定整合改造闲置资源发展养老服务工作办法。推动公办养老机构改革试点，鼓励采取公建民营等方式，将产权归政府所有的养老服务设施委托企业或社会组织运营。（各省

级人民政府负责)

6. 指导和鼓励文化文物单位与社会力量深度合作,推动文化创意产品开发,通过知识产权入股等方式投资设立企业,总结推广经验,适时扩大试点。制定准入意见,支持社会资本对文物保护单位和传统村落的保护利用。探索大遗址保护单位控制地带开发利用政策。(文化部、国家文物局按职责分工负责)

7. 总结图书制作与出版分开的改革试点经验,制定扩大试点地区的方案。推动取消电影制片单位设立、变更、终止审批等行政审批。(新闻出版广电总局牵头负责)

8. 制定体育赛事举办流程指引,明确体育赛事开展的基本条件、标准、规则、程序和各环节责任部门,打通赛事服务渠道,强化对口衔接,有关信息向社会公开。(体育总局牵头负责)

9. 规范体育比赛、演唱会等大型群众性活动的各项安保费用,提高安保公司和场馆的市场化运营服务水平。(公安部牵头会同文化部、新闻出版广电总局、体育总局负责)

10. 改革医师执业注册办法,实行医师按行政区划区域注册,促进医师有序流动和多点执业。建立医师电子注册制度,简化审批流程,缩短办理时限,方便医师注册。(国家卫生计生委、国家中医药局牵头负责)医疗、教育、文化等领域民办机构与公立机构专业技术人才在职称评审等方面享有平等待遇。(人力资源社会保障部牵头负责)

二、进一步扩大投融资渠道

11. 研究出台医疗、养老、教育、文化、体育等社会领域产业专项债券发行指引,结合其平均收益低、回报周期长等特点,制定有利于相关产业发展的鼓励条款。(国家发展改革委牵头负责)积极支持相关领域符合条件的企业发行公司债券、非金融企业债务融资工具和资产证券化产品,并探索发行股债结合型产品进行融资,满足日常运营资金需求。(证监会、人民银行按职责分工牵头负责)引导社会资本以政府和社会资本合作(PPP)模式参与医疗机构、养老服务机构、教育机构、文化设施、体育设施建设运营,开展PPP项目示范。(各省级人民政府负责)

12. 发挥政府资金引导作用,有条件的地方可结合实际情况设立以社会资本为主体、市场化运作的社会领域相关产业投资基金。(各省级人民政府负责)

13. 推进银行业金融机构在依法合规、风险可控、商业可持续的前提下,创新开发有利于社会领域企业发展的金融产品,合理确定还贷周期和贷款利率。(人民银行、银监会等部门按职责分工负责)

14. 出台实施商业银行押品管理指引,明确抵押品类别、管理、估值、抵质押率等政策。(银监会牵头负责)

15. 加强知识产权评估、价值分析以及质押登记服务,建立健全风险分担及补偿机制,探索推进投贷联动,加大对社会领域中小企业的服务力度。(国家知识产权局、财政部、人民银行、工商总局、银监会等部门按职责分工负责)有效利用既有平台,加强信息对接和数据共享,形成以互联网为基础、全国统一的商标权、专利权、版权等知识产权质押登记信息汇总公示系统,推动社会领域企业以知识产权为基础开展股权融资。(国家发展改革委、国家知识产权局牵头会同人民银行、工商总局、新闻出版广电总局等部门负责)

16. 支持社会领域企业用股权进行质押贷款,推动社会领域企业用收益权、应收账款以及法律和行政法规规定可以质押的其他财产权利进行质押贷款。鼓励各地通过设立行业风险补偿金等市场化增信机制,推动金融机构扩大社会领域相关产业信贷规模。(各省级人民政府负责)

17. 鼓励搭建社会领域相关产业融资、担保、信息综合服务平台,完善金融中介服务体系,利用财政性资金提供贴息、补助或奖励。(各省级人民政府负责)

18. 探索允许营利性的养老、教育等社会领域机构以有偿取得的土地、设施等财产进行抵押融资。(各省级人民政府负责)

19. 发挥行业协会、开发区、孵化器的沟通桥梁作用,加强与资本市场对接,引导企业有效利用主板、中小板、创业板、新三板、区域性股权交易市场等多层次资本市场。(科技部、民政部、文化部、国家卫生计生委、新闻出版广电总局、证监会、体育总局等部门以及各省级人民政府按职责分工负责)

三、认真落实土地税费政策

20. 将医疗、养老、教育、文化、体育等领域用地纳入土地利用总体规划、城乡规划和年度用地计划,农用地转用指标、新增用地指标分配要适当向上述领域倾斜,有序适度扩大用地供给。(国土资源部、住房城乡建设部以及各省级人民政府按职责分工负责)

21. 医疗、养老、教育、文化、体育等领域新供土地符合划拨用地目录的,依法可按划拨方式供应。对可以使用划拨用地的项目,在用地者自愿的前提下,鼓励以出让、租赁方式供应土地,支持市、县政府以国有建设用地使用权作价出资或者入股的方式提供土地,与社会资本共同投资建设。应有偿使用的,依法可以招拍挂或协议方式供应,土地出让价款可在规定期限内按合同约定分期缴纳。支持实行长期租赁、先租后让、租让结合的土地供应方式。(国土资源部牵头会同财政部等部门负责)

22. 市、县级人民政府应依据当地土地取得成本、市场供需、产业政策和其他用途基准地价等,制定公共服务项目基准地价,依法评估并合理确定医疗、养老、教育、文化、体育等领域公共服务项目的出让底价。(国土资源部牵头负责)

23. 企业将旧厂房、仓库改造成文化创意、健身休闲场所的,可实行在五年内继续按原用途和土地权利类型使用土地的过渡期政策。(国土资源部牵头会同住房城乡建设部、环境保护部、文化部、体育总局等部门负责)

24. 制定闲置校园校舍综合利用方案,优先用于教育、养老、医疗、文化、体育等社会领域。(教育部牵头会同民政部、国家卫生计生委、文化部、体育总局等部门负责)

25. 落实医疗、养老、教育、文化、体育等领域税收政策,明确界定享受各类税收政策的条件。(税务总局牵头负责)

26. 加大监督检查力度,落实非公立医疗、教育等机构享有与公立医院、学校用水电气热等同价政策,落实民办的公共文化服务机构、文化创意和设计服务企业用水电气热与工业同价政策,落实大众健身休闲企业用水电气热价格不高于一般工业标准政策,落实社会领域各项收费优惠政策。(各省级人民政府负责)

四、大力促进融合创新发展

27. 各地根据资源条件和产业优势,科学规划建设社会领域相关产业创新发展试验区,在准入、人才、土地、金融等方面先行先试。积极鼓励各类投资投入社会领域相关产业,推动产业间合作,促进产业融合、全产业链发展。(各省级人民政府以及国家发展改革委、教育部、民政部、文化部、国家卫生计生委、新闻出版广电总局、体育总局、国家文物局、国家中医药局等部门按职责分工负责)

28. 制定医养结合管理和服务规范、城市马拉松办赛指南、汽车露营活动指南、户外徒步组织规范、文化自然遗产保护和利用指南。实施文化旅游精品示范工程、体育医疗康复产业发展行动计划。(国家卫生计生委、民政部、国家中医药局、体育总局、住房城乡建设部、文化部、国家文物局、国家旅游局等部门按职责分工负责)

29. 支持社会力量举办规范的中医养生保健机构,培育一批技术成熟、信誉良好的知名中医养生保健服务集团或连锁机构。鼓励中医医疗机构发挥自身技术人才等资源优势,为中医养生保健机构规范发展提供支持。开展中医特色健康管理。(国家中医药局牵头负责)

30. 推进"互联网＋"益民服务,完善行业管理规范,发展壮大在线教育、在线健身休闲等平台,加快推行面向养老机构的远程医疗服务试点,推广大数据应用,引导整合线上线下企业的资源要素,推动业态创新、模式变革和效能提高。(国家发展改革委牵头会同教育部、工业和信息化部、民政部、文化部、国家卫生计生委、体育总局等部门负责)

31. 鼓励各地扶持医疗器械、药品、康复辅助器具、体育运动装备、文化装备、教学装备等制造业发展,强化产需对接、加强产品研发、打造产业集群,更好支撑社会领域相关产业发展。(各省级人民政府负责)

五、加强监管优化服务

32. 完善协同监管机制,探索建立服务市场监管体系。相关行业部门要统筹事业产业发展,强化全行业监管服务,把引导社会力量进入本领域作为重要职能工作,着力加强事中事后监管,总结成功经验和案例,制定推广方案。(教育部、民政部、文化部、国家卫生计生委、新闻出版广电总局、体育总局按职责分工负责)工商、食品药品监管、质检、价格等相关监管部门要加强对社会领域服务市场监管,切实维护消费者权益,强化相关产品质量监督,严厉打击虚假广告、价格违法行为等。(工商总局、食品药品监管总局、质检总局、国家发展改革委按职责分工负责)

33. 建立医疗、养老、教育、文化、体育等机构及从业人员黑名单制度和退出机制,以违规违法行为、消防不良行为、信用状况、服务质量检查结果、顾客投诉处理结果等信息为重点,实施监管信息常态化披露,年内取得重点突破。(教育部、公安部、民政部、文化部、国家卫生计生委、工商总局、新闻出版广电总局、体育总局、国家文物局、国家中医药局按职责分工负责)

34. 将医疗、养老、教育、文化、体育等机构及从业人员信用记录纳入全国信用信息共享平台,其中涉及企业的相关记录同步纳入国家企业信用信息公示系统,对严重违规失信者依法采取限期行业禁入等惩戒措施,建立健全跨地区跨行业信用奖惩联动机制。(国家发展改革委、人民银行牵头会同教育部、民政部、文化部、国家卫生计生委、工商总局、新闻出版广电总局、体育总局、国家中医药局等相关部门负责)

35. 积极培育和发展医疗、养老、教育、文化、体育等领域的行业协会商会,鼓励行业协会商会主动完善和提升行业服务标准,发布高标准的服务信息指引,开展行业服务承诺活动,组织有资质的信用评级机构开展第三方服务信用评级。(教育部、民政部、文化部、国家卫生计生委、人民银行、工商总局、新闻出版广电总局、体育总局按职责分工负责)

36. 建立完善社会领域产业统计监测制度,在文化、体育、旅游及相关产业分类基础上,加强产业融合发展统计、核算和分析。(国家统计局牵头负责)

37. 充分利用广播电视、平面媒体及互联网等新兴媒体,积极宣传社会资本投入相关产业、履行社会责任的先进典型,提升社会认可度。(教育部、民政部、文化部、国家卫生计生委、新闻出版广电总局、体育总局、国家文物局、国家中医药局按职责分工负责)

各地区、各有关部门要充分认识进一步激发社会领域投资活力的重要意义,把思想认识和行动统一到党中央、国务院重要决策部署上来,切实加强组织领导,落实责任分工,强化监管服务,合理引导预期,着力营造良好市场环境。

国务院办公厅
2017 年 3 月 7 日
(资料来源:中国政府网)

第三部分

部门有关政策文件

住房城乡建设部　国家发展改革委　财政部关于开展特色小镇培育工作的通知

（建村〔2016〕147号）

各省、自治区、直辖市住房城乡建设厅（建委）、发展改革委、财政厅，北京市农委、上海市规划和国土资源管理局：

为贯彻党中央、国务院关于推进特色小镇、小城镇建设的精神，落实《中华人民共和国国民经济和社会发展第十三个五年规划纲要》关于加快发展特色镇的要求，住房城乡建设部、国家发展改革委、财政部（以下简称三部委）决定在全国范围开展特色小镇培育工作，现通知如下。

一、指导思想、原则和目标

（一）指导思想

全面贯彻党的十八大和十八届三中、四中、五中全会精神，牢固树立和贯彻落实创新、协调、绿色、开放、共享的发展理念，因地制宜、突出特色，充分发挥市场主体作用，创新建设理念，转变发展方式，通过培育特色鲜明、产业发展、绿色生态、美丽宜居的特色小镇，探索小镇建设健康发展之路，促进经济转型升级，推动新型城镇化和新农村建设。

（二）基本原则

——坚持突出特色。从当地经济社会发展实际出发，发展特色产业，传承传统文化，注重生态环境保护，完善市政基础设施和公共服务设施，防止千镇一面。依据特色资源优势和发展潜力，科学确定培育对象，防止一哄而上。

——坚持市场主导。尊重市场规律，充分发挥市场主体作用，政府重在搭建平台、提供服务，防止大包大揽。以产业发展为重点，依据产业发展确定建设规模，防止盲目造镇。

——坚持深化改革。加大体制机制改革力度，创新发展理念，创新发展模式，创新规划建设管理，创新社会服务管理。推动传统产业改造升级，培育壮大新兴产业，打造创业创新新平台，发展新经济。

（三）目标

到2020年，培育1 000个左右各具特色、富有活力的休闲旅游、商贸物流、现代制造、教育科技、传统文化、美丽宜居等特色小镇，引领带动全国小城镇建设，不断提高建设水平和发展质量。

二、培育要求

（一）特色鲜明的产业形态

产业定位精准，特色鲜明，战略新兴产业、传统产业、现代农业等发展良好、前景可观。产业向做特、做精、做强发展，新兴产业成长快，传统产业改造升级效果明显，充分利用"互联网＋"等新兴手段，推动产业链向研发、营销延伸。产业发展环境良好，产业、投资、人才、服务等要素集聚度较高。通过产业发展,小镇吸纳周边农村剩余劳动力就业的能力明显增强,带动农村发展效果明显。

(二)和谐宜居的美丽环境

空间布局与周边自然环境相协调,整体格局和风貌具有典型特征,路网合理,建设高度和密度适宜。居住区开放融合,提倡街坊式布局,住房舒适美观。建筑彰显传统文化和地域特色。公园绿地贴近生活、贴近工作。店铺布局有管控。镇区环境优美,干净整洁。土地利用集约节约,小镇建设与产业发展同步协调。美丽乡村建设成效突出。

(三)彰显特色的传统文化

传统文化得到充分挖掘、整理、记录,历史文化遗存得到良好保护和利用,非物质文化遗产活态传承。形成独特的文化标识,与产业融合发展。优秀传统文化在经济发展和社会管理中得到充分弘扬。公共文化传播方式方法丰富有效。居民思想道德和文化素质较高。

(四)便捷完善的设施服务

基础设施完善,自来水符合卫生标准,生活污水全面收集并达标排放,垃圾无害化处理,道路交通停车设施完善便捷,绿化覆盖率较高,防洪、排涝、消防等各类防灾设施符合标准。公共服务设施完善、服务质量较高,教育、医疗、文化、商业等服务覆盖农村地区。

(五)充满活力的体制机制

发展理念有创新,经济发展模式有创新。规划建设管理有创新,鼓励多规协调,建设规划与土地利用规划合一,社会管理服务有创新。省、市、县支持政策有创新。镇村融合发展有创新。体制机制建设促进小镇健康发展,激发内生动力。

三、组织领导和支持政策

三部委负责组织开展全国特色小镇培育工作,明确培育要求,制定政策措施,开展指导检查,公布特色小镇名单。省级住房城乡建设、发展改革、财政部门负责组织开展本地区特色小镇培育工作,制定本地区指导意见和支持政策,开展监督检查,组织推荐。县级人民政府是培育特色小镇的责任主体,制定支持政策和保障措施,整合落实资金,完善体制机制,统筹项目安排并组织推进。镇人民政府负责做好实施工作。

国家发展改革委等有关部门支持符合条件的特色小镇建设项目申请专项建设基金,中央财政对工作开展较好的特色小镇给予适当奖励。

三部委依据各省小城镇建设和特色小镇培育工作情况,逐年确定各省推荐数量。省级住房城乡建设、发展改革、财政部门按推荐数量,于每年8月底前将达到培育要求的镇向三部委推荐。特色小镇原则上为建制镇(县城关镇除外),优先选择全国重点镇。

2016年各省(区、市)特色小镇推荐数量及有关要求另行通知。

中华人民共和国住房和城乡建设部
中华人民共和国国家发展和改革委员会
中华人民共和国财政部
2016年7月1日
(资料来源:住房和城乡建设部网站)

关于做好 2016 年特色小镇推荐工作的通知

（建村建函〔2016〕71 号）

各省（区、市）住房城乡建设厅（建委）、北京市农委、上海市规划和国土资源管理局：

根据《住房城乡建设部、国家发展改革委、财政部关于开展特色小镇培育工作的通知》（建村〔2016〕147 号）（以下简称《通知》）的要求，为做好 2016 年特色小镇推荐上报工作，现将有关事项通知如下。

一、推荐数量

根据各省（区、市）经济规模、建制镇数量、近年来小城镇建设工作及省级支持政策情况，确定 2016 年各省推荐数量（见附件 1）。

二、推荐材料

推荐特色小镇应提供下列资料：

（一）小城镇基本信息表（见附件 2）。各项信息要客观真实。

（二）小城镇建设工作情况报告及 PPT（编写提纲见附件 3）。报告要紧紧围绕《通知》中 5 项培育要求编写。同时按编写提纲提供能直观、全面反映小城镇培育情况的 PPT。有条件的地方可提供不超过 15 分钟的视频材料。

（三）镇总体规划。符合特色小镇培育要求、能够有效指导小城镇建设的规划成果。

（四）相关政策支持文件。被推荐镇列为省、市、县支持对象的证明资料及县级以上支持政策文件。

以上材料均需提供电子版，基本信息表还需提供纸质盖章文件。

三、推荐程序

各省（区、市）要认真组织相关县级人民政府做好推荐填报工作，组织专家评估把关并实地考核，填写专家意见和实地考核意见，将优秀的候选特色小镇报我司。候选特色小镇近 5 年应无重大安全生产事故、重大环境污染、重大生态破坏、重大群体性社会事件、历史文化遗存破坏现象。我司将会同国家发展改革委规划司、财政部农业司组织专家对各地推荐上报的候选特色小镇进行复核，并现场抽查，认定公布特色小镇名单。

各省（区、市）村镇建设相关部门严格按照推荐数量上报，并于 2016 年 8 月 30 日前将候选特色小镇材料及电子版上报我司，同时完成在我部网站（网址：http://czjs.mohurd.gov.cn）上的信息填报。

附件：1.各省（区、市）特色小镇推荐数量分配表（略）

2.小城镇基本信息表（略）

3.小城镇建设工作情况报告编写提纲（略）

中华人民共和国住房和城乡建设部村镇建设司

2016 年 8 月 3 日

（资料来源：住房和城乡建设部网站）

国家发展改革委关于加快美丽特色
小(城)镇建设的指导意见

(发改规划〔2016〕2125 号)

各省、自治区、直辖市、计划单列市发展改革委,新疆生产建设兵团发展改革委:

特色小(城)镇包括特色小镇、小城镇两种形态。特色小镇主要指聚焦特色产业和新兴产业,集聚发展要素,不同于行政建制镇和产业园区的创新创业平台。特色小城镇是指以传统行政区划为单元,特色产业鲜明、具有一定人口和经济规模的建制镇。特色小镇和小城镇相得益彰、互为支撑。发展美丽特色小(城)镇是推进供给侧结构性改革的重要平台,是深入推进新型城镇化的重要抓手,有利于推动经济转型升级和发展动能转换,有利于促进大中小城市和小城镇协调发展,有利于充分发挥城镇化对新农村建设的辐射带动作用。为深入贯彻落实习近平总书记、李克强总理等党中央、国务院领导同志关于特色小镇、小城镇建设的重要批示指示精神,现就加快美丽特色小(城)镇建设提出如下意见。

一、总体要求

全面贯彻党的十八大和十八届三中、四中、五中全会精神,深入学习贯彻习近平总书记系列重要讲话精神,牢固树立和贯彻落实创新、协调、绿色、开放、共享的发展理念,按照党中央、国务院的部署,深入推进供给侧结构性改革,以人为本、因地制宜、突出特色、创新机制,夯实城镇产业基础,完善城镇服务功能,优化城镇生态环境,提升城镇发展品质,建设美丽特色新型小(城)镇,有机对接美丽乡村建设,促进城乡发展一体化。

——坚持创新探索。创新美丽特色小(城)镇的思路、方法、机制,着力培育供给侧小镇经济,防止"新瓶装旧酒""穿新鞋走老路",努力走出一条特色鲜明、产城融合、惠及群众的新型小城镇之路。

——坚持因地制宜。从各地实际出发,遵循客观规律,挖掘特色优势,体现区域差异性,提倡形态多样性,彰显小(城)镇独特魅力,防止照搬照抄、"东施效颦"、一哄而上。

——坚持产业建镇。根据区域要素禀赋和比较优势,挖掘本地最有基础、最具潜力、最能成长的特色产业,做精做强主导特色产业,打造具有持续竞争力和可持续发展特征的独特产业生态,防止千镇一面。

——坚持以人为本。围绕人的城镇化,统筹生产、生活、生态空间布局,完善城镇功能,补齐城镇基础设施、公共服务、生态环境短板,打造宜居宜业环境,提高人民群众获得感和幸福感,防止形象工程。

——坚持市场主导。按照政府引导、企业主体、市场化运作的要求,创新建设模式、管理方式和服务手段,提高多元化主体共同推动美丽特色小(城)镇发展的积极性。发挥好政府制定规划政策、提供公共服务等作用,防止大包大揽。

二、分类施策,探索城镇发展新路径

总结推广浙江等地特色小镇发展模式,立足产业"特而强"、功能"聚而合"、形态"小而美"、机制"新而活",将创新性供给与个性化需求有效对接,打造创新创业发展平台和新型城镇化有效载体。

按照控制数量、提高质量、节约用地、体现特色的要求,推动小(城)镇发展与疏解大城市中心城区功能相结合、与特色产业发展相结合、与服务"三农"相结合。大城市周边的重点镇,要加强与城市发展的统筹规划与功能配套,逐步发展成为卫星城。具有特色资源、区位优势的小城镇,要通过规划引导、市场运作,培育成为休闲旅游、商贸物流、智能制造、科技教育、民俗文化传承的专业特色镇。远离中心城市的小城镇,要完善基础设施和公共服务,发展成为服务农村、带动周边的综合性小城镇。

统筹地域、功能、特色三大重点,以镇区常住人口5万以上的特大镇、镇区常住人口3万以上的专业特色镇为重点,兼顾多类型多形态的特色小镇,因地制宜建设美丽特色小(城)镇。

三、突出特色,打造产业发展新平台

产业是小城镇发展的生命力,特色是产业发展的竞争力。要立足资源禀赋、区位环境、历史文化、产业集聚等特色,加快发展特色优势主导产业,延伸产业链、提升价值链,促进产业跨界融合发展,在差异定位和领域细分中构建小镇大产业,扩大就业,集聚人口,实现特色产业立镇、强镇、富镇。

有条件的小城镇特别是中心城市和都市圈周边的小城镇,要积极吸引高端要素集聚,发展先进制造业和现代服务业。鼓励外出农民工回乡创业定居。强化校企合作、产研融合、产教融合,积极依托职业院校、成人教育学院、继续教育学院等院校建设就业技能培训基地,培育特色产业发展所需各类人才。

四、创业创新,培育经济发展新动能

创新是小城镇持续健康发展的根本动力。要发挥小城镇创业创新成本低、进入门槛低、各项束缚少、生态环境好的优势,打造大众创业、万众创新的有效平台和载体。鼓励特色小(城)镇发展面向大众、服务小微企业的低成本、便利化、开放式服务平台,构建富有活力的创业创新生态圈,集聚创业者、风投资本、孵化器等高端要素,促进产业链、创新链、人才链的耦合;依托互联网拓宽市场资源、社会需求与创业创新对接通道,推进专业空间、网络平台和企业内部众创,推动新技术、新产业、新业态蓬勃发展。

营造吸引各类人才、激发企业家活力的创新环境,为初创期、中小微企业和创业者提供便利、完善的"双创"服务;鼓励企业家构筑创新平台、集聚创新资源;深化投资便利化、商事仲裁、负面清单管理等改革创新,打造有利于创新创业的营商环境,推动形成一批集聚高端要素、新兴产业和现代服务业特色鲜明、富有活力和竞争力的新型小城镇。

五、完善功能,强化基础设施新支撑

便捷完善的基础设施是小城镇集聚产业的基础条件。要按照适度超前、综合配套、集约利用的原则,加强小城镇道路、供水、供电、通信、污水垃圾处理、物流等基础设施建设。建设高速通畅、质优价廉、服务便捷的宽带网络基础设施和服务设施,以人为本推动信息惠民,加强小城镇信息基础设施建设,加速光纤入户进程,建设智慧小镇。加强步行和自行车等慢行交通设施建设,做好慢行交通系统与公共交通系统的衔接。

强化城镇与交通干线、交通枢纽城市的连接,提高公路技术等级和通行能力,改善交通条件,提升服务水平。推进大城市市域(郊)铁路发展,形成多层次轨道交通骨干网络,高效衔接大中小城市和小城镇,促进互联互通。鼓励综合开发,形成集交通、商业、休闲等为一体的开放式小城镇功能区。推进公共停车场建设。鼓励建设开放式住宅小区,提升微循环能力。鼓励有条件的小城镇开发利用地下空间,提高土地利用效率。

六、提升质量,增加公共服务新供给

完善的公共服务特别是较高质量的教育医疗资源供给是增强小城镇人口集聚能力的重要因素。要推动公共服务从按行政等级配置向按常住人口规模配置转变,根据城镇常住人口增长趋势和空间分布,统筹布局建设学校、医疗卫生机构、文化体育场所等公共服务设施,大力提高教育卫生等公共服务的质量和水平,使群众在特色小(城)镇能够享受更有质量的教育、医疗等公共服务。要聚焦居民日常需求,提升社区服务功能,加快构建便捷"生活圈"、完善"服务圈"和繁荣"商业圈"。

镇区人口10万以上的特大镇要按同等城市标准配置教育和医疗资源,其他城镇要不断缩小与城市基本公共服务差距。实施医疗卫生服务能力提升计划,参照县级医院水平提高硬件设施和诊疗水平,鼓励在有条件的小城镇布局三级医院。大力提高教育质量,加快推进义务教育学校标准化建设,推动市县知名中小学和城镇中小学联合办学,扩大优质教育资源覆盖面。

七、绿色引领,建设美丽宜居新城镇

优美宜居的生态环境是人民群众对城镇生活的新期待。要牢固树立"绿水青山就是金山银山"的发展理念,保护城镇特色景观资源,加强环境综合整治,构建生态网络。深入开展大气污染、水污染、土壤污染防治行动,溯源倒逼、系统治理,带动城镇生态环境质量全面改善。有机协调城镇内外绿地、河湖、林地、耕地,推动生态保护与旅游发展互促共融、新型城镇化与旅游业有机结合,打造宜居宜业宜游的优美环境。鼓励有条件的小城镇按照不低于3A级景区的标准规划建设特色旅游景区,将美丽资源转化为"美丽经济"。

加强历史文化名城名镇名村、历史文化街区、民族风情小镇等的保护,保护独特风貌,挖掘文化内涵,彰显乡愁特色,建设有历史记忆、文化脉络、地域风貌、民族特点的美丽小(城)镇。

八、主体多元,打造共建共享新模式

创新社会治理模式是建设美丽特色小(城)镇的重要内容。要统筹政府、社会、市民三大主体积极性,推动政府、社会、市民同心同向行动。充分发挥社会力量作用,最大限度激发市场主体活力和企业家创造力,鼓励企业、其他社会组织和市民积极参与城镇投资、建设、运营和管理,成为美丽特色小(城)镇建设的主力军。积极调动市民参与美丽特色小(城)镇建设热情,促进其致富增收,让发展成果惠及广大群众。逐步形成多方主体参与、良性互动的现代城镇治理模式。

政府主要负责提供美丽特色小(城)镇制度供给、设施配套、要素保障、生态环境保护、安全生产监管等管理和服务,营造更加公平、开放的市场环境,深化"放管服"改革,简化审批环节,减少行政干预。

九、城乡联动,拓展要素配置新通道

美丽特色小(城)镇是辐射带动新农村的重要载体。要统筹规划城乡基础设施网络,健全农村基础设施投入长效机制,促进水电路气信等基础设施城乡联网、生态环保设施城乡统一布局建设。推进城乡配电网建设改造,加快农村宽带网络和快递网络建设,以美丽特色小(城)镇为节点,推进农村电商发展和"快递下乡"。推动城镇公共服务向农村延伸,逐步实现城乡基本公共服务制度并轨、标准统一。

搭建农村一二三产业融合发展服务平台,推进农业与旅游、教育、文化、健康养老等产业深度融合,大力发展农业新型业态。依托优势资源,积极探索承接产业转移新模式,引导城镇资金、信息、人才、管理等要素向农村流动,推动城乡产业链双向延伸对接。促进城乡劳动力、土地、资本和创新要素高效配置。

十、创新机制,激发城镇发展新活力

释放美丽特色小(城)镇的内生动力关键要靠体制机制创新。要全面放开小城镇落户限制,全面落实居住证制度,不断拓展公共服务范围。积极盘活存量土地,建立低效用地再开发激励机制。建立健全进城落户农民农村土地承包权、宅基地使用权、集体收益分配权自愿有偿流转和退出机制。创新特色小(城)镇建设投融资机制,大力推进政府和社会资本合作,鼓励利用财政资金撬动社会资金,共同发起设立美丽特色小(城)镇建设基金。研究设立国家新型城镇化建设基金,倾斜支持美丽特色小(城)镇开发建设。鼓励开发银行、农业发展银行、农业银行和其他金融机构加大金融支持力度。鼓励有条件的小城镇通过发行债券等多种方式拓宽融资渠道。

按照"小政府、大服务"模式,推行大部门制,降低行政成本,提高行政效率。深入推进强镇扩权,赋予镇区人口 10 万以上的特大镇县级管理职能和权限,强化事权、财权、人事权和用地指标等保障。推动具备条件的特大镇有序设市。

各级发展改革部门要把加快建设美丽特色小(城)镇作为落实新型城镇化战略部署和推进供给侧结构性改革的重要抓手,坚持用改革的思路、创新的举措发挥统筹协调作用,借鉴浙江等地采取创建制培育特色小镇的经验,整合各方面力量,加强分类指导,结合地方实际研究出台配套政策,努力打造一批新兴产业集聚、传统产业升级、体制机制灵活、人文气息浓厚、生态环境优美的美丽特色小(城)镇。国家发展改革委将加强统筹协调,加大项目、资金、政策等的支持力度,及时总结推广各地典型经验,推动美丽特色小(城)镇持续健康发展。

国家发展改革委

2016 年 10 月 8 日

(资料来源:发展改革委网站)

国家发展改革委关于印发《服务业创新发展大纲(2017—2025 年)》的通知

(发改规划〔2017〕1116 号)

各省(直辖市、自治区)人民政府,新疆生产建设兵团,中央编办,国务院有关部委、直属机构:

为深入贯彻习近平总书记关于供给侧结构性改革的重要讲话精神,落实党中央、国务院决策部署,推进服务业改革开放和供给创新,我们会同有关部门研究起草了《服务业创新发展大纲(2017—2025 年)》(以下简称《大纲》)。经国务院同意,现印发你们。请按照《大纲》确定的指导思想、发展目标和重点任务,加强组织领导,分解落实责任,认真组织实施。

国家发展改革委

2017 年 6 月 13 日

服务业创新发展大纲(2017—2025 年)

加快服务业创新发展、增强服务经济发展新动能,关系人民福祉增进,是更好满足人民日益增长需求、深入推进供给侧结构性改革的重要内容;关系经济转型升级,是振兴实体经济、支撑制造强国和农业现代化建设、实现一二三次产业在更高层次上协调发展的关键所在;关系国家长远发展,是全面提升综合国力、国际竞争力和可持续发展能力的重要途径。为深入打造中国服务新品牌、建设服务业强国,为我国服务业发展提供指引,现制定《服务业创新发展大纲(2017—2025 年)》。

一、背景情况

(一)世界服务业发展趋势

20 世纪七八十年代以来,全球经济结构呈现出服务业主导的发展趋势,发达国家都经历了向服务业为主的经济结构转型和变革。在科技进步和经济全球化驱动下,服务业内涵更加丰富、分工更加细化、业态更加多样、模式不断创新,在产业升级中的作用更加突出,已经成为支撑发展的主要动能、价值创造的重要源泉和国际竞争的主战场。

新一轮科技革命引发服务业创新升级。 新一代信息、人工智能等技术不断突破和广泛应用,加速服务内容、业态和商业模式创新,推动服务网络化、智慧化、平台化,知识密集型服务业比重快速提升。服务业转型升级正在推动新一轮产业变革和消费革命,使产业边界日渐模糊,融合发展态势更加明显,个性化、体验式、互动式等服务消费蓬勃兴起。

服务投资贸易全球化拓展服务业发展空间。 服务全球化成为经济全球化进入新阶段的鲜明特征。服务业成为国际产业投资热点,制造业跨国布局带动生产性服务业全球化发展,跨国公司在全球范围内整合各类要素,资本、技术和自然人跨境流动更加便利,带动全球服务投资贸易快速增长。信息化大大提升服务可贸易性,数字服务贸易持续迅猛增长。

国际经贸规则重构推动全球服务分工格局深度调整。 国际经贸新规则制定的焦点逐渐转向服务领域,多边和区域性投资贸易谈判正致力于推动服务贸易和跨境投资的自由化、便利化。服务投资贸易规则加快健全,将对全球服务业发展和国际分工格局产生深刻影响。

(二)我国服务业发展基础和条件

我国正处于实现"两个一百年"奋斗目标承上启下的历史阶段和从上中等收入国家向高收入国家迈进的关键时期,经济发展进入新常态,结构优化、动能转换、方式转变的要求更加迫切,需要以服务业整体提升为重点,构建现代产业新体系,增强服务经济发展新动能,实现经济保持中高速增长、迈向中高端水平。

服务业发展站在新的历史起点上。"十二五"以来,我国服务业发展连续迈上新台阶,2011年成为吸纳就业最多的产业,2012年增加值超过第二产业,2015年增加值占国内生产总值(GDP)比重超过50%。服务领域不断拓宽,服务品种日益丰富,新业态、新模式竞相涌现,有力支撑了经济发展、就业扩大和民生改善。

服务业发展仍面临诸多矛盾和问题。我国服务业发展整体水平不高,产业创新能力和竞争力不强,质量和效益偏低。服务供给未能适应需求变化,生产性服务业发展明显滞后,生活性服务业供给不足。服务业增加值比重仍低于世界平均水平,整体上处于国际分工中低端环节,服务贸易逆差规模持续扩大。更为关键的是,服务业发展还面临思想观念转变相对滞后,体制机制束缚较多,统一开放、公平竞争的市场环境尚不完善等障碍。

服务业进入全面跃升的重要阶段。全面深化改革、全方位对外开放和全面依法治国正释放服务业发展新动力和新活力。城乡居民收入持续增长和消费升级,为服务业发展提供了巨大需求潜力。新型工业化、信息化、城镇化、农业现代化协同推进,极大地拓展了服务业发展广度和深度。生态、养老等服务业新领域也不断涌现。

综合判断,我国服务业发展正处于重要机遇期,应当顺应发展潮流,尊重规律,立足国情,转变观念,重点在深化改革开放、营造良好发展环境上下功夫,激发全社会推动服务业创新发展的动力和活力,引领产业升级、改善民生福祉、增强发展动能,阔步迈向服务经济新时代。

二、总体要求

(一)指导思想

全面贯彻党的十八大和十八届三中、四中、五中、六中全会精神,深入贯彻习近平总书记系列重要讲话精神和治国理政新理念新思想新战略,认真落实党中央、国务院决策部署,统筹推进"五位一体"总体布局和协调推进"四个全面"战略布局,牢固树立和贯彻落实新发展理念,适应把握引领经济发展新常态,坚定不移深入推进供给侧结构性改革,以提高质量和核心竞争力为中心,努力构建优质高效、充满活力、竞争力强的现代服务产业新体系,推动中国服务与中国制造互促共进,加快形成服务经济发展新动能,推动经济转型升级和社会全面进步,确保如期全面建成小康社会,为实现第二个百年奋斗目标和中华民族伟大复兴的中国梦奠定坚实基础。

(二)基本原则

坚持以人为本、人才为基。坚持以人民为中心的发展思想,以增进人民福祉、促进人的全面发展为出发点和落脚点,扩大服务供给,更好满足多层次多样化需求。把人才作为核心资源,壮大人才队伍,提高职业素养,充分调动各类人才积极性和创造性,有力支撑服务业强国建设。

坚持市场主导、质量至上。以市场需求为导向,顺应消费升级趋势,提升服务品质,充分发挥市场在资源配置中的决定性作用和更好发挥政府作用,在公平竞争中提升服务业竞争力。树立质量第一的意识,健全服务质量治理和促进体系,打造以标准、质量、品牌为核心的竞争优势,全面提高服务业发展质量和效率。

坚持创新驱动、融合发展。把发展基点放在创新上,营造良好创新环境,深入推进大众创业、万众创新,促进新技术、新产业、新业态、新模式蓬勃发展,增强服务经济发展新动能。推进服务业与农业、制造业及服务业不同领域之间的深度融合,形成有利于提升中国制造核心竞争力的服务能力和服务模式,发挥"中国服务＋中国制造"组合效应。

坚持重点突破、特色发展。瞄准供需矛盾突出、带动力强的重点行业,集中力量破解关键领域和薄弱环节的发展难题,推动服务业转型升级。鼓励各地发挥比较优势、培育竞争优势,因地制宜发展各具特色的服务业,增强城市综合服务功能,引领区域产业升级和分工协作,提升区域经济整体实力。强化小城镇综合服务功能,更好服务农村和农业发展。

坚持深化改革、扩大开放。以改革推动服务业发展,打破制约服务业发展的体制机制障碍,顺应服务业发展规律创新经济治理,推动制度体系和发展环境系统性优化,最大限度激发市场活力。以开放促改革、促发展,稳步扩大服务领域开放,深度参与国际分工合作,在开放竞争中拓展空间、提升水平。

(三)主要目标

到 2025 年,服务业市场化、社会化、国际化水平明显提高,发展方式转变取得重大进展,支撑经济发展、民生改善、社会进步、竞争力提升的功能显著增强,人民满意度明显提高,由服务业大国向服务业强国迈进的基础更加坚实。

发展环境全面优化。服务业加快发展的基础性制度更加健全,基础设施体系更加完善,政府服务和监管水平全面提升,统一开放、公平竞争、创新激励的市场环境加快形成。

有效供给持续扩大。在优化结构、提高质量、提升效率基础上,实现服务业增加值"十年倍增"。服务业体系更加完备、产品更加丰富,供需协调性显著增强,服务业增加值占 GDP比重提高到 60%,就业人口占全社会就业人口比重提高到 55%。

质量效益显著改善。服务质量明显提高,经济效益、社会效益、生态效益全面提升。服务可及性、便利性明显提高,标准化、品牌化建设取得重大突破,重点领域消费者满意度达到较高水平。

创新能力大幅提升。服务业研发投入和创新成果持续较快增长,科技进步对服务业发展的支撑作用明显增强。产业融合持续深化,新服务模式和业态蓬勃发展。服务业信息化水平大幅提高,数字服务、数字贸易快速发展。

国际竞争力明显增强。在国际分工体系中的地位不断提升,逐步形成若干具有全球影响力的服务经济中心城市,形成一批具有较强国际竞争力的跨国企业和知名品牌,培育一批细分市场领军企业,服务贸易竞争力明显提高,高附加值服务出口占比持续提升、国际收支状况明显改善。

三、创新引领,增强服务业发展动能

营造激励服务业创新发展的宽松环境,促进技术工艺、产业形态、商业模式创新应用,以信息技术和先进文化提升服务业发展水平。

（一）积极发展新技术新工艺

适应服务业创新发展需要，完善创新机制和模式，推动技术工艺创新与广泛深度应用。

提升技术创新能力。强化企业技术创新主体地位，引导建立研发机构、打造研发团队、加大研发投入。推动政产学研用合作和跨领域创新协作，鼓励社会资本参与应用型研发机构市场化改革。鼓励龙头企业牵头建立技术创新战略联盟，开展共性技术联合开发和推广应用。激发中小微服务企业创新活力，促进专精特新发展。充分发挥协会商会在推动行业技术进步中的作用。鼓励服务提供商和用户通过互动开发、联合开发、开源创新等方式，构建多方参与的技术创新网络。促进人工智能、生命科学、物联网、区块链等新技术研发及其在服务领域的转化应用。建立多层次、开放型技术交易市场和转化平台。

加强技能工艺创新。适应服务专业化、精细化、个性化发展要求，支持服务企业研发应用新工艺，提升设计水平，优化服务流程。鼓励挖掘、保护、发展传统技艺，利用新技术开发现代工艺、更好弘扬传统工艺。大力弘扬新时期工匠精神，保护一批传统工艺工匠，培养一批具有精湛技艺技能的高技能人才。

（二）鼓励发展新业态新模式

坚持包容创新、鼓励探索、积极培育的发展导向，促进各种形式的商业模式、产业形态创新应用。

鼓励平台经济发展。适应平台经济快速发展需要，加快完善有利于平台型企业发展的融资支持、复合型人才供给、兼并重组等政策，明确平台运营规则和权责边界，提升整合资源、对接供需、协同创新功能。支持平台型企业带动和整合上下游产业。

支持分享经济发展。建立健全适应分享经济发展的企业登记管理、灵活就业、质量安全、税收征管、社会保障、信用体系、风险控制等政策法规，妥善协调并保障各方合法权益。引导企业依托现有生产能力、基础设施、能源资源等发展分享经济，提供基于互联网的个性化、柔性化、分布式服务。

促进体验经济发展。鼓励企业挖掘生产、制造、流通各环节的体验价值，利用虚拟现实（VR）等新技术创新体验模式，发展线上线下新型体验服务。加强体验场所设施的质量和安全监管。

（三）大力推动服务业信息化

树立互联网、大数据思维，推动信息技术在服务领域深度应用，促进服务业数字化智能化发展。

推进服务业数字化。鼓励利用新一代信息技术改造提升服务业，创新要素配置方式，推动服务产品数字化、个性化、多样化。加强数据资源在服务领域的开发利用和云服务平台建设，推进政府信息、公共信息等数据资源开放共享，发展大数据交易市场。全面推进重点领域大数据高效采集、有效整合、安全利用和应用拓展。

促进服务业智能化。培育人工智能产业生态，促进人工智能在教育、环境保护、海洋、交通、商业、健康医疗、金融、网络安全、社会治理等重点领域推广应用，促进规模化发展。丰富移动智能终端、可穿戴设备等服务内容及形态。

（四）丰富服务业文化内涵

发挥文化元素和价值理念对服务业创新发展的特殊作用，增强服务业发展的文化软实力。

鼓励企业提升服务产品文化价值。 鼓励采用更多文化元素进行服务产品设计与创新。提升研发设计、商务咨询等服务的文化创意含量，将传统文化、民俗风情和民族区域特色注入旅游休闲、文化娱乐、体育健身、健康养老等服务。鼓励用文化提升品牌价值，打造具有文化内涵的服务品牌。

提升中国服务文化影响力。 发挥中华文化博大精深、兼容并蓄优势，吸收借鉴国外优秀文化成果，发展具有独特文化魅力和吸引力的服务产品及服务模式，提升中国服务国际竞争力。推动服务走出去与文化走出去有机结合，在服务业国际化发展中展示中华文化风采。

专栏1　服务业创新引领行动

（一）创新能力提升行动。实施高技术服务业、知识密集型服务业创新发展工程，提升信息、生物、检验检测等重点领域基础和核心技术创新能力，大力促进科技研发成果转化应用。

（二）新业态新模式发展行动。鼓励发展信息资讯、商品交易、物流运输等领域平台经济，交通出行、房屋住宿、专业技能、生活服务等领域分享经济，生产制造、休闲娱乐、旅游购物、医疗保健等领域体验经济，以及其他各类服务新形态。促进区块链技术应用和分布式服务模式发展。

（三）信息化提升行动。推进服务业与互联网、物联网协同发展、融合发展，培育协同制造、个性化定制、工业云、农业信息化等服务，发展基于互联网的教育、健康、养老、旅游、文化、物流等服务，积极依托物联网拓展服务领域、丰富服务内容。

（四）文化价值提升行动。鼓励开发富有文化内涵的服务，打造富有诚信和社会责任感的企业，倡导做爱岗敬业、富有爱心和人文关怀的从业人员，建设富有文化价值的品牌。

四、转型升级，优化服务供给结构

聚焦服务业重点领域和发展短板，促进生产服务、流通服务等生产性服务业向专业化和价值链高端延伸，社会服务、居民服务等生活性服务业向精细和高品质转变。

（一）推动生产服务加快发展

以产业升级需求为导向，推动生产服务专业化、高端化发展，发展壮大高技术服务业，提升产业体系整体素质和竞争力。

信息服务。 加快培育基于移动互联网、大数据、云计算、物联网等新技术的信息服务。发展网络信息服务，大力发展云计算综合服务，完善大数据资源配置和产业链，支持有条件的企业建设跨行业物联网运营和支撑平台。积极发展信息技术咨询、设计和运维服务。鼓励发展高端软件和信息安全产业。

科创服务。 构建覆盖科技创新全链条、产品生产全周期的创业创新服务体系。大力发展研究开发、工业设计、技术转移转化、创业孵化、科技咨询等服务。鼓励发展多种形式的创业创新支撑和服务平台，围绕创新链拓展服务链，促进科创服务专业精细和规模集成发展。大力发展知识产权服务，完善知识产权交易和中介服务体系，建设专利运营与产业化服务平台。加快培育标准化服务业。

金融服务。 发展高效安全、绿色普惠、开放创新的现代金融服务业，提高金融服务实体经济效能。完善商业性、开发性、政策性和合作金融服务体系,推进金融市场宽化、深化、国际化,促进股权、债券等市场健康发展,提高市场效率。稳步扩大金融业对内对外开放,放宽金融机构准入限制,稳妥推进金融业综合经营,培育具有国际竞争力的金融控股公司。大力发展普惠金融,鼓励发展科技金融、绿色金融,规范发展互联网金融。大力发展保险业。积极发展融资租赁。推动金融机构数字化转型,探索区块链等金融新技术研究应用。积极稳妥推进金融产品和服务模式创新,有效防范和化解金融风险。

商务服务。积极发展工程设计、咨询评估、法律、会计审计、信用中介、检验检测认证等服务,提高专业化水平。支持专业人才队伍建设,减少和规范职业资格许可及认定,健全职业水平评价制度。鼓励各类社会资本以独资、合资、参股联营等多种形式提供商务服务,加快培育有竞争力的服务机构。鼓励发展综合与专业相互协调支撑的各类高端智库。

人力资源服务。鼓励发展招聘、人力资源服务外包和管理咨询、高级人才寻访等业态,规范发展人力资源事务代理、人才测评和技能鉴定、人力资源培训、劳务派遣等服务。发展专业化、国际化人力资源服务机构。

节能环保服务。加快发展节能环保技术、咨询、评估、计量、检测和运营管理等服务。鼓励创新服务模式,提供节能咨询、诊断、设计、融资、改造、托管等"一站式"合同能源管理综合服务。支持发展生态修复、环境风险与损害评价等服务。推动在城镇污水垃圾处理、工业园区污染集中处理等重点领域开展环境污染第三方治理,推广产业园区、小城镇环境综合治理托管。加快发展碳资产管理、碳咨询、碳排放权交易等服务。

(二)促进流通服务转型发展

以提高效率、降低流通成本为目标,积极推动流通服务创新转型,优化城乡网络布局,提升流通服务水平,增强基础支撑能力。

现代物流。大力发展社会化、专业化物流,提升物流信息化、标准化、网络化、智慧化水平,建设高效便捷、通达顺畅、绿色安全的现代物流服务体系。提高供应链管理水平,推动物流、制造、商贸等联动发展。大力发展单元化物流和多式联运。加快发展冷链物流、城乡配送和港航服务。加快推进物流基础设施建设,强化重点物流节点城市综合枢纽功能。推进交通与物流融合发展。支持物流衍生服务发展。完善国际物流大通道和境外仓布局,发展国际物流。

现代商贸。促进线上线下融合互动、平等竞争,构建差异化、特色化、便利化的现代商贸服务体系,支持商品交易市场转型升级。开展零售业提质增效行动,推进传统商贸和实体商业转变经营模式、创新组织形式、增强体验式服务能力。支持连锁经营向多行业、多业态和农村延伸。促进电子商务规范发展,积极发展农村电商。鼓励社区商业业态创新,拓展便民增值服务。引导流通企业加强供应链创新与应用。大力发展绿色流通和消费。

(三)扩大社会服务有效供给

充分发挥社会服务对提升人的生存质量和发展能力的重要作用,在政府保基本、兜底线的基础上,充分发挥市场主体作用,增加服务有效供给,更好满足多层次、多样化需求。社会服务增加值占 GDP 比重大幅提高。

教育培训服务。鼓励社会力量兴办各类教育,积极发展丰富多样的教育培训服务。支持和规范民办教育培训机构发展。鼓励发展继续教育、职业教育、老年教育、社区教育、校外教育,创新发展技能培训、兴趣培训。鼓励开发数字教育资源,发展开放式教育培训云服务。鼓励教育服务外包,引导社会力量提供实训实习等专业化服务。打造"留学中国"品牌,稳步扩大来华留学规模。扩大教育培训领域对外开放,支持引进优质教育资源,开展合作办学。

健康服务。深化医药卫生体制改革,完善准入制度,强化服务质量监管,建立覆盖全生命周期、满足多元化需求的全民健康服务体系。有序推进公立医疗机构改革,大力发展社会办医,支持社会力量提供多层次多样化医疗服务。鼓励发展专业性医院管理集团。鼓励发展医学检验等第三方医疗服务,推动检验检查结果互认。推动精准医疗等新兴服务发展。推进医疗服务下基层,推广家庭医生签约服务。支持中医药养生保健、医疗康复、健康管理、心理咨询等服务发展。积极支持康复医院、护理院发展,推动医养结合。鼓励创新型新药研发。积极发展智慧医疗,鼓励医疗机构提升信息化水平,支持健康医疗大数据资源开发应用。鼓励发展第三方医疗服务评价。丰富商业健康保险产品,大力发展医疗责任险、医疗意外险等执业保险。

体育服务。倡导全民健身,鼓励兴办多种形式的健身俱乐部和健身组织,加快发展健身休闲产业。繁荣发展足球、篮球、排球、冰雪、水上、山地户外等运动,推动体育竞赛表演业发展,推进职业联赛市场化改革,鼓励发展国际品牌赛事,丰富业余体育赛事,创新项目推广普及方式。促进体育旅游、体育传媒、体育会展、体育经济等发展。

养老服务。全面放开养老服务市场,丰富养老服务和产品供给,加快发展居家和社区养老服务,建立以企业和机构为主体、社区为纽带的养老服务网络。支持社会力量举办养老服务机构,重点支持兴办面向失能半失能、失智、高龄老年人的医养结合型养老机构,鼓励规范化、专业化、连锁化经营。推动养老服务向精神慰藉、康复护理、紧急救援、临终关怀等领域延伸。鼓励发展智慧养老。探索建立长期护理保险制度,加强与福利性护理补贴项目的整合衔接,发展商业长期护理保险等金融产品。

文化服务。加快构建结构合理、门类齐全、科技含量高、富有创意、竞争力强的现代文化产业体系。推动三网融合和媒体融合,整合广电网络、出版发行资源,鼓励文化企业联合重组,打造大型文化服务集团。加快发展数字出版、网络视听、移动多媒体、动漫游戏、网络音乐、网络文学、创意设计、绿色印刷等新兴产业,推动影视制作、工艺美术、文化会展、出版发行印刷等转型升级,鼓励演出、娱乐、艺术品市场等线上线下融合发展。鼓励实体书店建设成为复合式文化场所。提升文化原创能力和研发能力,促进文化内容和形式创新。

(四)提高居民服务质量

顺应生活方式转变和消费升级趋势,引导居民服务规范发展,改善服务体验,全面提升服务品质和消费满意度。

家政服务。加快建立供给充分、服务便捷、管理规范、惠及城乡的家政服务体系。引导社会资本投资家政服务,鼓励有条件的企业品牌化、连锁化发展,支持中小家政服务企业专业化、特色化发展。加强服务规范化和职业化建设,加大对家政服务人员培训的支持力度,制定推广雇主和家政服务人员行为规范,促进权益保护机制创新和行业诚信体系建设。

旅游休闲。开展旅游休闲提质升级行动,推动旅游资源开发集约化、产品多样化、服务优质化。推广全域旅游,积极发展都市休闲旅游和乡村旅游,打造国家精品旅游带,建设国家旅游风景道,促进精品、特色旅游线路开发建设。大力发展红色旅游,优化提升生态旅游、文化旅游,加快发展工业旅游、健康医疗旅游、冰雪旅游、研学旅行等。发展自驾车旅游、邮轮游艇旅游。支持旅游衍生品开发。加强旅游资源保护性开发,推进旅游景区建设和管理绿色化。规范旅游市场秩序,提高从业人员专业素质和游客文明素养。加强旅游休闲安全应急、紧急救援、保险支撑能力,保障旅游安全。深化国际旅游合作,推进旅游签证便利化。

房地产服务。优化住房供需结构,强化住房居住属性,构建以政府为主提供基本保障、以市场为主满足多层次需求的住房供应体系。积极发展住房租赁市场,规范发展二手房市场。促进房地产评估和经纪、土地评估和登记代理机构专业化发展,规范中介服务市场秩序。鼓励有条件的房地产企业向综合服务商转型。积极推进社区适老化改造。提升物业服务水平。

五、促进融合,构建产业协同发展体系

鼓励产业融合发展,打造一批以服务为主体的一二三产业融合型龙头企业,强化服务业对现代农业和先进制造业的全产业链支撑作用,形成交叉渗透、交互作用、跨界融合的产业生态系统。

(一)促进服务业与农业融合

加快发展农村服务业,构建全程覆盖、区域集成的新型农业社会化服务体系,增强服务业对转变农业发展方式、发展现代农业的支撑引领能力。

培育多元化融合发展主体。引导新型农业生产经营主体向生产经营服务一体化转型,壮大农村一二三产业融合发展主体。鼓励农民专业合作社、农业产业化龙头企业、工商资本、其他社会化服务组织投资发展农业服务。支持有条件的农业生产、加工、流通企业发展面向大宗农产品及区域特色农业的专业化服务。支持农机合作社发展壮大为全程机械化综合农事服务主体,促进供销社等服务主体向农业综合服务商转型。支持农商联盟发展,鼓励银行、保险、科研、邮政等机构与农村各类服务主体深度合作。

加快发展融合新业态。实施创意农业发展行动,鼓励发展生产、生活、生态有机结合的功能复合型农业。支持农业生产托管、农业产业化联合体、农业创客空间、休闲农业和乡村旅游等融合模式创新。鼓励平台型企业与农产品优势特色产区合作,形成线上线下有机结合的农产品流通模式,畅通农产品进城和农资下乡渠道。建设全国农产品商务信息服务公共平台。鼓励利用信息技术,优化农业生产和经营决策、农技培训、农产品供需对接等服务。积极探索农产品个性化定制服务、会展农业等新业态。

(二)推进服务业与制造业融合

充分发挥制造业对服务业发展的基础作用,有序推动双向融合,促进有条件的制造企业由生产型向生产服务型转变、服务企业向制造环节延伸。

发展服务型制造。促进制造企业向创意孵化、研发设计、售后服务等产业链两端延伸,建立产品、服务协同盈利新模式。鼓励有条件的制造企业向设计咨询、设备制造及采购、施工安装、维护管理等一体化服务总集成总承包商转变。支持领军制造企业"裂变"专业优势,面向全行业提供市场调研、研发设计、工程总包和系统控制等服务。鼓励制造企业优化供应链管理,推动网络化协同制造,积极发展服务外包。推进信息化与工业化深度融合,加快发展智能化服务,提高制造智能化水平。

推动服务向制造拓展。以产需互动为导向,推动以服务为主导的反向制造。鼓励服务企业开展批量定制服务,推动生产制造环节组织调整和柔性化改造。支持服务企业利用信息、营销渠道、创意等优势,向制造环节拓展业务范围,实现服务产品化发展。发展产品全生命周期管理、网络精准营销和在线支持新型云制造服务,实现创新资源、生产能力和市场需求的智能匹配和高效协同。

搭建服务制造融合平台。支持有条件的地区打造电子商务集聚区,系统构建信息、营销、售后等个性化服务体系,柔性制造、智慧工厂等智能化生产体系,电子商务、金融、物流等社会化协同体系。依托新型工业化产业示范基地等制造业集聚区,聚焦共性生产服务需求,加快建设生产服务支撑平台。支持高质量的工业云计算和大数据中心建设。

(三)鼓励服务业内部相互融合

推动服务业内部细分行业生产要素优化配置和服务系统集成,创新服务供给,拓展增值空间。

支持服务业多业态融合发展。支持服务企业拓展经营领域,加快业态和模式创新,构建产业生态圈。顺应消费升级和产业升级趋势,促进设计、物流、旅游、养老等服务业跨界融合发展。

培育服务业融合发展新载体。发挥平台型、枢纽型服务企业的引领作用,带动创新创业和小微企业发展,共建"平台＋模块"产业集群。培育系统解决方案提供商,推动优势企业跨地区、跨行业、跨所有制整合经营,发展一批具有综合服务功能的大型企业集团或产业联盟。

六、提升质量,推动服务业优质高效发展

实施质量强国战略,创新服务质量治理,着力提升重点领域服务质量,积极推进服务标准化、规范化和品牌化。

(一)健全服务质量治理体系

构建责任清晰、多元参与、依法监管的服务质量治理和促进体系,加快形成以质取胜、优胜劣汰、激励相容的良性发展机制。

强化企业主体责任。完善激励约束机制,引导企业加强全程质量控制,建立服务质量自我评估与公开承诺制度,主动发布服务质量标准、质量状况报告。推行质量责任首负承诺,完善全过程质量责任追溯、传导和监督机制。鼓励推广服务质量保险,建立质量保证金制度。

提升政府监管和执法水平。加大服务质量随机抽查力度。完善质量安全举报核查与协同处理制度,健全质量监督检查结果公开、质量安全事故强制报告、质量信用记录、严重失信服务主体强制退出等制度。健全服务质量风险监测机制。

充分发挥社会监督作用。畅通消费者质量投诉举报渠道,推广服务质量社会监督员制度,鼓励第三方服务质量调查。支持行业协会商会加强质量自律,发布行业服务质量和安全报告。加快推进检验检测认证等质量服务市场化发展。

(二)提高服务标准化水平

开展服务标准化提升行动,加快形成政府引导、市场驱动、社会参与、协同推进的标准化建设格局。

健全服务标准体系。建立政府主导制定的标准与市场自主制定的标准协同发展、协调配

套的新型标准体系。将政府主导制定的强制性国家标准限定在保障人身健康和生命财产安全、公共安全、生态环境安全及满足经济社会管理基本要求范围之内。支持社会组织制定团体标准,鼓励企业自主制定企业标准。

推行更高服务标准。加强标准制修订工作,推动国际国内标准接轨,提高服务领域标准化水平。鼓励企业制定高于国家标准或行业标准的企业标准,积极创建国际一流标准。研究建立企业标准领跑者制度,推动企业服务标准自我声明公开和监督制度全面实施,鼓励标准制定专业机构对企业公开的标准开展比对和评价。整合优化全国标准信息网络平台。

(三)打造中国服务知名品牌

开展品牌价值提升行动,发展一批能够展示中国服务形象的品牌,发挥品牌对服务业转型升级引领作用。

鼓励企业加强品牌建设。引导企业增强品牌意识,健全品牌管理体系,提升品牌认可度和品牌价值,打造世界知名品牌。发挥行业协会商会在品牌培育和保护方面的作用。鼓励品牌培育和运营专业服务机构发展。

营造良好品牌发展环境。完善品牌、商标法律法规,完善维权与争端解决机制。加大品牌、商标保护执法力度,依法打击侵权行为。提升商标注册便利化水平,健全集体商标、证明商标注册管理制度。加强品牌宣传和展示,营造重视品牌、保护品牌的社会氛围。

专栏 2   服务质量、标准、品牌建设行动

(一)服务质量满意度提升行动。建立健全符合行业特点的服务质量测评体系,在现代物流、银行保险、商贸流通、旅游住宿、医疗卫生、邮政通讯、社区服务等重点行业建立顾客满意度评价制度。

(二)服务质量标杆引领行动。鼓励社会组织分行业遴选和公布一批质量领先、管理严格、公众满意的服务标杆,总结推广先进质量管理经验。鼓励企业瞄准行业标杆开展质量比对,实施质量改进与赶超措施。

(三)服务质量监测能力提升行动。广泛动员社会各界力量,协同建设集监测、采信、分析、发布于一体的质量信息服务体系,搭建服务质量信息共享与社会监督平台。支持金融、交通运输、电子商务、旅游、健康等重点行业质量监测能力建设,鼓励建立行业质量和安全数据库。

(四)服务标准化提升行动。创新标准研制方式,完善科技、金融、物流、知识产权等生产性服务领域标准,制修订家政、养老、健康、教育、文化、旅游等生活性服务领域标准,加快新兴服务领域标准研制。建立健全服务认证制度体系。

(五)品牌价值提升行动。在金融、物流、商务服务等重点领域和电子商务、云计算、大数据、物联网等新兴领域,创建一批高价值服务品牌。鼓励中小服务企业品牌孵化器建设。支持具有文化、民族、地域特色的服务品牌建设,创建区域性知名品牌。

七、彰显特色,优化服务业空间布局

充分发挥各地比较优势,调整服务业功能分工和空间布局,构建特色鲜明、优势互补、体系健全的服务业发展新格局。

(一)优化服务业发展格局

围绕国家区域发展总体战略和"一带一路"建设、京津冀协同发展、长江经济带发展战略实施,对接新型城镇化发展,统筹规划、协调推进,促进服务业开放、集聚和协同发展。

优化服务业区域布局。充分发挥"四大板块"比较优势,推动东部地区服务业率先向价值链高端攀升、提升辐射带动能力和国际化水平;支持东北地区依托制造业和现代农业基础加快发展生产性服务业;鼓励中部地区发挥区位和产业优势,扩大服务业规模、提升服务水平;支持西部地区加快弥补服务业短板,发展特色优势产业。鼓励跨区域服务业合作,促进服务业梯度转移和有序承接。依托"一带一路"核心区和节点城市,扩大服务开放合作力度。全方位拓展京津冀地区服务业合作广度和深度,推进三地服务和要素市场一体化,促进服务业合理分工和错位发展,整体提高服务业发展层次和品质。着力扩大长江经济带中心城市辐射带动能力,增强节点城市物流与贸易功能,建设东中西互动的服务业合作联动发展带。优化提升珠三角服务业发展水平,强化与港澳地区的开放合作,推动泛珠三角区域服务业合作。结合脱贫攻坚,以生活服务和特色产业为重点,支持革命老区、民族地区、边疆地区、贫困地区及资源枯竭、产业衰退、生态严重退化等困难地区服务业加快发展。

构建城市群服务业网络。优化服务业空间组织模式,促进城市群服务业联动发展和协同创新。强化中心城市综合服务功能,优化战略性服务设施布局,发挥网络化效应,支持各具特色的服务业集聚区建设。鼓励构建跨区域信息交流与合作协调机制。

大力发展海洋服务。坚持陆海统筹,发展功能完善、业态多元、布局合理的海洋服务。发展现代航运服务和海洋物流,积极发展海洋旅游和文化产业,加快发展海洋工程咨询、新能源、生物研发、信息等服务。积极发展涉海金融、商务、商贸、会展等配套服务。推动基础较好的地区建设特色海洋服务集群。

(二)加快建设多层次服务经济中心

充分发挥中心城市资源要素密集、规模经济显著、专业分工细化和市场需求集中的优势,完善服务功能,打造不同层级的服务经济中心,增强辐射带动能力,促进服务业发展与新型工业化、城镇化良性互动。

建设具有全球影响力的现代服务经济中心。增强北京、上海和广州—深圳国际服务枢纽和文化交流门户功能,促进高端服务业和高附加值服务环节集聚,提高在全球创新链、价值链、产业链、供应链中的地位和控制力。

加快国家级服务经济中心建设。鼓励各地区依托服务业发展基础较好的超大城市和部分特大城市,加快形成以服务业为主体的产业结构,打造一批具有较强辐射功能的国家级服务经济中心。加快提升服务业层次和水平,搭建服务全国的特色化、专业化服务平台。鼓励跨国公司和企业集团设立区域性、功能型总部,支持有条件的城市提升全球影响力。

提升区域服务经济中心辐射带动能力。依托大城市建设区域服务经济中心,增强服务业集聚效应和辐射能力,更好服务区域发展。推动生产性服务业加快发展,提升对区域产业升级的支撑能力。增强健康养老、教育培训、文化创意等服务功能,提升城市宜居度和吸引力。

增强中小城市和小城镇服务功能。充分发挥中小城市和小城镇集聚产业、服务周边、带动农村的重要作用。促进中小城市与区域中心城市产业对接,利用中心城市服务资源改造提升传统产业,打造区域物流枢纽和制造业配套协作服务中心,主动承接中心城市旅游、休闲、健康、养老等服务需求。支持具有独特资源、区位优势和民族特色的小城镇建设休闲旅游、商贸物流、科技教育、民俗文化等特色镇。

(三)加强服务平台载体建设

积极搭建各类服务平台载体,集聚资源要素、强化组合优势、深化分工合作、探索开放创新,为服务业发展提供有效支撑。

建设专业化服务经济平台。结合科研基地布局优化,在科研资源密集地区,大力发展创新设计、研发服务,建设科创服务中心。依托重大信息基础设施建设,增强信息服务功能,建设信息服务中心。选择有条件的区域中心城市,发展多层次资本市场,规范发展区域性股权市场,建设金融服务中心。依托产业集聚规模大、专业人才集中的地区,加快发展咨询评估、财务管理、检验检测等服务,建设商务服务中心。

挖掘老城区服务业发展潜力。结合城市更新和棚户区改造,加快老城区服务业升级。科学规划土地二次开发,加强文化传承与保育,完善配套政策,支持存量房产和土地发展现代服务业,实现老城区转型发展。

促进开发区、新城新区服务业加快发展。坚持产城融合、特色发展的方向,加快完善服务功能,推动开发区、新城新区从单一功能向混合功能转型。促进商务商业、金融保险、创意设计等服务发展,增强健康医疗、教育培训、商贸物流、文体休闲等服务功能。支持开发区生产性服务业与先进制造业融合发展。

统筹推进服务业试点示范。以解决重点难点问题为导向,以推进体制机制和政策创新为重点,统筹推进各类服务业改革试点示范。继续开展服务业综合改革试点,规范有序推进自由贸易试验区、服务业扩大开放综合试点等建设。加快制度创新成果复制推广。

鼓励打造交通枢纽型经济区。依托大型机场、沿海港口、沿边口岸、高铁车站等交通枢纽设施,加强集疏运衔接配套,完善口岸等服务功能,促进高铁经济和临空、临港经济发展。依托综合交通枢纽城市,建设物流服务中心和多式联运中心。

八、深化改革,创建服务业发展良好环境

加大重点领域关键环节市场化改革力度,深入推进简政放权、放管结合、优化服务改革,最大程度释放市场主体活力和创造力。

(一)实现公平开放的市场准入

完善市场准入制度,全面实施公平竞争审查制度,清理废除妨碍统一市场和公平竞争的各种规定和做法,促进服务和要素自由流动、平等交换。

实施市场准入负面清单制度。以市场准入负面清单为核心,建立服务领域平等规范、公开透明的准入标准,并适时动态调整。放宽民间资本市场准入领域,扩大服务领域开放度,推进非基本公共服务市场化产业化、基本公共服务供给模式多元化。

破除各类显性隐性准入障碍。减少审批事项,优化审批流程,规范审批行为。清理规范各类前置审批和事中事后管理事项,明确确需保留事项的审批主体、要件、程序和时限,并向社会公开。继续推进商事制度改革。整合公共服务机构设置、执业许可等审批环节,鼓励有条件的地方为申办公共服务机构提供一站式服务。

打破市场分割和地方保护。推进统一开放、竞争有序的服务市场体系建设,打破地域分割、行业垄断和市场壁垒,营造权利平等、机会平等、规则平等的发展环境。除特殊规定外,禁止设置限制服务企业跨地区发展、服务跨地区供给的规定,纠正各种形式限制、歧视和排斥竞争的行为。加大服务业反垄断力度。

(二)发展充满活力的市场主体

依法保障各类市场主体公平竞争,深化国有企业改革,推动事业单位改革取得突破性进

展,形成各类市场主体竞相发展的生动局面。

确立法人主体平等地位。 依法规范市场主体行为,确保不同主体之间法律地位一律平等。实行营利和非营利分类管理,明确不同性质主体的权责。完善分类登记管理制度,规范社会服务类机构登记,明确机构性质变更实施细则。建立健全市场退出机制。

分类推进国有服务企业改革发展。 对主业处于充分竞争行业和领域的国有服务企业,实行股份制公司制改革,积极引入其他国有资本或非国有资本实现股权多元化。对主业处于关系国家安全、国民经济命脉重要领域的国有服务企业,保持国有资本控股地位,支持非国有资本参股。对电信、铁路等服务行业,根据不同行业特点实行网运分开、放开竞争性业务,促进公共资源配置市场化。推进承担公共服务和准公共服务职能的国有企业改革,具备条件的可以推行投资主体多元化。完善现代企业制度。鼓励各类社会资本参与国有服务企业改革,鼓励发展非公有资本控股的混合所有制企业。进一步破除各种形式的行政垄断。

深化事业单位改革。 按照政事分开、事企分开和管办分离的要求,加快推进教育、科技、文化、卫生等事业单位分类改革,将从事生产经营活动的事业单位及能够分离的生产经营部门逐步转为企业,参与服务业市场公平竞争。加快建立现代法人治理结构,推动产权管理与业务管理分开,健全内部决策、执行与监督机制,依法独立开展经营活动。改革完善人事制度,改革事业单位编制管理办法,建立与不同性质组织运作相适应的人力资源管理制度。鼓励公办医疗、养老等机构与从业人员实行弹性灵活、权责明确的聘用制度。逐步取消公立医院行政级别,改革医师执业注册办法,促进医师有序流动和多点执业。完善民办机构参与服务业公办机构改制细则,鼓励从事生产经营活动的事业单位直接改制为混合所有制企业。

(三)健全现代高效的监管体系

顺应服务业发展新趋势,更新理念、创新方式、完善机制,加快构建统一高效、开放包容、多元共治的监管体系。

创新监管理念和方式。 树立依法依规、独立专业、程序透明、结果公开的现代监管理念,推动监管方式由按行业归属监管向功能性监管转变、由具体事项的细则式监管向事先设置安全阀及红线的触发式监管转变、由分散多头监管向综合协同监管转变、由行政主导监管向依法多元监管转变。按照服务类别制定统一的监管规则、标准和程序,并向社会公开。积极运用信息技术提高监管效率、覆盖面和风险防控能力。

实行统一综合协同监管。 促进监管机构和职能整合,推进综合执法。建立健全跨部门、跨区域执法联动响应和协作机制,加强信息共享和联合执法,实现违法线索互查、处理结果互认,避免交叉执法、多头执法、重复检查。推进监管能力专业化,打造专业务实高效的监管执法队伍。建立健全社会化监督机制,充分发挥公众和媒体监督作用,完善投诉举报管理制度。鼓励社会组织发挥自律互律他律作用,完善商事争议多元化解决机制。

创新新业态新模式监管方式。 坚持包容创新、守住底线,适应服务经济新业态新模式特点,创新监管方式,提升监管能力。坚持审慎监管和包容式监管,避免过度监管,充分发挥平台型企业的自我约束和关联主体管理作用,创新对"互联网+"、平台经济、分享经济等的监管模式。

(四)营造公平普惠的政策环境

破除制约服务业发展的政策障碍,消除政策歧视,创新要素供给机制,加快形成公平透明、普惠友好的政策支持体系。

创新财税政策。积极构建有利于服务业创新发展的财税政策环境。落实支持服务业及小微企业发展的税收优惠政策。加大政府购买服务力度,研究制定政府购买服务指导性目录。有效发挥相关产业基金和服务业引导资金作用。推广政府与社会资本合作模式,引导社会资本投入服务业。

完善土地政策。优化土地供应调控机制,合理确定用地供给,保障服务业用地需求。依据不同服务门类特性及产业政策导向,有针对性地制定土地政策。探索对知识密集型服务业实行年租制、"先租赁后出让"等弹性供地制度。依法支持利用工业、仓储等用房用地兴办符合规划的服务业。创新适应新产业、新业态特点的建设用地用途归类方式。

优化金融支持。拓宽融资渠道,调整修订不适应服务企业特点的政策规定,支持通过发行股票、债券等直接融资方式筹集资金。探索允许营利性医疗、养老、教育等社会领域机构使用有偿取得的土地、设施等财产进行抵押融资。鼓励金融机构开发适应服务业特点的融资产品和服务。完善动产融资服务体系。鼓励有条件的地方建立小微企业信贷风险补偿机制。支持融资担保机构扩大小微企业担保业务规模。

深化价格改革。加快完善主要由市场决定价格机制,合理区分基本与非基本需求,放开竞争性领域和环节服务价格。健全交通运输价格机制,放开具备竞争条件的客货运输价格。创新公用事业和公益性服务价格管理方式。深化教育、医疗、养老等领域价格改革,营利性机构提供的服务实行经营者依法自主定价。全面清理规范涉企收费,推进实施涉企收费目录清单管理并常态化公示。

健全消费政策。鼓励消费金融创新,支持发展消费信贷。鼓励保险机构开发更多适应医疗、文化、养老、旅游等行业和小微企业特点的保险险种。

九、扩大开放,培育服务业国际竞争新优势

以"一带一路"战略为统领,推动服务领域双向开放,深度融入全球服务业分工体系,以高水平对外开放促进我国服务业大发展。

(一)深入推进服务领域对外开放

把服务领域开放作为我国新一轮对外开放的重中之重,在坚守国家安全底线的前提下,加大开放力度,丰富开放内涵,提高服务领域开放水平。

完善国际化法治化便利化营商环境。对外资全面实施准入前国民待遇加负面清单管理制度,简化外资企业设立和变更管理程序,提高市场准入透明度和可预期性。在财政政策、融资服务、土地使用和经济技术合作等方面实现内外资企业一视同仁。

推动重点领域对外开放。坚持服务全局、积极有序的原则,稳步扩大服务业对外开放。优先放开对弥补发展短板、促进产业转型升级、提高人民生活质量具有重要作用的领域。推进教育、医疗等社会服务领域有序开放。放开建筑设计、评级服务等领域外资准入限制。有序推动银行、证券、保险等领域对外开放。健全文化、互联网等领域分类开放体系,逐步放宽准入限制。鼓励外商投资工业设计和创意、工程咨询、现代物流、检验检测认证等生产性服务业。

(二)打造服务业全方位开放新格局

推动沿海沿边内陆全方位开放,拓展对外开放空间,形成平衡协调、纵横联动的服务业

对外开放格局。

提升沿海服务业开放水平。鼓励沿海地区加大引资引技引智力度,大力发展高层次外向型服务业,建设一批承接国际服务转移的重要平台和国际服务合作窗口城市。支持有条件的地区建设具有全球影响力的金融、技术、信息等要素市场。

打造内陆、沿边开放型服务经济高地。依托战略性互联互通重大项目以及重点口岸、边境城市、边境(跨境)经济合作区和重点开发开放试验区建设,引导优质服务要素集聚,提升服务业开放水平。面向国际经济合作走廊,将边境省区中心城市和口岸城镇培育成为新的交通枢纽、贸易中心和金融服务中心。支持内地空港陆港门户城市,建成新的国际物流通道和人文交流中心。优化整合中欧班列,推进品牌化发展。大力发展边境旅游,推进跨境旅游合作区、边境旅游试验区建设。

深化内地和港澳、大陆和台湾地区服务业合作。进一步扩大对港澳开放服务领域,支持港澳充分发挥金融、商贸、物流、旅游、会展及专业服务优势,积极参与内地服务业发展和多种形式合作走出去。深化内地与香港金融合作。加深内地同港澳在文化教育、医疗保健、养老安老、环境保护、食品安全等领域交流合作,支持内地与港澳开展创新及科技合作。以服务业合作为重点,加快前海、南沙、横琴等重大合作平台建设,推动粤港澳大湾区建设。促进大陆和台湾地区服务业合作。

(三)提升全球服务市场资源配置能力

鼓励服务企业在全球范围内配置资源、开拓市场,拓展发展新空间,提升国际竞争力。

加快发展服务贸易。积极开拓欧美等发达国家市场、"一带一路"沿线国家、拉美和非洲等新兴市场。巩固旅游、建筑等服务出口优势,扩大金融保险、交通运输、信息通信、研发咨询、环境服务等高附加值服务出口。积极推动文化、中医药等服务出口,加强体育、餐饮等特色服务领域的国际交流合作。大力发展服务外包,推动服务外包向价值链高端延伸。

创新全球服务资源配置方式。围绕关键短板和战略需求,支持服务企业以跨国并购、绿地投资、联合投资等方式,高效配置全球人才、技术、品牌等核心资源。鼓励企业通过在境外设立研发中心、分销中心、物流中心、展示中心等形式,构建跨境服务产业链。鼓励企业利用信息技术改造提升传统服务投资贸易方式,积极发展跨境电商、全球维修、全球采购等服务。

强化"走出去"服务支撑。鼓励会计、法律、资产评估、公共关系、海外救援等服务国际化发展,支持行业协会等机构参与建设海外支撑服务体系。健全"走出去"金融支持体系,发挥开发性、政策性金融机构作用,鼓励社会资本参与,拓宽海外投融资渠道。积极发展海外投资保险,扩大政策性保险覆盖面。构建高效有力的海外利益保护体系,提升服务能力。加强境外风险防控体系建设。

(四)积极参与国际服务投资贸易规则制定

积极参与多边双边、区域服务投资贸易谈判和全球经贸规则制定,增强在国际服务贸易中的制度性话语权。推动世界贸易组织(WTO)框架下的服务业开放谈判。主动参与相关国际服务贸易协定谈判。参与国际标准制定,推进优势、特色领域服务标准国际化,推动与主要贸易国之间标准互认。加快实施自由贸易区战略,构筑立足周边、辐射"一带一路"、面向全球的高标准自由贸易区网络。积极开展国际投资贸易新规则试验,提高自由贸易试验区等各类相关试验区建设质量,加快探索建立适应国际规则新要求的制度体系。积极推广成熟创新经验。

十、夯实基础，强化服务业发展支撑

健全服务业配套制度和基础设施，改善社会信用环境，加强人才队伍建设，保障消费者权益，夯实服务业持续健康发展基础。

（一）健全配套基础制度

完善服务业相关法律法规体系，健全知识产权保护、信息安全、社会组织管理、统计等制度。

完善法律法规体系。研究推进服务业相关基础性法律制定修订工作，加强权益保障、公平竞争、市场监管等领域的立法工作。

健全知识产权保护制度。完善专利权、商标权、著作权、商业秘密保护等法律法规，研究完善商业模式知识产权保护制度，完善互联网、大数据、电子商务等领域知识产权保护规则。简化优化知识产权审查和注册流程。推进知识产权基础信息资源共享。健全知识产权侵权惩罚性赔偿制度。健全企业海外知识产权维权援助机制。

健全信息安全保护制度。加强国家安全、个人隐私和商业秘密保护。建立健全大数据安全管理制度，实行服务领域数据资源分类分级管理和风险评估制度。建立互联网企业数据资源资产化和利用授信机制。加快完善网络安全、个人信息保护、互联网信息服务等领域法律法规，明确数据采集、传输、存储、利用、处理等环节的安全要求及责任主体，界定数据用途和发布边界。严厉打击非法泄露和出卖数据行为。

完善社会组织管理制度。完善行业协会商会类、科技类、公益慈善类、城乡社区服务类社会组织直接依法登记制度。稳妥推进行业协会商会与行政机关脱钩，增强行业协会商会助推行业发展、促进行业自律功能。完善公益性捐赠税前扣除、非营利性组织相关税收等政策。

完善统计制度。整合优化服务业统计调查资源，健全数据互通共享机制。适应服务业特点和业态模式创新，健全服务业统计调查制度，完善统计分类标准和指标体系，改进小微服务企业抽样调查和数据采集，提高统计数据精准性。加强和改进服务业增加值核算。加强大数据在服务业统计中的应用。

（二）强化人才队伍支撑

扩大人才供给，促进人才流动，加大引进力度，大力集聚一批适应服务业创新发展要求、具有国际化经营能力的企业家人才，建设规模宏大的服务业专业技术人才和高技能人才队伍。

健全人才使用和激励机制。打破制度障碍，完善职称评定、薪酬制度、社会保障等配套政策体系，促进医疗、教育、科技、文化等各领域人才有序自由流动。引导和鼓励高校毕业生到基层工作。完善职业技能鉴定制度，畅通技能人才成长路径，推动服务从业人员职业化、专业化发展。加强劳动保护和职业防护，积极改善医疗、养老服务护理人员等工作条件。健全人才创新成果收益分配机制，支持人才以知识、技能、管理等多种创新要素参与分配。挖掘多层次人力资源，注重发挥老年人力资源作用。

实施更加开放的人才政策。加快营造具有国际竞争力的人才吸引环境。加大国际人才吸引力度，通过完善外国人永久居留制度等措施，为海外人才来华工作、出入境和居留创造更加宽松便利的条件。推动"千人计划"、"万人计划"、创新人才推进计划等重大人才计划向急需的服务行业倾斜。鼓励开展国际高水平人才交流活动。

加大人才培养培训力度。加大服务领域高端专业人才培养力度，扩大应用型、技术技能型人才规模，大力培养复合型人才。强化综合素质和创新能力培养，创新培养培训方式，深化产教融合、校企合作、工学结合的人才培养模式。推行终身职业技能培训制度，完善职业培训补贴政策，鼓励职业技能和专业知识持续更新。

（三）完善基础设施体系

适应产业结构、形态和模式变化，系统构建和完善适应服务业发展的基础设施体系。加快推进基础设施改造升级，提升智慧化和网络化水平。围绕满足新产业、新业态发展需要，补齐基础设施短板，在信息、交通、流通、旅游、社会服务等领域，组织实施基础设施建设重大工程。推进服务业相关基础设施标准化建设和改造，促进互联互通和系统功能优化。改进基础设施运营管理，提高运行效率。

专栏3　服务业相关基础设施建设重点领域

（一）信息基础设施。加快构建新一代信息基础设施。加强面向服务业应用的信息基础设施和平台建设，完善物联网、云计算及大数据平台等基础设施，统筹布局建设大型、超大型数据中心。建设数据信息资源开放平台。

（二）交通基础设施。积极构建国际运输网络。加快城市群城际铁路网建设，完善高铁快运设施。规划建设支线和通用航空机场。加快内河高等级航道建设。推动公共交通优先发展，加快大城市中心城区轨道交通建设，推动超大、特大城市市域（郊）铁路发展。加强综合交通枢纽布局、建设和运营衔接。完善港口集疏运体系。依托重要物流节点城市和枢纽站场，建设一批多式联运货运枢纽。积极发展智慧交通。

（三）流通基础设施。加强社区和农村流通基础设施建设，优化社区商业网点、公共服务设施的规划布局和业态配置。加快城市流通基础设施升级改造。建设或改造升级一批集运输、仓储、配送、信息为一体的综合物流服务基地。推动智能仓储设施和智慧物流平台建设。统筹交通、邮政、商务、供销等物流站点资源，推动城乡末端配送点建设。加强物流标准化建设，优化农产品冷链物流设施网络。

（四）旅游基础设施。畅通景区和乡村旅游区与交通干线连接，推动从机场、客运场站、客运码头到主要景区交通无缝对接。完善景区停车场、厕所、垃圾污水处理、游客信息服务等设施。建设邮轮游艇码头、自驾车房车营地、通航机场等新型旅游基础设施。规划建设区域性旅游应急救援基地。

（五）社会服务设施。严格按照新建居住区或社区建设相关规定，配建便民商业服务、社区服务、健身休闲等设施。促进教育培训、健康、养老、文化等服务设施建设和升级。盘活存量土地用于社会服务设施建设，改造提升现有社会服务设施。

（四）加强社会信用体系建设

加强信用法律法规建设，完善褒扬诚信、惩戒失信机制，引导服务企业和从业人员树立诚信理念、弘扬诚信美德，营造优良信用环境。

着力加强服务市场诚信建设。建立健全市场主体信用记录，开展服务企业诚信承诺活动,构建跨地区、跨部门、跨领域的守信联合激励和失信联合惩戒机制。加大对非法集资、商业欺诈等违法行为和破坏市场公平竞争秩序行为的查处力度,对严重失信主体实行行业限期禁入等限制性措施。强化医疗、教育、文化、旅游、商贸等领域诚信建设,提升工程建设、广告等领域诚信水平。运用互联网技术大力推进服务领域信用体系建设。

培育和规范信用服务市场。发展各类信用服务机构,逐步建立公共和社会信用服务机构互为补充、信用信息基础服务和增值服务相辅相成的多层次信用服务体系。支持具有较高市场公信力的第三方征信机构培育和发展。支持信用服务产品开发和创新,鼓励社会机构依法使用征信产品,拓展应用范围。推进并规范信用评级行业发展。加强信用服务行业自律和自身信用建设。

(五)保障消费者合法权益

坚持消费者优先理念,健全适应服务消费特点的制度安排,强化线上线下消费者权益保护,有效维护消费者合法权益。

着力提高信息透明度。健全服务信息依法依规告知制度,明确质量、计量、标准等强制性承诺信息内容,鼓励领军企业、行业协会商会发布更高标准的服务信息指引。严格落实经营者明码标价和收费公示制度。规范商业合同格式和条款解释,推进合同条款标准化、表述通俗化。利用各种公共信息平台,将政府各部门涉及企业违规违法行为及信用状况、服务质量检查结果、顾客投诉处理结果等信息及时向全社会公布。支持第三方机构开展服务评价。加强对消费者的金融、法律等专业知识普及。

完善消费者权益保障制度。推动调整修订现行法律法规中不利于保护消费者权益的条款,完善服务质量担保、损害赔偿、风险监控、投诉响应等制度。完善和强化服务消费惩罚性赔偿制度,加大赔偿处罚力度。推行先行赔付制度。充分发挥消费者协会等组织维护消费者权益的作用,积极发挥消费者维权服务网络平台作用。

健全服务纠纷解决机制。强化消费者权益损害法律责任,坚持依法解决服务纠纷。健全公益诉讼制度,适当扩大公益诉讼主体范围。探索建立纠纷多元化解决机制,探索和完善诉讼、仲裁与调解对接机制。

加快发展服务业是产业结构优化升级的主攻方向。各地区、各部门要加快转变观念,充分认识推动服务业发展的重大意义,着力营造服务业发展的良好环境。加强组织领导,健全工作机制,强化部门协同和上下联动,形成工作合力。各地区要因地制宜、大胆创新,积极探索服务业发展的新思路新举措,及时总结推广经验。各部门要按照分工研究制定具体实施方案,细化政策措施,切实履行好政府职责。充分发挥服务业发展部际联席会议制度作用,加强战略谋划,强化统筹协调和督促落实。加强宣传解读,积极营造全社会合力推进服务业创新发展的良好氛围。

（资料来源：国家发展改革委网站）

关于实施"千企千镇工程"推进美丽特色小（城）镇建设的通知

（发改规划〔2016〕2604号）

各省、自治区、直辖市及计划单列市发展改革委、企业联合会、企业家协会，国家开发银行、中国光大银行各分行，新疆生产建设兵团发展改革委：

为深入贯彻落实习近平总书记、李克强总理等党中央、国务院领导同志关于加强特色小镇、小城镇建设的重要批示指示精神，按照《国家发展改革委关于加快美丽特色小（城）镇建设的指导意见》要求，在总结近年来企业参与城镇建设运营行之有效的经验基础上，国家发展改革委、国家开发银行、中国光大银行、中国企业联合会、中国企业家协会、中国城镇化促进会拟组织实施美丽特色小（城）镇建设"千企千镇工程"。有关事项通知如下：

一、主要目的

"千企千镇工程"，是指根据"政府引导、企业主体、市场化运作"的新型小（城）镇创建模式，搭建小（城）镇与企业主体有效对接平台，引导社会资本参与美丽特色小（城）镇建设，促进镇企融合发展、共同成长。

实施"千企千镇工程"，有利于充分发挥优质企业与特色小（城）镇的双重资源优势，开拓企业成长空间，树立城镇特色品牌，实现镇企互利共赢；有利于培育供给侧小镇经济，有效对接新消费新需求，增强小（城）镇可持续发展能力和竞争力；有利于创新小（城）镇建设管理运营模式，充分发挥市场配置资源的决定性作用，更好发挥政府规划引导和提供公共服务等作用，防止政府大包大揽。

二、主要内容

牢固树立和贯彻落实创新、协调、绿色、开放、共享的发展理念，深入推进供给侧结构性改革，以建设特色鲜明、产城融合、充满魅力的美丽特色小（城）镇为目标，以探索形成政府引导、市场主导、多元主体参与的特色小（城）镇建设运营模式为方向，加强政企银合作，拓宽城镇建设投融资渠道，加快城镇功能提升。坚持自主自愿、互利互惠，不搞"拉郎配"，不搞目标责任制，通过搭建平台更多依靠市场力量引导企业等市场主体参与特色小（城）镇建设。

（一）聚焦重点领域

围绕产业发展和城镇功能提升两个重点，深化镇企合作。引导企业从区域要素禀赋和比较优势出发，培育壮大休闲旅游、商贸物流、信息产业、智能制造、科技教育、民俗文化传承等特色优势主导产业，扩大就业，集聚人口。推动"产、城、人、文"融合发展，完善基础设施，扩大公共服务，挖掘文化内涵，促进绿色发展，打造宜居宜业的环境，提高人民群众获得感和幸福感。

（二）建立信息服务平台

运用云计算、大数据等信息技术手段，建设"千企千镇服务网"，开发企业产业转移及转型升级数据库和全国特色小（城）镇数据库，为推动企业等社会资本与特色小（城）镇对接提供基础支撑。

（三）搭建镇企合作平台

定期举办"中国特色小（城）镇发展论坛"，召开多形式的特色小（城）镇建设交流研讨会、项目推介会等，加强企业等社会资本和特色小（城）镇的沟通合作与互动交流。

（四）镇企结对树品牌

依托信息服务平台和镇企合作平台，企业根据自身经营方向，优选最佳合作城镇，城镇发挥资源优势，吸引企业落户，实现供需对接、双向选择，共同打造镇企合作品牌。

（五）推广典型经验

每年推出一批企业等社会资本与特色小（城）镇成功合作的典型案例，总结提炼可复制、可推广的经验，供各地区参考借鉴。

三、组织实施

（一）强化协同推进

"千企千镇工程"由国家发展改革委、国家开发银行、中国光大银行、中国企业联合会、中国企业家协会、中国城镇化促进会等单位共同组织实施。中国城镇化促进会要充分发挥在平台搭建、信息交流、经验总结等方面的积极作用，承担工程实施的具体工作。

（二）完善支持政策

"千企千镇工程"的典型地区和企业，可优先享受有关部门关于特色小（城）镇建设的各项支持政策，优先纳入有关部门开展的新型城镇化领域试点示范。国家开发银行、中国光大银行将通过多元化金融产品及模式对典型地区和企业给予融资支持，鼓励引导其他金融机构积极参与。政府有关部门和行业协会等社会组织将加强服务和指导，帮助解决"千企千镇工程"实施中的重点难点问题。

（三）积极宣传引导

充分发挥主流媒体、自媒体等舆论引导作用，持续跟踪报道"千企千镇工程"实施情况，总结好经验好做法，发现新情况新问题，形成全社会关心、关注、支持特色小（城）镇发展的良好氛围。

四、工作要求

（一）各地发展改革部门要强化对特色小（城）镇建设工作的指导和推进力度，积极组织引导特色小（城）镇参与结对工程建设，做好本地区镇企对接统筹协调。

（二）国家开发银行、中国光大银行各地分行要把特色小（城）镇建设作为推进新型城镇化建设的突破口，对带头实施"千企千镇工程"的企业等市场主体和特色小（城）镇重点帮扶，优先支持。

（三）各地企业联合会、企业家协会要充分发挥社会组织的作用，动员和组织本地企业与特色小（城）镇结对，以市场为导向，以产城融合为目标，把企业转型升级与特色小（城）镇建设有机结合起来。

国家发展改革委

国家开发银行

中国光大银行

中国企业联合会

中国企业家协会

中国城镇化促进会

2016 年 12 月 12 日

（资料来源：国家发展改革委网站）

住房城乡建设部中国农业发展银行关于推进政策性金融支持小城镇建设的通知

（建村〔2016〕220 号）

各省、自治区、直辖市住房城乡建设厅（建委）、北京市农委、上海市规划和国土资源管理局，中国农业发展银行各省、自治区、直辖市分行，总行营业部：

为贯彻落实党中央、国务院关于推进特色小镇、小城镇建设的精神，切实推进政策性金融资金支持特色小镇、小城镇建设，现就相关事项通知如下：

一、充分发挥政策性金融的作用

小城镇是新型城镇化的重要载体，是促进城乡协调发展最直接最有效的途径。各地要充分认识培育特色小镇和推动小城镇建设工作的重要意义，发挥政策性信贷资金对小城镇建设发展的重要作用，做好中长期政策性贷款的申请和使用，不断加大小城镇建设的信贷支持力度，切实利用政策性金融支持，全面推动小城镇建设发展。

二、明确支持范围

（一）支持范围

1. 支持以转移农业人口、提升小城镇公共服务水平和提高承载能力为目的的基础设施和公共服务设施建设。主要包括：土地及房屋的征收、拆迁和补偿；安置房建设或货币化安置；水网、电网、路网、信息网、供气、供热、地下综合管廊等公共基础设施建设；污水处理、垃圾处理、园林绿化、水体生态系统与水环境治理等环境设施建设；学校、医院、体育馆等文化教育卫生设施建设；小型集贸市场、农产品交易市场、生活超市等便民商业设施建设；其他基础设施和公共服务设施建设。

2. 为促进小城镇特色产业发展提供平台支撑的配套设施建设。主要包括：标准厂房、孵化园、众创空间等生产平台建设；博物馆、展览馆、科技馆、文化交流中心、民俗传承基地等展示平台建设；旅游休闲、商贸物流、人才公寓等服务平台建设；其他促进特色产业发展的配套基础设施建设。

（二）优先支持贫困地区

中国农业发展银行要将小城镇建设作为信贷支持的重点领域，以贫困地区小城镇建设作为优先支持对象，统筹调配信贷规模，保障融资需求。开辟办贷绿色通道，对相关项目优先受理、优先审批，在符合贷款条件的情况下，优先给予贷款支持。

三、建立贷款项目库

地方各级住房城乡建设部门要加快推进小城镇建设项目培育工作，积极与中国农业发展银行各级机构对接，共同研究融资方案，落实建设承贷主体。申请政策性金融支持的小城镇需要编制小城镇近期建设规划和建设项目实施方案，经县级人民政府批准后，向中国农业发展银行相应分支机构提出建设项目和资金需求。各省级住房城乡建设部门、中国农业发展银行省级分行应编制本省(区、市)本年度已支持情况和下一年度申请报告(包括项目清单),并于每年12月底前提交住房城乡建设部、中国农业发展银行总行,同时将相关信息录入小城镇建设贷款项目库(http://www.czjs.mohurd.gov.cn)。

四、加强项目管理

住房城乡建设部负责组织、推动全国小城镇政策性金融支持工作,建立项目库,开展指导和检查。中国农业发展银行将进一步争取国家优惠政策,提供中长期、低成本的信贷资金。

省级住房城乡建设部门、中国农业发展银行省级分行要建立沟通协调机制,协调县(市)申请中国农业银行政策性贷款,解决相关问题。县级住房城乡建设部门要切实掌握政策性信贷资金申请、使用等相关规定,组织协调小城镇政策性贷款申请工作,并确保资金使用规范。

中国农业发展银行各分行要积极配合各级住房城乡建设部门工作,普及政策性贷款知识,加大宣传力度。各分行要积极运用政府购买服务和采购、政府和社会资本合作(PPP)等融资模式,为小城镇建设提供综合性金融服务,并联合其他银行、保险公司等金融机构以银团贷款、委托贷款等方式,努力拓宽小城镇建设的融资渠道。对符合条件的小城镇建设实施主体提供重点项目建设基金,用于补充项目资本金不足部分。在风险可控、商业可持续的前提下,小城镇建设项目涉及的特许经营权、收费权和政府购买服务协议预期收益等可作为中国农业发展银行贷款的质押担保。

中华人民共和国住房和城乡建设部

中国农业发展银行

2016年10月10日

(资料来源:住房和城乡建设部网站)

国家发展改革委　国家开发银行关于开发性金融支持特色小(城)镇建设促进脱贫攻坚的意见

（发改规划〔2017〕102号）

各省、自治区、直辖市及计划单列市发展改革委、新疆生产建设兵团发展改革委，国家开发银行各分行：

建设特色小(城)镇是推进供给侧结构性改革的重要平台，是深入推进新型城镇化、辐射带动新农村建设的重要抓手。全力实施脱贫攻坚、坚决打赢脱贫攻坚战是"十三五"时期的重大战略任务。在贫困地区推进特色小(城)镇建设，有利于为特色产业脱贫搭建平台，为转移就业脱贫拓展空间，为易地扶贫搬迁脱贫提供载体。为深入推进特色小(城)镇建设与脱贫攻坚战略相结合，加快脱贫攻坚致富步伐，现就开发性金融支持贫困地区特色小(城)镇建设提出以下意见。

一、总体要求

全面贯彻党的十八大和十八届三中、四中、五中、六中全会精神，统筹推进"五位一体"总体布局和协调推进"四个全面"战略布局，牢固树立和贯彻落实新发展理念，按照扶贫开发与经济社会发展相结合的要求，充分发挥开发性金融作用，推动金融扶贫与产业扶贫紧密衔接，夯实城镇产业基础，完善城镇服务功能，推动城乡一体化发展，通过特色小(城)镇建设带动区域性脱贫，实现特色小(城)镇持续健康发展和农村贫困人口脱贫双重目标，坚决打赢脱贫攻坚战。

——坚持因地制宜、稳妥推进。从各地实际出发，遵循客观规律，加强统筹协调，科学规范引导特色小(城)镇开发建设与脱贫攻坚有机结合，防止盲目建设、浪费资源、破坏环境。

——坚持协同共进、一体发展。统筹谋划脱贫攻坚与特色小(城)镇建设，促进特色产业发展、农民转移就业、易地扶贫搬迁与特色小(城)镇建设相结合，确保群众就业有保障、生活有改善、发展有前景。

——坚持规划引领、金融支持。根据各地发展实际，精准定位、规划先行，科学布局特色小(城)镇生产、生活、生态空间。通过配套系统性融资规划，合理配置金融资源，为特色小(城)镇建设提供金融支持，着力增强贫困地区自我发展能力，推动区域持续健康发展。

——坚持主体多元、合力推进。发挥政府在脱贫攻坚战中的主导作用和在特色小(城)镇建设中的引导作用，充分利用开发性金融融资、融智优势，聚集各类资源，整合优势力量，激发市场主体活力，共同支持贫困地区特色小(城)镇建设。

——坚持改革创新、务求实效。用改革的办法和创新的精神推进特色小(城)镇建设，完善建设模式、管理方式和服务手段，加强金融组织创新、产品创新和服务创新，使金融资源切实服务小(城)镇发展，有效支持脱贫攻坚。

二、主要任务

（一）加强规划引导

加强对特色小(城)镇发展的指导,推动地方政府结合经济社会发展规划,编制特色小(城)镇发展专项规划,明确发展目标、建设任务和工作进度。开发银行各分行积极参与特色小(城)镇规划编制工作,统筹考虑财税、金融、市场资金等方面因素,做好系统性融资规划和融资顾问工作,明确支持重点、融资方案和融资渠道,推动规划落地实施。各级发展改革部门要加强与开发银行各分行、特色小(城)镇所在地方政府的沟通联系,积极支持系统性融资规划编制工作。

（二）支持发展特色产业

一是各级发展改革部门和开发银行各分行要加强协调配合,根据地方资源禀赋和产业优势,探索符合当地实际的农村产业融合发展道路,不断延伸农业产业链、提升价值链、拓展农业多种功能,推进多种形式的产城融合,实现农业现代化与新型城镇化协同发展。二是开发银行各分行要运用"四台一会"(管理平台、借款平台、担保平台、公示平台和信用协会)贷款模式,推动建立风险分担和补偿机制,以批发的方式融资支持龙头企业、中小微企业、农民合作组织以及返乡农民工等各类创业者发展特色优势产业,带动周边广大农户,特别是贫困户全面融入产业发展。三是在特色小(城)镇产业发展中积极推动开展土地、资金等多种形式的股份合作,在有条件的地区,探索将"三资"(农村集体资金、资产和资源)、承包土地经营权、农民住房财产权和集体收益分配权资本化,建立和完善利益联结机制,保障贫困人口在产业发展中获得合理、稳定的收益,并实现城乡劳动力、土地、资本和创新要素高效配置。

（三）补齐特色小(城)镇发展短板

一是支持基础设施、公共服务设施和生态环境建设,包括但不限于土地及房屋的征收、拆迁和补偿;安置房建设或货币化安置;水网、电网、路网、信息网、供气、供热、地下综合管廊等公共基础设施建设;污水处理、垃圾处理、园林绿化、水体生态系统与水环境治理等环境设施建设以及生态修复工程;科技馆、学校、文化馆、医院、体育馆等科教文卫设施建设;小型集贸市场、农产品交易市场、生活超市等便民商业设施建设;其他基础设施、公共服务设施以及环境设施建设。二是支持各类产业发展的配套设施建设,包括但不限于标准厂房、孵化园、众创空间等生产平台;旅游休闲、商贸物流、人才公寓等服务平台建设;其他促进特色产业发展的配套基础设施建设。

（四）积极开展试点示范

结合贫困地区发展实际,因地制宜开展特色小(城)镇助力脱贫攻坚建设试点。对试点单位优先编制融资规划,优先安排贷款规模,优先给予政策、资金等方面的支持,鼓励各地先行先试,着力打造一批资源禀赋丰富、区位环境良好、历史文化浓厚、产业集聚发达、脱贫攻坚效果好的特色小(城)镇,为其他地区提供经验借鉴。

（五）加大金融支持力度

开发银行加大对特许经营、政府购买服务等模式的信贷支持力度,特别是通过探索多种类型的PPP模式,引入大型企业参与投资,引导社会资本广泛参与。发挥开发银行"投资、贷款、债券、租赁、证券、基金"综合服务功能和作用,在设立基金、发行债券、资产证券化等方面提供财务顾问服务。发挥资本市场在脱贫攻坚中的积极作用,盘活贫困地区特色资产资源,为特色小(城)镇建设提供多元化金融支持。各级发展改革部门和开发银行各分行要共同推动地方政府完善担保体系,建立风险补偿机制,改善当地金融生态环境。

(六)强化人才支撑

加大对贫困地区特色小(城)镇建设的智力支持力度,开发银行扶贫金融专员要把特色小(城)镇作为金融服务的重要内容,帮助派驻地(市、州)以及对口贫困县区域内的特色小(城)镇引智、引商、引技、引资,着力解决缺人才、缺技术、缺资金等突出问题。以"开发性金融支持脱贫攻坚地方干部培训班"为平台,为贫困地区干部开展特色小(城)镇专题培训,帮助正确把握政策内涵,增强运用开发性金融手段推动特色小(城)镇建设、促进脱贫攻坚的能力。

(七)建立长效合作机制

国家发展改革委和开发银行围绕特色小(城)镇建设进一步深化合作,建立定期会商机制,加大工作推动力度。各级发展改革部门和开发银行各分行要密切沟通,共同研究制定当地特色小(城)镇建设工作方案,确定重点支持领域,设计融资模式;建立特色小(城)镇重点项目批量开发推荐机制,形成项目储备库;协调解决特色小(城)镇建设过程中的困难和问题,将合作落到实处。

各级发展改革部门和开发银行各分行要支持贫困地区特色小(城)镇建设促进脱贫攻坚,加强合作机制创新、工作制度创新和发展模式创新,积极探索、勇于实践,确保特色小(城)镇建设取得新成效,打赢脱贫攻坚战。

国家发展改革委

国家开发银行

2017 年 1 月 13 日

(资料来源:国家发展改革委网站)

住房城乡建设部　国家开发银行关于
推进开发性金融支持小城镇建设的通知

（建村〔2017〕27 号）

各省、自治区、直辖市住房城乡建设厅（建委），北京市农委、规划和国土资源管理委，上海市规划和国土资源管理局，新疆生产建设兵团建设局，国家开发银行各省（区、市）分行、企业局：

为贯彻落实党中央、国务院关于推进小城镇建设的精神，大力推进开发性金融支持小城镇建设，现就有关工作通知如下。

一、充分认识开发性金融支持小城镇建设的重要意义

小城镇是新型城镇化建设的重要载体，是促进城乡协调发展最直接最有效的途径，在推进经济转型升级、绿色低碳发展和生态环境保护等方面发挥着重要作用。小城镇建设任务艰巨，资金需求量大，迫切需要综合运用财政、金融政策，引导金融机构加大支持力度。开发性金融支持是推动小城镇建设的重要手段，是落实供给侧结构性改革的重要举措。各级住房城乡建设部门、国家开发银行各分行要充分认识开发性金融支持小城镇建设的重要意义，加强部行协作，强化资金保障，全面提升小城镇的建设水平和发展质量。

二、主要工作目标

（一）落实《住房城乡建设部　国家发展改革委　财政部关于开展特色小镇培育工作的通知》（建村〔2016〕147 号），加快培育 1 000 个左右各具特色、富有活力的休闲旅游、商贸物流、现代制造、教育科技、传统文化、美丽宜居的特色小镇。优先支持《住房城乡建设部关于公布第一批中国特色小镇名单的通知》（建村〔2016〕221 号）确定的127 个特色小镇。

（二）落实《住房城乡建设部等部门关于公布全国重点镇名单的通知》（建村〔2014〕107号），大力支持 3 675 个重点镇建设，提升发展质量，逐步完善一般小城镇的功能，将一批产业基础较好、基础设施水平较高的小城镇打造成特色小镇。

（三）着力推进大别山等集中连片贫困地区的脱贫攻坚，优先支持贫困地区基本人居卫生条件改善和建档立卡贫困户的危房改造。

（四）探索创新小城镇建设运营及投融资模式，充分发挥市场主体作用，打造一批具有示范意义的小城镇建设项目。

三、重点支持内容

（一）支持以农村人口就地城镇化、提升小城镇公共服务水平和提高承载能力为目的的设施建设。主要包括：土地及房屋的征收、拆迁和补偿；供水、供气、供热、供电、通讯、道路等

基础设施建设;学校、医院、邻里中心、博物馆、体育馆、图书馆等公共服务设施建设;防洪、排涝、消防等各类防灾设施建设。重点支持小城镇污水处理、垃圾处理、水环境治理等设施建设。

（二）支持促进小城镇产业发展的配套设施建设。主要包括:标准厂房、众创空间、产品交易等生产平台建设;展示馆、科技馆、文化交流中心、民俗传承基地等展示平台建设;旅游休闲、商贸物流、人才公寓等服务平台建设,以及促进特色产业发展的配套设施建设。

（三）支持促进小城镇宜居环境塑造和传统文化传承的工程建设。主要包括:镇村街巷整治、园林绿地建设等风貌提升工程;田园风光塑造、生态环境修复、湿地保护等生态保护工程;传统街区修缮、传统村落保护、非物质文化遗产活化等文化保护工程。

四、建立项目储备制度

（一）建立项目储备库。各县（市、区）住房城乡建设（规划）部门要加快推进本地区小城镇总体规划编制或修编,制定近期建设项目库和年度建设计划,统筹建设项目,确定融资方式和融资规模,完成有关审批手续。

（二）推荐备选项目。各县（市、区）住房城乡建设（规划）部门要组织做好本地区项目与国家开发银行各分行的项目对接和推荐,填写小城镇建设项目入库申报表（详见附件）,报省级住房城乡建设部门。省级住房城乡建设部门应汇总项目申报表,于 2017 年 3 月底前报住房城乡建设部,并将项目信息录入全国小城镇建设项目储备库（http://www.charming-town.cn）。

今后,应在每年 11 月底前报送下一年度项目申报表,并完成项目录入工作。住房城乡建设部将会同国家开发银行对各地上报项目进行评估,将评估结果好的项目作为优先推荐项目。

五、加大开发性金融支持力度

（一）做好融资规划。国家开发银行将依据小城镇总体规划,适时编制相应的融资规划,做好项目融资安排,针对具体项目的融资需求,统筹安排融资方式和融资总量。

（二）加强信贷支持。国家开发银行各分行要会同各地住房城乡建设（规划）部门,确定小城镇建设的投资主体、投融资模式等,共同做好项目前期准备工作。对纳入全国小城镇建设项目储备库的优先推荐项目,在符合贷款条件的情况下,优先提供中长期信贷支持。

（三）创新融资模式,提供综合性金融服务。国家开发银行将积极发挥"投、贷、债、租、证"的协同作用,为小城镇建设提供综合金融服务。根据项目情况,采用政府和社会资本合作（PPP）、政府购买服务、机制评审等模式,推动项目落地;鼓励大型央企、优质民企以市场化模式支持小城镇建设。在风险可控、商业可持续的前提下,积极开展小城镇建设项目涉及的特许经营权、收费权和购买服务协议下的应收账款质押等担保类贷款业务。

六、建立工作协调机制

住房城乡建设部和国家开发银行签署《共同推进小城镇建设战略合作框架协议》,建立部行工作会商制度。省级住房城乡建设部门、国家开发银行省级分行要参照部行合作模式建立工作协调机制,加强沟通、密切合作,及时共享小城镇建设信息,协调解决项目融资、建设中存在的问题和困难;要及时将各地项目进展情况、存在问题及有关建议分别报住房城乡建设部和国家开发银行总行。

中华人民共和国住房和城乡建设部

国家开发银行股份有限公司

2017 年 1 月 24 日

(资源来源:住房和城乡建设部网站)

住房城乡建设部　中国建设银行关于推进
商业金融支持小城镇建设的通知

（建村〔2017〕81 号）

各省、自治区、直辖市住房城乡建设厅（建委），北京市农委、规划和国土资源管理委，上海市规划和国土资源管理局，新疆生产建设兵团建设局，中国建设银行各省、自治区、直辖市分行，总行直属分行，苏州分行：

为贯彻落实党中央、国务院关于推进小城镇建设的工作部署，大力推进商业金融支持小城镇建设，现就有关工作通知如下。

一、充分认识商业金融支持小城镇建设的重要意义

小城镇是经济转型升级、新型城镇化建设的重要载体，在推进供给侧结构性改革、生态文明建设、城乡协调发展等方面发挥着重要作用。小城镇建设任务重、项目多、资金缺口大，迫切需要发挥市场主体作用，加大商业金融的支持力度，积极引导社会资本进入小城镇。各级住房城乡建设部门、建设银行各分行要充分认识商业金融支持小城镇建设的重要意义，坚持用新发展理念统筹指导小城镇建设，加强组织协作，创新投融资体制，加大金融支持力度，确保项目资金落地，全面提升小城镇建设水平和发展质量。

二、支持范围和内容

（一）支持范围

落实《住房城乡建设部　国家发展改革委　财政部关于开展特色小镇培育工作的通知》（建村〔2016〕147 号）、《住房城乡建设部等部门关于公布全国重点镇名单的通知》（建村〔2014〕107 号）等文件要求，支持特色小镇、重点镇和一般镇建设。优先支持《住房城乡建设部关于公布第一批中国特色小镇名单的通知》（建村〔2016〕221 号）确定的 127 个特色小镇和各省（区、市）人民政府认定的特色小镇。

（二）支持内容

1. 支持改善小城镇功能、提升发展质量的基础设施建设。主要包括：道路、供水、电力、燃气、热力等基础设施建设；企业厂房、仓库、孵化基地等生产设施建设；学校、医院、体育场馆、公园、小镇客厅等公共设施建设；居民拆迁安置、园林绿化等居住环境改善设施建设；河湖水系治理、建筑节能改造、新能源利用、污水和垃圾处理等生态环境保护设施建设。

2. 支持促进小城镇特色发展的工程建设。主要包括：街巷空间、建筑风貌等综合环境整治工程建设；传统街区保护和修缮、非物质遗产活化等传统文化保护工程建设；双创平台、

展览展示、服务平台、人才交流等促进特色产业发展的配套工程建设。

3. 支持小城镇运营管理融资。主要包括：基础设施改扩建、运营维护融资；运营管理企业的经营周转融资；优质企业生产投资、经营周转、并购重组等融资。

三、实施项目储备制度

（一）建立项目储备库

各县（市、区）住房城乡建设（规划）部门要加快推进本地区小城镇总体规划编制或修编，制定近期建设项目库和年度建设计划，统筹建设项目，确定融资方式和融资规模，完成有关审批手续。

（二）推荐备选项目

各县（市、区）住房城乡建没（规划）部门要组织做好本地区建设项目与中国建设银行地市级分行的对接和推荐，填写小城镇建设项目储备表（详见附件），并报送至省级住房城乡建设部门。省级住房城乡建设部门要联合中国建设银行省级分行对本地区上报项目进行审核，并于2017年5月底前将通过审核的项目信息录入全国小城镇建设项目储备库（http://www.charningtown.cn）。住房城乡建设部将会同中国建设银行总行对纳入全国小城镇建设项目储备库的项目进行评估，确定优先推荐项目。

四、发挥中国建设银行综合金融服务优势

（一）加大信贷支持力度

中国建设银行将统筹安排年度信贷投放总量，加大对小城镇建设的信贷支持力度。对纳入全国小城镇建设项目储备库的推荐项目，予以优先受理、优先评审和优先投放贷款。

（二）做好综合融资服务

充分发挥中国建设银行集团全牌照优势，帮助小城镇所在县（市）人民政府、参与建设的企业做好融资规划，提供小城镇专项贷款产品。根据小城镇建设投资主体和项目特点，因地制宜提供债券融资、股权投资、基金、信托、融资租赁、保险资金等综合融资服务。

（三）创新金融服务模式

中国建设银行将在现有政策法规内积极开展金融创新。探索开展特许经营权、景区门票收费权、知识产权、碳排放权质押等新型贷款抵质押方式。探索与创业投资基金、股权基金等开展投贷联动，支持创业型企业发展。

五、建立工作保障机制

住房城乡建设部与中国建设银行总行签署《共同推进小城镇建设战略合作框架协议》，

建立部行工作会商制度。省级住房城乡建设部门、中国建设银行省级分行要参照部行合作模式尽快建立定期沟通机制和工作协作机制,及时共享小城镇建设信息,共同协调解决项目融资、建设中存在的问题,做好风险防控,为小城镇建设创造良好的政策环境和融资环境。执行过程中如有问题和建议,请及时与住房城乡建设部和中国建设银行总行联系。

附件:小城镇建设项目储备表(略)

中华人民共和国住房和城乡建设部
中国建设银行股份有限公司
2017 年 4 月 1 日
(资料来源:住房和城乡建设部网站)

体育总局办公厅关于做好 2017 年度文化产业发展专项资金重大项目申报工作的通知

（体经字〔2017〕227 号）

党中央有关部门办公厅（室），国务院有关部委、直属机构办公厅（室），各省、自治区、直辖市、计划单列市、新疆生产建设兵团体育局，体育总局有关直属单位：

根据财政部办公厅《关于申报 2017 年度文化产业发展专项资金的通知》（财办文〔2017〕25 号文件网上链接：http://whs.mof.gov.cn/pdlb/zcfb/201704/t20170425_2586988.html，体育健身休闲产业纳入了 2017 年度文化产业发展专项资金（以下简称专项资金）重大项目支持重点，该项工作由体育总局牵头负责，现就有关工作通知如下：

一、重点支持内容

（一）建设健身休闲设施。重点落实冰雪、水上、航空、山地户外、汽车自驾车营地发展规划，支持冰雪场、航空飞行营地、运动船艇码头、山地户外营地、自驾车房车营地的建设和运营项目，并向各级体育产业示范区、示范基地和运动休闲特色小镇倾斜。

（二）拓展健身休闲服务。支持冰雪、航空、水上、山地户外、汽摩领域有示范效应的赛事运营项目；支持创新商业模式、塑造品牌的体育培训项目；支持以制作、播放体育为内容的项目；支持体育与科技、旅游融合的产业服务项目。

对于符合上述支持重点中的政府和社会资本合作（PPP）项目优先予以支持。

二、申报要求

专项资金申报主体应为符合条件的体育企业，申报项目应为体育产业项目，同一个企业只能申请一个项目，企业不能就往年已获得各级财政资金支持的项目再行申报。每个省（区、市）推荐的项目数量不超过 5 个，体育总局各直属单位推荐项目限报 1 个，党中央有关部门，国务院有关部委、直属机构推荐项目限报 1 个。具体申报要求如下：

（一）申报企业

申报项目的企业应具备下列条件：一是在中国境内依法设立；二是具有独立法人资格，财务管理制度健全，会计信用和纳税信用良好；三是具有一定规模实力、成长性好。

（二）申报材料

申报单位应如实提供申报材料，申报项目必须为产业项目，有一定规模，能够产生经济效益，发挥示范作用，其中：

1. 申请项目补助的，需有前期投资和建设基础，预期社会效益和经济效益良好，原则上建设进度和已完成投资均不低于 20%。申请补助金额不超过企业上年末经审计净资产额的 30%。需按附件 1 的要求提供相关材料。

2. 申请贷款贴息的，利息及有关财务费用发生期限为 2016 年 1 月 1 日至 2016 年 12 月 31 日。支持金额控制在贷款利息（含财务费用）的 80%，不高于企业申报金额。需按附件 2

的要求提供相关材料。

3. 申报保险费补助的,保险费发生期限为 2016 年 1 月 1 日至 2016 年 12 月 31 日。支持金额控制在保险费的 80%,不高于企业申报金额。需按附件 3 的要求提供相关材料。

4. 申请示范项目奖励扶持的,项目必须是 2016 年结项的,且产生良好的经济效益和社会效益,申请补助金额不超过项目实际投资额的 30%。需按附件 4 的要求提供相关材料。申报专项资金的企业,根据实际情况,选择一种申报方式,并按要求提交申报材料。

三、其他要求

(一) 请各省(区、市)体育局高度重视此次申报工作,发挥体育部门贴近企业、贴近项目的优势,切实把财政政策与产业政策有效结合,确保项目申报质量。总局相关直属单位要认真策划重大项目,按要求提供相关申报材料。

(二) 各地体育企业的申报材料由所在省(区、市)体育局商财政部门后,以体育局名义报送至体育总局,并填写项目申报汇总表(附件 5);中央和国务院有关部门所属项目单位应通过所在主管部门向体育总局报送申报材料;体育总局直属单位申报材料直接向体育总局报送。

(三) 各省(区、市)体育局要以此次产业项目申报工作为契机,进一步完善工作机制,尽快建立体育产业项目库,为今后体育产业项目申报工作打好基础。

(四) 由于今年申报工作时间紧、任务重,请各地区、各单位迅速组织申报,务必于 5 月 15 日前(以邮戳为准)将申报材料报送至体育总局体育经济司产业管理处(纸质申报材料 2 份和光盘 1 份),每个申报项目涉及的可行性研究报告、合同文本、付款凭证等,应按要求上传扫描件,电子文件须与纸质文件保持一致,并按申报材料要求排序,形成一份包含文件目录的 PDF 文档。逾期申报将一概不予受理。

附件 1:申请项目补助的申报材料(略)
附件 2:申请贷款贴息的申报材料(略)
附件 3:申请保险费补助的申报材料(略)
附件 4:申请示范项目奖励扶持的申报材料(略)
附件 5:申报项目汇总表(略)

体育总局办公厅

2017 年 4 月 25 日

(资料来源:国家体育总局网站)

体育总局办公厅关于推动运动休闲
特色小镇建设工作的通知

（体群字〔2017〕73 号）

各省、自治区、直辖市、新疆生产建设兵团体育局，体育总局各运动项目管理中心，中国足球协会：

运动休闲特色小镇是在全面建成小康社会进程中，助力新型城镇化和健康中国建设，促进脱贫攻坚工作，以运动休闲为主题打造的具有独特体育文化内涵、良好体育产业基础，运动休闲、文化、健康、旅游、养老、教育培训等多种功能于一体的空间区域、全民健身发展平台和体育产业基地。

为贯彻党中央和国务院关于推进特色小镇建设、加大脱贫攻坚工作力度的精神，充分发挥体育在脱贫攻坚工作中的潜在优势作用，更好地为基层经济社会事业、全民健身与健康事业、体育产业发展服务，引导推动运动休闲特色小镇实现可持续发展，体育总局决定组织开展运动休闲特色小镇建设、促进脱贫攻坚工作。现将有关事宜通知如下。

一、重要意义

建设运动休闲特色小镇，是满足群众日益高涨的运动休闲需求的重要举措，是推进体育供给侧结构性改革、加快贫困落后地区经济社会发展、落实新型城镇化战略的重要抓手，也是促进基层全民健身事业发展、推动全面小康和健康中国建设的重要探索。建设运动休闲特色小镇，能够搭建体育运动新平台、树立体育特色新品牌、引领运动休闲新风尚，增加适应群众需求的运动休闲产品和服务供给；有利于培育体育产业市场、吸引长效投资，促进镇域运动休闲、旅游、健康等现代服务业良性互动发展，推动产业集聚并形成辐射带动效应，为城镇经济社会发展增添新动能；能够有效促进以乡镇为重点的基本公共体育服务均等化，促进乡镇全民健身事业和健康事业实现深度融合与协调发展。

二、总体要求

（一）指导思想

认真贯彻落实习近平总书记系列重要讲话精神和治国理政新理念、新思想、新战略，落实总书记关于体育工作重要论述，落实党的十八大和十八届三中、四中、五中、六中全会精神，统筹推进"五位一体"总体布局，协调推进"四个全面"战略布局，牢固树立和践行新发展理念，加快推动体育领域供给侧结构性改革。将运动休闲特色小镇建设和脱贫攻坚任务紧密结合起来，多措并举、综合施策、循序渐进、以点带面，促进体育与健康、旅游、文化等产业实现融合协调发展，带动区域经济社会各项事业全面发展。

（二）基本原则

——因地制宜，突出特色。从各地实际出发，依托各地传统体育文化、运动休闲项目和体育赛事活动等特色资源，结合当地经济社会发展和基础设施条件，依据产业基础和发展潜力科学规划、量力而行、有序推进,形成体育产业创新平台。

——政府引导,市场主导。强化政府在政策引导、平台搭建、公共服务等方面的保障作用;充分发挥市场在资源配置中的决定性作用,鼓励、引导和支持企业、社会力量参与运动休闲特色小镇建设并发挥重要作用。

——改革创新,融合发展。鼓励各地创新发展理念、发展模式,大胆探索、先行先试。促进运动休闲产业与体育用品制造、体育场地设施建设等其他体育产业门类,旅游、健康、文化等其他相关产业互通互融和协调发展。

——以人为本,分类指导。以人民为中心,充分发挥体育在引导形成健康生活方式、提高人民健康水平、促进经济社会发展等方面的综合作用。鼓励东部地区多出经验和示范,政策和资金支持向中西部贫困地区倾斜。

三、主要任务

到 2020 年,在全国扶持建设一批体育特征鲜明、文化气息浓厚、产业集聚融合、生态环境良好、惠及人民健康的运动休闲特色小镇;带动小镇所在区域体育、健康及相关产业发展,打造各具特色的运动休闲产业集聚区,形成与当地经济社会相适应、良性互动的运动休闲产业和全民健身发展格局;推动中西部贫困落后地区在整体上提升公共体育服务供给和经济社会发展水平,增加就业岗位和居民收入,推进脱贫攻坚工作。运动休闲特色小镇要形成以下特色:

——特色鲜明的运动休闲业态。聚焦运动休闲、体育健康等主题,形成体育竞赛表演、体育健身休闲、体育场馆服务、体育培训与教育、体育传媒与信息服务、体育用品制造等产业形态。

——深厚浓郁的体育文化氛围。具备成熟的体育赛事组织运营经验,经常开展具有特色的品牌全民健身赛事和活动,以独具特色的运动项目文化或民族民间民俗传统体育文化为引领,形成运动休闲特色名片。

——与旅游等相关产业融合发展。实现体育旅游、体育传媒、体育会展、体育广告、体育影视等相关业态共享发展,运动休闲与旅游、文化、养老、教育、健康、农业、林业、水利、通用航空、交通运输等业态融合发展,打造旅游目的地。

——脱贫成效明显。通过当地体育特色产业的发展吸纳就业,创造增收门路,促进当地特色农产品销售,在体育脱贫攻坚中树立示范。

——禀赋资源的合理有效利用。自然资源丰富的小镇依托自然地理优势发展冰雪、山地户外、水上、汽车摩托车、航空等运动项目;民族文化资源丰富的小镇依托人文资源发展民族民俗体育文化。大城市周边重点镇加强与城市发展的统筹规划与体育健身功能配套;远离中心城市的小镇完善基础设施和公共体育服务,服务农村。

四、组织实施

运动休闲特色小镇的建设由地方各级政府及其体育等相关部门根据当地实际进行,充分发挥社会力量和市场机制的作用,避免盲目跟风。各省(区、市)体育局、体育总局有关运动项目管理中心分别根据当地和运动项目实际向体育总局推荐小镇项目、进行业务指导。体育总局主要以组织开展运动休闲特色小镇示范试点、制定完善政策的方式加强行业管理和引导。

（一）项目报送

1. 报送程序

坚持地方自愿申报和省（区、市）体育局、体育总局运动项目管理中心（项目协会）推荐相结合，按年度分批报送。县级体育行政部门根据实际情况，将辖区内符合条件的项目上报省（区、市）体育局，省（区、市）体育局进行审核后推荐上报体育总局。体育总局各运动项目管理中心（项目协会）可直接推荐项目。

2. 基本条件

申报和推荐的小镇应具备以下基本条件：

（1）交通便利，自然生态和人文环境好；

（2）体育工作基础扎实，在运动休闲方面特色鲜明；

（3）近5年无重大安全生产事故、重大环境污染、重大生态破坏、重大群体性社会事件、历史文化遗存破坏现象；

（4）小镇所在县（区、市）政府高度重视体育工作，能对发展运动休闲特色小镇提供政策保障；

（5）运动休闲特色小镇建设对当地推进脱贫攻坚工作具有特殊意义。

3. 推荐数量（2017年度）

（1）京津冀三省（市）各推荐3个，其他省（区、市）各推荐1—2个；

（2）体育总局有关运动项目管理中心各推荐1个。

（二）政策支持

对所推荐的第一批小镇项目，体育总局将组织专家对规划进行评审，筛选出一批基础扎实、条件良好、具备优势、特色鲜明的运动休闲小镇进行试点示范，并会同有关部门给予引导和支持。

对纳入试点的小镇，一次性给予一定的经费资助，用于建设完善运动休闲设施，组织开展群众身边的体育健身赛事和活动。

体育总局各运动项目管理中心（项目协会）将向各小镇提供体育设施标准化设计样式，配置各类赛事资源。

体育总局将会同中央有关部门制定完善运动休闲特色小镇建设有关政策、细化工作方案，推动此项工作持续健康发展，成为脱贫攻坚工作的助力项目。

（三）有关要求

各省（区、市）体育局和体育总局运动项目管理中心要认真组织，做好运动休闲特色小镇遴选和推荐工作，坚持优中选优、宁缺勿滥，把好关口，保证推荐上报的材料真实准确。请组织填报《2017年度运动休闲特色小镇推荐表》（附件1），按附件2的提纲格式报送《运动休闲特色小镇建设工作汇报材料》（含电子版），提供运动休闲特色小镇建设总体规划，于2017年6月20日前一并报送体育总局。

附件：1. 2017年度运动休闲特色小镇推荐表（略）

2. 运动休闲特色小镇建设工作汇报材料（提纲）（略）

体育总局办公厅
2017年5月9日
（资料来源：国家体育总局网站）

住房城乡建设部办公厅关于做好第二批
全国特色小镇推荐工作的通知

（建办村函〔2017〕357号）

各省（区、市）住房城乡建设厅（建委）、北京市农委、上海市规划和国土资源局：

为落实《住房城乡建设部国家发展改革委 财政部关于开展特色小镇培育工作的通知》（建村〔2016〕147号）精神，做好第二批全国特色小镇推荐工作，经商财政部，现将有关事项通知如下：

一、推荐要求

各地推荐的特色小镇应符合建村〔2016〕147号文件规定的培育要求，具备特色鲜明的产业形态、和谐宜居的美丽环境、彰显特色的传统文化、便捷完善的设施服务和充满活力的体制机制，并满足以下条件：

（一）具备良好的发展基础、区位优势和特色资源，能较快发展起来。

（二）实施并储备了一批质量高、带动效应强的产业项目。

（三）镇规划编制工作抓得紧，已编制的总体规划、详细规划或专项规划达到了定位准确、目标可行、规模适宜、管控有效4项要求。现有规划未达到定位准确等4项要求的已启动规划修编工作。

（四）制定并实施了支持特色小镇发展的政策措施，营造了市场主导、政企合作等良好政策氛围。

（五）实施了老镇区整治提升和发展利用工程，做到设施完善、风貌协调和环境优美。

（六）引入的旅游、文化等大型项目符合当地实际，建设的道路、公园等设施符合群众需求。

对存在以房地产为单一产业，镇规划未达到有关要求、脱离实际，盲目立项、盲目建设，政府大包大揽或过度举债，打着特色小镇名义搞圈地开发，项目或设施建设规模过大导致资源浪费等问题的建制镇不得推荐。县政府驻地镇不推荐。以旅游文化产业为主导的特色小镇推荐比例不超过1/3。

二、推荐程序

我部根据各省（区、市）建制镇数量、规划编制与实施情况、特色小镇培育工作进展、地方组织推进小城镇建设力度等因素，确定了2017年各省（区、市）特色小镇推荐名额（附件1）。请各省（区、市）按照分配名额组织好特色小镇推荐工作。

按照自愿申报、择优推荐的原则，由县（市、区）住房城乡建设部门做好特色小镇信息填报等工作，经县（市、区）人民政府审核后，于2017年6月15日前将有关材料报省级住房城乡建设部门。省级住房城乡建设部门要严格按照建村〔2016〕147号文件要求，组织专家对上报的有关材料进行初审、评估并实地考核，确定本省（区、市）特色小镇推荐名单和排序，于2017年6月30日前将推荐名单和推荐材料报我部村镇建设司。我部将以现场答辩形式审查推荐的特色小镇,会同财政等部门认定并公布第二批全国特色小镇名单。现场答辩的有关安排另行通知。

三、材料要求

各省级住房城乡建设部门上报的推荐材料应包括特色小镇推荐信息表(附件2)、特色小镇培育说明材料、相关视频(可选)和有关规划。推荐信息表1式2份并加盖单位公章,相关信息录入特色小镇培育网(www.charmingtown.cn)。培育说明材料应逐项用文字、照片和图纸进行说明,以PPT格式提交(说明材料模板及示例可从特色小镇培育网下载)。视频材料时长为5—10分钟,文件格式不限。有关规划包括总体规划、详细规划和专项规划,提交电子版。推荐材料可通过光盘或U盘方式提交。

附件:1. 各省(区、市)特色小镇推荐名额分配表(略)

2. 特色小镇推荐信息表(略)

中华人民共和国住房和城乡建设部办公厅

2017年5月26日

(资料来源:住房和城乡建设部网站)

住房城乡建设部关于保持和
彰显特色小镇特色若干问题的通知

（建村〔2017〕144 号）

各省、自治区住房城乡建设厅，北京市住房城乡建设委、规划国土委、农委，天津市建委、规划局，上海市住房城乡建设管委、规划国土局，重庆市城乡建设委：

党中央、国务院作出了关于推进特色小镇建设的部署，对推进新发展理念、全面建成小康社会和促进国家可持续发展具有十分重要的战略意义。保持和彰显小镇特色是落实新发展理念，加快推进绿色发展和生态文明建设的重要内容。目前，特色小镇培育尚处于起步阶段，部分地方存在不注重特色的问题。各地要坚持按照绿色发展的要求，有序推进特色小镇的规划建设发展。现就有关事项通知如下。

一、尊重小镇现有格局、不盲目拆老街区

（一）顺应地形地貌

小镇规划要与地形地貌有机结合，融入山水林田湖等自然要素，彰显优美的山水格局和高低错落的天际线。严禁挖山填湖、破坏水系、破坏生态环境。

（二）保持现状肌理

尊重小镇现有路网、空间格局和生产生活方式，在此基础上，下细致功夫解决老街区功能不完善、环境脏乱差等风貌特色缺乏问题。严禁盲目拉直道路，严禁对老街区进行大拆大建或简单粗暴地推倒重建，避免采取将现有居民整体迁出的开发模式。

（三）延续传统风貌

统筹小镇建筑布局、协调景观风貌、体现地域特征、民族特色和时代风貌。新建区域应延续老街区的肌理和文脉特征，形成有机的整体。新建建筑的风格、色彩、材质等应传承传统风貌，雕塑、小品等构筑物应体现优秀传统文化。严禁建设"大、洋、怪"的建筑。

二、保持小镇宜居尺度、不盲目盖高楼

（一）建设小尺度开放式街坊住区

应以开放式街坊住区为主，尺度宜为 100—150 米，延续小镇居民原有的邻里关系，避免照搬城市居住小区模式。

（二）营造宜人街巷空间

保持和修复传统街区的街巷空间，新建生活型道路的高宽比宜为 1∶1 至 2∶1，绿地以建设贴近生活、贴近工作的街头绿地为主，充分营造小镇居民易于交往的空间。严禁建设不便民、造价高、图形象的宽马路、大广场、大公园。

（三）适宜的建筑高度和体量

新建住宅应为低层、多层，建筑高度一般不宜超过 20 米，单体建筑面宽不宜超过 40 米，

避免建设与整体环境不协调的高层或大体量建筑。

三、传承小镇传统文化、不盲目搬袭外来文化

（一）保护历史文化遗产

保护小镇传统格局、历史风貌，保护不可移动文物，及时修缮历史建筑。不要拆除老房子、砍伐老树以及破坏具有历史印记的地物。

（二）活化非物质文化遗产

充分挖掘利用非物质文化遗产价值，建设一批生产、传承和展示场所，培养一批文化传承人和工匠，避免将非物质文化遗产低俗化、过度商业化。

（三）体现文化与内涵

保护与传承本地优秀传统文化，培育独特文化标识和小镇精神，增加文化自信，避免盲目崇洋媚外，严禁乱起洋名。

各地要按照本通知要求，加强特色小镇规划建设的指导和检查。我部已将是否保持和体现特色作为特色小镇重要认定标准，将定期对已认定特色小镇有关情况进行检查。

中华人民共和国住房和城乡建设部

2017 年 7 月 7 日

（资料来源：住房和城乡建设部网站）

体育总局办公厅关于公布第一批运动休闲
特色小镇试点项目名单的通知

(体群字〔2017〕149 号)

各省、自治区、直辖市体育局,有关直属单位,中国足球协会:

2017 年 5 月 9 日,体育总局办公厅下发《关于推动运动休闲特色小镇建设工作的通知》(体群字〔2017〕73 号),启动了运动休闲特色小镇建设工作。经对各省、自治区、直辖市体育局,体育总局有关直属单位和中国足球协会推荐的运动休闲特色小镇申报项目进行筛选,决定将北京市房山区张坊运动休闲特色小镇等 96 个项目列为第一批运动休闲特色小镇试点项目,现公布项目名单,并就项目建设有关要求通知如下。

一、充分认识做好运动休闲特色小镇试点项目建设的重大意义

建设运动休闲特色小镇,是新型城镇化背景下助推城镇化建设的重要举措,是实施全民健身和健康中国战略背景下发展全民健身事业的重要举措,是供给侧结构性改革背景下发展体育产业的重要举措,是脱贫攻坚背景下推动体育扶贫的重要举措。建设运动休闲特色小镇,是一项开创性工作,无现成经验和模式可循,试点项目将探索运动休闲特色小镇发展路径,为以后运动休闲特色小镇建设提供借鉴、树立样板,意义重大。

二、进一步优化和完善运动休闲特色小镇建设规划

规划是指导运动休闲特色小镇发展的蓝图和优化资源配置的重要工具,运动休闲特色小镇建设规划不同于单项领域的规划,应体现全局性、综合性、战略性和前瞻性。试点项目要在已有工作基础上进一步优化和完善建设规划,坚持"多规合一",统筹考虑人口分布、产业布局、国土空间利用、生态环境保护以及公共服务配套等要素,与国民经济和社会发展规划、土地利用总体规划、环境保护规划、产业发展规划等有机衔接,推动产业、资源、社区等功能性要素实现融合积聚。

三、充分发挥市场主体作用

要摆脱过去城镇化推进过程中以政府出资或垫资为主的"地方债"融资模式,通过金融渠道吸引社会资本。充分调动企业积极性和主动性,积极引进项目建设战略投资主体,通过合法程序将项目委托给担负社会责任、热心体育事业、具有较强实力、不以开发房地产为目的的社会投资主体进行开发,交给专业化团队运营管理。

四、突出体育特色,形成产业链和服务圈

试点项目要突出体育主题,因地制宜地植入山地户外、水上、航空、冰雪等消费引领性强、覆盖面广的室内外运动休闲场地设施,布局多个运动休闲项目,满足不同人群的健身休闲需求。要至少具备一个突出的运动项目特色,在项目设置上与邻近区域其他运动休闲特色小镇有所区别、避免雷同。要把健身休闲和旅游、文化、康养、教育培训等项目融合起来,

形成产业链、服务圈。

五、积极探索体育扶贫新模式

试点项目的建设要努力和扶贫工作相结合,特别是贫困地区的项目要通过向贫困村庄和村民分发股权、提供就业岗位、提供培训服务、搭建当地特色农产品销售平台等方式,带动区域内贫困村庄和居民增加收入,脱贫致富。

六、充分发挥政府引导作用,合法合规、积极稳妥地推进项目建设,防范风险发生

试点项目所在地政府及其部门要牵头制定完善运动休闲特色小镇建设政策规划,建立健全工作机制,统筹协调各方关系,搭建服务平台,做好路水电气等公共基础设施建设,改善公共服务环境,为运动休闲特色小镇建设提供保障。要积极探索不同性质、不同种类土地的开发利用方式,杜绝滥占耕地项目发生。防止项目建设被房地产开发主导,防止在项目建设中过度举债,出现"烂尾楼"、"睡城"、"豆腐渣工程"和"半拉子工程"。

对于试点项目,体育总局将坚持宽进严出、动态管理、宁缺毋滥的原则,组织专业力量加强对项目建设规划编制的指导和把关,整合体育系统的资源予以支持,同时协调中央有关部门完善有关支持政策。对完成运动休闲特色小镇试点任务、达到运动休闲特色小镇试点评定要求的项目,体育总局将认定为"国家运动休闲特色小镇"。

附:第一批运动休闲特色小镇试点项目名单

体育总局办公厅
2017 年 8 月 9 日
(资料来源:国家体育总局网站)

附件

第一批运动休闲特色小镇试点项目名单

序号	省(区、市)及入选数	小镇名称
1	1. 北京(6)	延庆区旧县镇运动休闲特色小镇
2		门头沟区王平镇运动休闲特色小镇
3		海淀区苏家坨镇运动休闲特色小镇
4		门头沟区清水镇运动休闲特色小镇
5		顺义区张镇运动休闲特色小镇
6		房山区张坊镇生态运动休闲特色小镇
7	2. 天津(1)	蓟州区下营镇运动休闲特色小镇
8	3. 河北(6)	廊坊市安次区北田曼城国际小镇
9		张家口市蔚县运动休闲特色小镇
10		张家口市阳原县井儿沟运动休闲特色小镇
11		承德市宽城满族自治县都山运动休闲特色小镇
12		承德市丰宁满族自治县运动休闲特色小镇
13		保定市高碑店市中新健康城·京南体育小镇
14	4. 山西(3)	运城市芮城县陌南圣天湖运动休闲特色小镇
15		大同市南郊区御河运动休闲特色小镇
16		晋中市榆社县云竹镇运动休闲特色小镇
17	5. 内蒙古自治区(2)	赤峰市宁城县黑里河水上运动休闲特色小镇
18		呼和浩特市新城区保合少镇水磨运动休闲小镇
19	6. 辽宁(3)	营口市鲅鱼圈区红旗镇何家沟体育运动特色小镇
20		丹东市凤城市大梨树定向运动特色体育小镇
21		大连市瓦房店市将军石运动休闲特色小镇
22	7. 吉林(2)	延边州安图县明月镇九龙社区运动休闲特色小镇
23		梅河口市进化镇中医药健康旅游特色小镇
24	8. 黑龙江(1)	齐齐哈尔市碾子山区运动休闲特色小镇
25	9. 上海(4)	崇明区陈家镇体育旅游特色小镇
26		奉贤区海湾镇运动休闲特色小镇
27		青浦区金泽帆船运动休闲特色小镇
28		崇明区绿华镇国际马拉松特色小镇

续表

序号	省(区、市)及入选数	小镇名称
29	10. 江苏(4)	扬州市仪征市枣林湾运动休闲特色小镇
30		徐州市贾汪区大泉街道体育健康小镇
31		苏州市太仓市天镜湖电竞小镇
32		南通市通州区开沙岛旅游度假区运动休闲特色小镇
33	11. 浙江(3)	衢州市柯城区森林运动小镇
34		杭州市淳安县石林港湾运动小镇
35		金华市经开区苏孟乡汽车运动休闲特色小镇
36	12. 安徽(3)	六安市金安区悠然南山运动休闲特色小镇
37		池州市青阳县九华山运动休闲特色小镇
38		六安市金寨县天堂寨大象传统运动养生小镇
39	13. 福建(3)	泉州市安溪县龙门镇运动休闲特色小镇
40		南平市建瓯市小松镇运动休闲特色小镇
41		漳州市长泰县林墩乐动谷体育特色小镇
42	14. 江西(3)	上饶市婺源县珍珠山乡运动休闲特色小镇
43		九江市庐山西海射击温泉康养运动休闲小镇
44		赣州市大余县丫山运动休闲特色小镇
45	15. 山东(5)	临沂市费县许家崖航空运动小镇
46		烟台市龙口市南山运动休闲小镇
47		潍坊市安丘市国际运动休闲小镇
48		日照奥林匹克水上运动小镇
49		青岛市即墨市温泉田横运动休闲特色小镇
50	16. 河南(3)	信阳市鸡公山管理区户外运动休闲小镇
51		郑州市新郑龙西体育小镇
52		驻马店市确山县老乐山北泉运动休闲特色小镇
53	17. 湖北(6)	荆门市漳河新区爱飞客航空运动休闲特色小镇
54		宜昌市兴山县高岚户外运动休闲特色小镇
55		孝感市孝昌县小悟乡运动休闲特色小镇
56		孝感市大悟县新城镇运动休闲特色小镇
57		荆州市松滋市洈水运动休闲小镇
58		荆门市京山县网球特色小镇

续表

序号	省(区、市)及入选数	小镇名称
59	18. 湖南(5)	益阳市东部新区鱼形湖体育小镇
60		长沙市望城区千龙湖国际休闲体育小镇
61		长沙市浏阳市沙市镇湖湘第一休闲体育小镇
62		常德市安乡县体育运动休闲特色小镇
63		郴州市北湖区小埠运动休闲特色小镇
64	19. 广东(5)	汕尾市陆河县新田镇联安村运动休闲特色小镇
65		佛山市高明区东洲鹿鸣体育特色小镇
66		湛江市坡头区南三镇运动休闲特色小镇
67		梅州市五华县横陂镇运动休闲特色小镇
68		中山市国际棒球小镇
69	20. 广西壮族自治区(4)	河池市南丹县歌娅思谷运动休闲特色小镇
70		防城港市防城区"皇帝岭-欢乐海"滨海体育小镇
71		南宁市马山县古零镇攀岩特色体育小镇
72		北海市银海区海上新丝路体育小镇
73	21. 海南(2)	海口市观澜湖体育健康特色小镇
74		三亚市潜水及水上运动特色小镇
75	22. 重庆(4)	彭水苗族土家族自治县-万足水上运动休闲特色小镇
76		渝北区际华园体育温泉小镇
77		南川区太平场镇运动休闲特色小镇
78		万盛经开区凉风"梦乡村"关坝垂钓运动休闲特色小镇
79	23. 四川(4)	达州市渠县龙潭乡賨人谷运动休闲特色小镇
80		广元市朝天区曾家镇运动休闲特色小镇
81		德阳市罗江县白马关运动休闲特色小镇
82		内江市市中区永安镇尚腾新村运动休闲特色小镇
83	24. 贵州(2)	遵义市正安县中观镇户外体育运动休闲特色小镇
84		黔西南州贞丰县三岔河运动休闲特色小镇
85	25. 云南(4)	迪庆州香格里拉市建塘体育休闲小镇
86		红河州弥勒市可邑运动休闲特色小镇
87		曲靖市马龙县旧县高原运动休闲特色小镇
88		昆明市安宁市温泉国际网球小镇
89	26. 西藏自治区(1)	林芝市巴宜区鲁朗运动休闲特色小镇

续表

序号	省(区、市)及入选数	小镇名称
90		宝鸡市金台区运动休闲特色小镇
91	27. 陕西(3)	商洛市柞水县营盘运动休闲特色小镇
92		渭南市大荔县沙苑运动休闲特色小镇
93	28. 甘肃(1)	兰州市皋兰县什川镇运动休闲特色小镇
94	29. 青海(1)	海南藏族自治州共和县龙羊峡运动休闲特色小镇
95	30. 宁夏回族自治区(1)	银川市西夏区苏峪口滑雪场小镇
96	31. 新疆维吾尔自治区(1)	乌鲁木齐市乌鲁木齐县水西沟镇体育运动休闲小镇

（资料来源：国家体育总局网站）

国家发展改革委 国土资源部 环境保护部 住房城乡建设部关于规范推进特色小镇和特色小城镇建设的若干意见

（发改规划〔2017〕2084号）

各省、自治区、直辖市人民政府，新疆生产建设兵团：

特色小镇是在几平方公里土地上集聚特色产业、生产生活生态空间相融合、不同于行政建制镇和产业园区的创新创业平台。特色小城镇是拥有几十平方公里以上土地和一定人口经济规模、特色产业鲜明的行政建制镇。近年来，各地区各有关部门认真贯彻落实党中央国务院决策部署，积极稳妥推进特色小镇和小城镇建设，取得了一些进展，积累了一些经验，涌现出一批产业特色鲜明、要素集聚、宜居宜业、富有活力的特色小镇。但在推进过程中，也出现了概念不清、定位不准、急于求成、盲目发展以及市场化不足等问题，有些地区甚至存在政府债务风险加剧和房地产化的苗头。为深入贯彻落实党中央国务院领导同志重要批示指示精神，现就规范推进各地区特色小镇和小城镇建设提出以下意见。

一、总体要求

（一）指导思想

深入学习贯彻党的十九大精神，以习近平新时代中国特色社会主义思想为指导，坚持以人民为中心，坚持贯彻新发展理念，把特色小镇和小城镇建设作为供给侧结构性改革的重要平台，因地制宜、改革创新，发展产业特色鲜明、服务便捷高效、文化浓郁深厚、环境美丽宜人、体制机制灵活的特色小镇和小城镇，促进新型城镇化建设和经济转型升级。

（二）基本原则

坚持创新探索。 创新工作思路、方法和机制，着力培育供给侧小镇经济，努力走出一条特色鲜明、产城融合、惠及群众的新路子，防止"新瓶装旧酒""穿新鞋走老路"。

坚持因地制宜。 从各地区实际出发，遵循客观规律，实事求是、量力而行、控制数量、提高质量，体现区域差异性，提倡形态多样性，不搞区域平衡、产业平衡、数量要求和政绩考核，防止盲目发展、一哄而上。

坚持产业建镇。 立足各地区要素禀赋和比较优势，挖掘最有基础、最具潜力、最能成长的特色产业，做精做强主导特色产业，打造具有核心竞争力和可持续发展特征的独特产业生态，防止千镇一面和房地产化。

坚持以人为本。 围绕人的城镇化，统筹生产生活生态空间布局，提升服务功能、环境质量、文化内涵和发展品质，打造宜居宜业环境，提高人民获得感和幸福感，防止政绩工程和形象工程。

坚持市场主导。 按照政府引导、企业主体、市场化运作的要求，创新建设模式、管理方式和服务手段，推动多元化主体同心同向、共建共享，发挥政府制定规划政策、搭建发展平台等作用，防止政府大包大揽和加剧债务风险。

二、重点任务

（三）准确把握特色小镇内涵

各地区要准确理解特色小镇内涵特质,立足产业"特而强"、功能"聚而合"、形态"小而美"、机制"新而活",推动创新性供给与个性化需求有效对接,打造创新创业发展平台和新型城镇化有效载体。不能把特色小镇当成筐、什么都往里装,不能盲目把产业园区、旅游景区、体育基地、美丽乡村、田园综合体以及行政建制镇戴上特色小镇"帽子"。各地区可结合产业空间布局优化和产城融合,循序渐进发展"市郊镇""市中镇""园中镇""镇中镇"等不同类型特色小镇;依托大城市周边的重点镇培育发展卫星城,依托有特色资源的重点镇培育发展专业特色小城镇。

（四）遵循城镇化发展规律

浙江特色小镇是经济发展到一定阶段的产物,具备相应的要素和产业基础。各地区发展很不平衡,要按规律办事,树立正确政绩观和功成不必在我的理念,科学把握浙江经验的可复制和不可复制内容,合理借鉴其理念方法、精神实质和创新精神,追求慢工出细活出精品,避免脱离实际照搬照抄。特别是中西部地区要从实际出发,科学推进特色小镇和小城镇建设布局,走少而特、少而精、少而专的发展之路,避免盲目发展、过度追求数量目标和投资规模。

（五）注重打造鲜明特色

各地区在推进特色小镇和小城镇建设过程中,要立足区位条件、资源禀赋、产业积淀和地域特征,以特色产业为核心,兼顾特色文化、特色功能和特色建筑,找准特色、凸显特色、放大特色,防止内容重复、形态雷同、特色不鲜明和同质化竞争。聚焦高端产业和产业高端方向,着力发展优势主导特色产业、延伸产业链、提升价值链、创新供应链,吸引人才、技术、资金等高端要素集聚,打造特色产业集群。

（六）有效推进"三生融合"

各地区要立足以人为本,科学规划特色小镇的生产、生活、生态空间,促进产城人文融合发展,营造宜居宜业环境,提高集聚人口能力和人民群众获得感。留存原住居民生活空间,防止将原住居民整体迁出。增强生活服务功能,构建便捷"生活圈"、完善"服务圈"和繁荣"商业圈"。提炼文化经典元素和标志性符号,合理应用于建设运营及公共空间。保护特色景观资源,将美丽资源转化为"美丽经济"。

（七）厘清政府与市场边界

各地区要以企业为特色小镇和小城镇建设主力军,引导企业有效投资、对标一流、扩大高端供给,激发企业家创造力和人民消费需求。鼓励大中型企业独立或牵头打造特色小镇,培育特色小镇投资运营商,避免项目简单堆砌和碎片化开发。发挥政府强化规划引导、营造制度环境、提供设施服务等作用,顺势而为、因势利导,不要过度干预。鼓励利用财政资金联合社会资本,共同发起特色小镇建设基金。

（八）实行创建达标制度

各地区要控制特色小镇和小城镇建设数量,避免分解指标、层层加码。统一实行宽进严定、动态淘汰的创建达标制度,取消一次性命名制,避免各地区只管前期申报、不管后期发展。

(九)严防政府债务风险

各地区要注重引入央企、国企和大中型民企等作为特色小镇主要投资运营商,尽可能避免政府举债建设进而加重债务包袱。县级政府综合债务率超过100％的风险预警地区,不得通过融资平台公司变相举债立项建设。统筹考虑综合债务率、现有财力、资金筹措和还款来源,稳妥把握配套设施建设节奏。

(十)严控房地产化倾向

各地区要综合考虑特色小镇和小城镇吸纳就业和常住人口规模,从严控制房地产开发,合理确定住宅用地比例,并结合所在市县商品住房库存消化周期确定供应时序。适度提高产业及商业用地比例,鼓励优先发展产业。科学论证企业创建特色小镇规划,对产业内容、盈利模式和后期运营方案进行重点把关,防范"假小镇真地产"项目。

(十一)严格节约集约用地

各地区要落实最严格的耕地保护制度和最严格的节约用地制度,在符合土地利用总体规划和城乡规划的前提下,划定特色小镇和小城镇发展边界,避免另起炉灶、大拆大建。鼓励盘活存量和低效建设用地,严控新增建设用地规模,全面实行建设用地增减挂钩政策,不得占用永久基本农田。合理控制特色小镇四至范围,规划用地面积控制在3平方公里左右,其中建设用地面积控制在1平方公里左右,旅游、体育和农业类特色小镇可适当放宽。

(十二)严守生态保护红线

各地区要按照《关于划定并严守生态保护红线的若干意见》要求,依据应划尽划、应保尽保原则完成生态保护红线划定工作。严禁以特色小镇和小城镇建设名义破坏生态,严格保护自然保护区、文化自然遗产、风景名胜区、森林公园和地质公园等区域,严禁挖山填湖、破坏山水田园。严把特色小镇和小城镇产业准入关,防止引入高污染高耗能产业,加强环境治理设施建设。

三、组织实施

(十三)提高思想认识

各地区要深刻认识特色小镇和小城镇建设的重要意义,将其作为深入推进供给侧结构性改革的重要平台,以及推进经济转型升级和新型城镇化建设的重要抓手,切实抓好组织实施。

(十四)压实省级责任

各省级人民政府要强化主体责任意识,按照本意见要求,整合各方力量,及时规范纠偏,调整优化实施方案、创建数量和配套政策,加强统计监测。

(十五)加强部门统筹

充分发挥推进新型城镇化工作部际联席会议机制的作用,由国家发展改革委牵头,会同国土资源、环境保护、住房城乡建设等有关部门，共同推进特色小镇和小城镇建设工作，加强对各地区的监督检查评估。国务院有关部门对已公布的两批 403 个全国特色小城镇、96 个全国运动休闲特色小镇等，开展定期测评和优胜劣汰。

（十六）做好宣传引导

发挥主流媒体舆论宣传作用，持续跟踪报道建设进展，发现新短板新问题，总结好样板好案例，形成全社会关注关心的良好氛围。

国家发展改革委
国 土 资 源 部
环 境 保 护 部
住房城乡建设部
2017 年 12 月 4 日
（资料来源：国家发展改革委网站）

赵勇同志在全国运动休闲特色小镇
建设工作培训会上的讲话

（2017 年 8 月 16 日，贵州贞丰）

同志们，朋友们：

这次培训会是国家体育总局党组同意召开的，仲文局长亲自审定了第一批运动休闲特色小镇试点项目名单和会议方案，对建设好运动休闲特色小镇提出了明确要求。举办这次培训会的目的，就是深入学习贯彻习近平总书记系列重要讲话精神和治国理政新理念、新思想、新战略，特别是关于体育工作的重要论述，明确任务，明晰政策，对运动休闲特色小镇建设进行动员和部署。

刚才，何力副省长作了很好的讲话。这次来贵州感受很深。一是感受到贵州是体育旅游的天堂，在开展山地户外运动方面具有独特优势和魅力，人们来到贵州就如同在山水中行走，在历史中穿行，美轮美奂，使人如痴如醉，在这里健身休闲，效果不可比拟；二是感受到贵州省委省政府对体育旅游高度重视，省委书记、省长孙志刚同志从贵州长远发展、脱贫攻坚、民生福祉的战略高度亲自谋划，亲自推动；三是感受到贵州在建设运动休闲特色小镇方面积累了有益经验。今天的会是动员会、培训会，也是现场会。大家身临其境，一定会受到贵州山地户外运动和运动休闲特色小镇建设工作的感染、冲击和鼓舞。下面，借这个机会，我就如何扎实推进运动休闲特色小镇建设，开创体育事业发展新局面讲几点意见。

一、从战略和全局的高度充分认识建设运动休闲特色小镇的重要意义

党的十八大以来，习近平总书记就体育工作发表了一系列重要讲话，作出一系列批示和指示，形成了关于体育工作的战略思想。总书记深刻阐述了体育强中国强，体育强国梦与中华民族伟大复兴的中国梦息息相关这一体育发展的战略定位；深刻阐述了体育要着眼于提高人民的健康水平和生活品质，实现人民对幸福生活的追求这一体育发展的战略方针；深刻阐述了我国要向世界体育强国看齐，由体育大国迈向体育强国这一体育发展的战略目标；深刻阐述了竞技体育和群众体育要全面协调发展，全民健身和全民健康要深度融合这一体育发展的战略思路；深刻阐述了改革创新是体育发展的根本动力，要加快和深化体育改革这一体育发展的战略举措。习近平总书记的体育战略思想集中到一点，就是要发展以人民为中心的体育，为全体人民造福。我们要认真学习、深刻领会、努力实践习近平总书记的体育战略思想。今天，我们在这里举办培训会，推动运动休闲特色小镇建设，就是落实总书记的体育战略思想、发展以人民为中心的体育的生动实践。

（一）建设运动休闲特色小镇是促进新型城镇化的重要举措

运动休闲特色小镇"特"就特在有特色的体育产业，有特色的旅游，有特色的文化，"小"就是"小而精"，规模适度。运动休闲特色小镇非建制镇，比建制镇还小，是一个生态环境良好，生产、生活、配套服务设施相对齐全的新型社区。党的十八大提出坚持走中国特色的新

型工业化、信息化、城镇化、农业现代化的"四化同步"道路。新型城镇化的"新"核心有两条，一是新在大格局，就是大城市群，大城市、中等城市、小城市和小城镇协调发展；二是新在人的城镇化，通过城镇化实现人的现代化。目前，随着城市开发区建设造成城市聚集更多的生产功能，小城镇生产功能不断弱化，生活功能却在强化。建设运动休闲特色小镇就是顺应这一趋势，解决我国农民的就地城镇化和城市人的逆都市化问题，强化特色小镇所具有的生活功能，疏解城市发展压力，促进农村地区经济社会快速发展，缩小城乡二元差距，推动破解城乡二元结构难题。

（二）建设运动休闲特色小镇，是促进全民健身国家战略实施的重要举措

实施全民健身国家战略是一场健康革命、一场生活方式的革命。当前，面对广大人民群众日益增长的体育健身需求，政府所能提供的体育健身设施、科学健身指导服务还远远不够。运动休闲特色小镇是全民健身新平台，它以体育为主题，具备30个以上运动休闲项目，能够形成运动休闲项目群，满足以家庭为单位人群的健身休闲需求，吸引广大群众从手机上下来，从酒桌、牌桌上下来，到阳光下去，到运动场去，让体育全方位融入人民群众的日常生活，使全民健身成为人们的生活方式和自觉行动。建设运动休闲特色小镇，能够调动各级政府、社会力量广泛参与，加速推动形成全社会参与的全民健身工作格局；能够进一步彰显全民健身在引导形成健康生活方式、提高人民健康水平方面的功能与价值，提升广大群众的获得感和幸福感。

（三）建设运动休闲特色小镇，是促进体育产业发展和体育供给侧结构性改革的重要举措

当前，我国经济发展处于新常态中，经济保持中高速增长、稳步迈向中高端水平。未来增长速度更快、增长质量更高的新经济周期的形成，要靠供给侧结构性改革，靠新动能、新产业、新需求。运动休闲特色小镇就是体育旅游综合体，能够把体育和旅游融合起来，产生裂变效应，创造新供给，形成新产业链。人们在周末、节假日到运动休闲特色小镇参与运动，可以促进消费、扩大内需，吸引长效投资，带动小镇所在区域体育、健康及相关产业发展，推动形成各具特色的运动休闲产业聚集区，形成与当地经济社会相适应、良性互动的全民健身和运动休闲产业发展格局，形成辐射带动效应，为城镇经济社会发展增添新动能。

（四）建设运动休闲特色小镇，是促进脱贫攻坚和区域经济发展的重要举措

体育在服务脱贫攻坚方面具有独特优势。许多贫困地区山青水秀，生态环境良好，旅游资源丰富，具备建设运动休闲特色小镇的潜力和条件。在这些地方，运动休闲特色小镇的建设可聚集先进生产要素，成为一个经济增长极，发展到一定程度后再将先进生产要素扩散开来，带动这个地区经济社会发展，增加就业岗位和居民收入。目前建设的贞丰三岔河等一些运动休闲特色小镇，已在助力脱贫攻坚方面产生了积极作用：一方面，小镇所在区域的农民可出租土地、房屋拿租金，入股企业分股金，在小镇打工拿薪金，变成"三金"农民；另一方面，小镇所在区域的农民包括贫困农民身心更加健康，大大减少了因病致贫的可能。

因此，我们要梳理"大体育"观，摒弃金牌至上的错误观念，从经济社会发展大局出发，从人民群众根本利益着力，把运动休闲特色小镇建设抓紧、抓实，抓出一片新天地。

二、遵循运动休闲特色小镇发展规律，把小镇建成梦里小镇、运动小镇、健康小镇和幸福小镇

运动休闲特色小镇有产业，有城镇，还有人文，是产、城、人三位一体的复合型载体。运动休闲特色小镇有自身的发展规律。运动休闲特色小镇建设在起步阶段特别要注意开好头，走对路，若走偏就会形成误导，被社会诟病，甚至夭折。遵循运动休闲特色小镇发展规律，就是要把握以下八个方面的关键环节，把小镇打造成独具魅力、充满活力、可持续发展、具有核心竞争力的地方，打造成梦里小镇、运动小镇、健康小镇和幸福小镇。

（一）科学确定运动休闲特色小镇选址范围

运动休闲特色小镇要选在城市周边，选在景区周边，选在交通干线周边，临近高速公路出口、高铁站、机场，便于城乡居民就近健身休闲，满足城里人逆都市化需求和家庭出行方便，如自驾游、进行房车露营等。与其他特色小镇相比，运动休闲特色小镇的范围和面积更大。要有5～6平方公里的核心区，在核心区内可设立20个左右运动休闲项目；要有拓展辐射区，利用核心区及其周围的水面、山地发展水上运动、山地户外运动和航空运动等项目，将30个以上的运动休闲项目摆开。辐射区内不能有化工厂、水泥厂等高污染企业。

（二）精心打造运动休闲特色小镇体育产业链

体育产业是运动休闲特色小镇的核心，运动休闲特色小镇特就特在体育产业。建设运动休闲特色小镇主要是搞"体育＋"，不是"＋体育"，即体育加旅游、体育加文化、体育加健康、体育加养老、体育加装备等，形成体育竞赛表演、体育健身休闲、体育旅游、体育培训与教育、体育传媒与信息服务、体育用品制造等体育产业和产业链。要突出体育主题，因地制宜植入山地户外、水上、航空、冰雪等消费引领性强、覆盖面广的室内外运动休闲场地设施，布局多个运动休闲项目，满足不同人群的健身休闲需求。每个小镇至少要有一个突出的运动休闲项目特色，在项目设置上与邻近区域其他运动休闲特色小镇有所区别、避免出现雷同，不搞同质竞争，避免生搬硬套，即便有相似的运动项目，也要因地制宜、错位发展，形成各具特色的以家庭为消费单位，以体育为核心内容，以吃住行、游购娱、运健学为综合服务，以市场机制为保障的体育旅游综合体。在建设体育旅游综合体方面，体育总局已和贵州省政府达成一致，通过重点打造六类体育旅游综合体推进贵州省体育旅游示范区建设：一是把城市的大型商场打造成城市体育旅游综合体；二是把景区打造成体育旅游综合体；三是把开发区闲置空间打造成体育旅游综合体；四是把体育系统所属体育场馆打造成体育旅游综合体；五是把运动休闲特色小镇打造成体育旅游综合体；六是把连片美丽乡村打造成体育旅游综合体。各地都要按照这样的思路统筹推进。

（三）保证运动休闲特色小镇有效投资

运动休闲特色小镇的建设要广开门路，积极引进战略投资者，通过合法程序，将建设项目委托给富有社会责任感、热心体育事业、具有较强实力、不以开发房地产为目的的社会投资主体进行投资开发。要保证运动休闲特色小镇在三年内基本建成，保证投资达到人民币20亿元以上，其中体育产业方面的投资要达到50%左右。要注意甄别资本市场投机行为，防止运动休闲特色小镇建设成为房地产开发项目，甚至搞成半拉子工程。

（四）将高端要素聚集到运动休闲特色小镇

运动休闲特色小镇不同于黄酒小镇、袜业小镇，它是一个人文小镇，人是最核心的要素。体育经济是体验经济、粉丝经济。要注意聚集高端要素，将运动休闲特色小镇建成造梦和圆梦之地。高端要素包括多个方面，包括：要有人文和人才，有赛事表演专业人才、特色小镇经营管理人才，打造小镇体育明星，增强小镇吸引力；要有运动项目培训学校，青岛航海运动学校、安阳航空运动学校以及运动项目协会可选择合适的小镇建培训基地，推广航海、航空运动，包括船艇、热气球、跳伞、滑翔等运动休闲项目；要有运动医学医院，在医院可开展运动损伤康复治疗，并能提供中医、水疗、针灸、智能化体质检测等相关服务。

（五）紧扣脱贫攻坚和区域经济发展

从运动休闲特色小镇的规划设计和产业布局开始，就要考虑如何在体制机制上让农民变成"三金农民"，如何让百姓分享成果、享受幸福。要努力探索体育扶贫新模式，将运动休闲特色小镇建设和扶贫工作相结合，特别是贫困地区的项目要通过向贫困村庄和村民分发股权、提供就业岗位、提供培训服务、搭建当地特色农产品销售平台等方式，带动区域内贫困村庄和居民增加收入、摆脱贫困，促进区域经济发展。要努力打造旅游目的地和"高颜值"小镇，推动小镇体育旅游、体育传媒、体育会展、体育广告、体育影视等相关业态同步发展，实现运动休闲与旅游、文化、养老、教育、健康、农业、林业、水利、通用航空、交通运输等业态融合发展。

（六）注重运动休闲特色小镇建设形态

运动休闲特色小镇绝不能搞成千镇一面。各地政府从小镇的规划设计开始，就要把好关口，将小镇建成生态良好、富有人文气息的梦里小镇，将小镇打造成世外桃源。要在开发中保护，在保护中开发，杜绝滥占耕地、破坏生态环境的项目发生。原则上，不动山不砍树，依山傍水地建设小镇，用曲径通幽的路网将各种运动休闲设施、配套服务设施连接起来，不必将各种设施集中在一起。小镇里可建一些适合家庭住的四合院、庄园等房地产，要做出品位、做出特色。决不能找一片地方，把山铲平，将树砍倒，然后盖上若干火柴盒般的房子，留下一堆建筑垃圾。决不能在山青水秀的地方建上几栋大楼卖房子，再象征性地建一些运动设施。

（七）开设运动休闲小镇特色服务

建设运动休闲特色小镇不是简单地找一块地方，建几个运动场，修几条路，搞一条登山步道，而是要提供丰富的具有个性化的特色服务。特色服务的种类很多，在国民体质检测服务方面，为每一个到小镇来的客人进行体质检测，建立体质档案，把有关体质指标记录下来，再上传到共享健身中心，对其体质状况进行跟踪监测评估；在科学健身指导服务方面，配置健身教练，开展健身培训，开设科学健身讲堂，提供体验式服务；在体育文化服务方面，每个小镇都要有属于自己的文化标识，将文化基因植入运动休闲特色小镇建设全过程，挖掘培育创新文化、历史文化、山水文化、体育文化，汇集人文资源，形成"人无我有"的运动休闲特色小镇文化，让群众在小镇享受精彩的体育影视、体育竞赛表演等服务，留下难忘的文化印象。

（八）创新运动休闲特色小镇运作方式

科学有效的运作方式，是保障运动休闲特色小镇持续健康发展的关键。要坚持政府引导、企业主体、市场化运作和专业化经营。对于纳入盘子的每个运动休闲特色小镇试点项目，体育总局将先支持300万元，用于建设健身设施、开展体育赛事活动。地方政府也要对小镇建设给予资金支持，建好必要的公共基础设施。每个特色小镇要至少有一个战略投资者，包括开展体育赛事运作、体育场地设施建设管理等方面的投资者。要坚持市场化运作，形成能够盈利、可持续发展的商业模式。要坚持专业化经营，将运动休闲特色小镇交给专业化团队、连锁经营公司去运营管理，充分利用人工智能、大数据等手段，实现不同小镇之间的资源共享。

三、以钉钉子精神和工匠精神扎实推进运动休闲特色小镇建设

建设运动休闲特色小镇，是一项开创性工作，充分体现了小镇大战略，充分体现了体育人的大局意识、服务意识。抓这项工作契合了当前我国经济社会发展新要求，抓到了人民心坎上，抓到了地方党政领导心坎上。这项工作的开展具有长期性和复杂性，不能一蹴而就，不能沿用老思路、老办法，必须在探索中实践、在创新中完善。要用钉钉子的精神、工匠精神，三年磨一剑、十年磨一剑，脚踏实地地开展每一项建设，将运动休闲特色小镇项目做成百年精品。

（一）抓好统筹协调

运动休闲特色小镇的资源配置涉及体育系统等方方面面，要在全民健身工作联席会议的框架下，协调住建、发改、财政等相关部门齐抓共管。为协调解决运动休闲特色小镇建设有关工作，体育总局成立了由有关职能司局、运动项目管理中心参加的运动休闲特色小镇建设工作领导协调机制。体育总局将充分依托国务院全民健身工作部际联席会议制度，用好运动休闲特色小镇建设工作领导协调机制，完善小镇建设工作顶层设计，研究出台运动休闲特色小镇试点项目评估和验收标准，在中央部委层面推动运动休闲特色小镇建设。试点项目所在地政府要健全完善运动休闲特色小镇建设工作推进机制，建立政府领导挂帅的工作领导小组，明确责任部门，制定完善运动休闲特色小镇建设政策规划，统筹协调各方关系，形成工作合力。

（二）抓好规划设计

规划是指导运动休闲特色小镇发展的蓝图和优化资源配置的基础，建设运动休闲特色小镇要坚持规划先行。运动休闲特色小镇建设规划，不同于单项领域的规划，应充分体现全局性、综合性、战略性和前瞻性，坚持"多规合一"，统筹考虑当地人口分布、产业布局、国土空间利用、生态环境保护以及公共服务配套等要素，与当地国民经济和社会发展规划、土地利用总体规划、环境保护规划、产业发展规划有机衔接。这次培训会我们把一些规划团队请了来，也展示了一些规划。这些规划在96个试点项目里做的比较好，但并非尽善尽美。运动休闲特色小镇各试点项目要依托一流的设计团队，以一流的规划设计理念，围绕特色、遵循规律做好规划设计。小镇的核心区、拓展辐射区要有总体规划，也要有专项规划，包括30个运动项目的专项规划、园林绿化规划、道路规划，每一个单体项目也要有控制性详细规划。从一开始就要将规划做完整，绝不能划一片土地，社会投资者进来想怎么建就怎么建，最后建成的东西不伦不类。对于纳入第一批试点的96个项目规划，要经国家体育总局运动休闲特色小镇建设工作领导小组和专家委员会审定之后才能破土动工。

（三）抓好瓶颈破解

当前运动休闲特色小镇建设在土地利用、资金筹措、人才培养等方面存在瓶颈问题，需要体育总局和地方各级政府共同努力，花大力气进行探索，寻求突破。体育总局将积极协调、会同有关部委研究解决此类问题。试点项目要切实承担起项目实施主体责任。对于土地问题，要因地制宜地争取多种方式来解决，如在新增建设用地计划中对小镇建设予以倾斜支持，在用地指标上进行奖惩，城乡建设用地指标进行增减挂钩，充分利用低丘缓坡、滩涂资源和存量建设用地，矿废弃地复垦利用和城镇低效用地再开发。在小镇核心区要保证有足够的建设用地，在小镇拓展辐射区要用好现代农业园区建设、山地开发及土地占补平衡等政策。对于资金筹措问题，要摆脱过去城镇化推进过程中以政府出资或垫资为主的"地方债"融资模式，通过金融渠道吸引社会资本。体育总局将探索搭建运动休闲特色小镇融资平台，协调各方投资主体，为地方政府项目融资提供支持。体育总局已和国家开发银行达成协议，还将协调其他几家银行，争取推出运动休闲特色小镇建设打包贷款政策。体育总局还将积极协调财政部门，通过贷款贴息、支持成立小镇建设基金等方式对小镇建设给予支持。对于人才培养问题，各地要抓紧发现和培养关于运动休闲特色小镇建设管理的专业人才，特别是既懂体育又懂产业的人才。体育总局有关职能司局要加大人才培养工作力度，定期组织举办运动休闲特色小镇规划建设及管理运营培训，培养规划设计、运营、赛事管理、运动医疗、体质检测等方面的人才。

（四）抓好资源整合

地方政府要做好公共基础设施建设，帮助解决水通、路通、电通、WiFi通，整合当地相关资源，搭建服务平台，改善公共服务环境。体育总局各运动项目管理中心、各运动项目协会要充分发挥自身的运动项目资源优势，结合小镇特点，针对小镇体育设施建设及赛事活动需求，为小镇提供体育设施规划建设、运营管理等方面的技术指导和咨询服务，主动把赛事资源优先配置到特色小镇，对小镇赛事活动开展给予支持，帮助每个小镇形成一项以上品牌体育赛事活动。总局各中心、各协会都要包贫困地特色小镇实施重点帮扶，不脱贫不脱钩。各省（区、市）体育局、试点项目所在地人民政府及其有关部门，也要充分利用自身的各类资源，集中力量支持小镇建设。

（五）抓好示范引领

体育总局在推动运动休闲特色小镇建设方面的总体工作思路是抓试点示范，按照"宽进严出、动态管理、优胜劣汰、验收认定"的原则，遴选一批在区域地理、运动休闲项目类型、体育产业业态等方面具有特点和代表性的小镇项目进行试点，不搞区域平衡。对完成运动休闲特色小镇试点任务、达到运动休闲特色小镇试点评定要求的项目，体育总局将认定为"国家运动休闲特色小镇"。对于试点项目，体育总局将支持自然地理条件优越、政府高度重视、规划建设方案科学可行、工作扎实、行动迅速、能够较快见效的项目树立标杆，树立样板，为以后运动休闲特色小镇的建设提供借鉴。各试点项目要珍惜机会，抢抓机遇，坚持高标准，在保证质量的前提下加快建设速度，重点在发挥体育助推新型城镇化作用、动员社会各方力量发展全民健身事业、形成运动休闲特色产业集群及发展体育产业、推进"体育＋"融合发展、发展运动休闲新社区、推动生态环境修复六个方面进行示范。各省（区、市）体育局一把手及其分管领导，至少都要亲自抓一个示范点，经常去指导，以点带面。体育总局有关职能司局、有关运动项目管理中心负责同志也要亲自抓运动休闲特色小镇联系点,不能当甩手掌柜。

(六)抓好责任落实

运动休闲特色小镇建设是一项系统工程,要层层落实责任。国家体育总局的主要职责是抓规划、出政策、作示范、推典型、破瓶颈。地方政府要创造良好环境,吸引战略投资者,落实土地、税收、财政等政策。地方体育部门要抓协调,整合并配置好各方面资源,提供服务,开展督促检查。运动休闲特色小镇建设专家智库要接地气,经常到小镇去跟踪调研,抓好联系点工作,实时了解各项目进展情况,并针对所存在的问题提出意见和建议。体育总局职能司局要为有关工作开展提供经费等保障,保证各项目的建设不出任何纰漏。

同志们,体育系统的干部特别是群众体育干部要树立新境界,痴迷体育、创新体育、实干体育,打破原有思维定势,把运动休闲特色小镇建设作为深化体育改革、推动体育发展的一个突破口,齐心协力,在体育改革发展领域撕开一条口子,杀出一条血路,开创一个新局面。谢谢大家!

(资料来源:国家体育总局网站)

第四部分

部分运动休闲特色小镇项目简介

北京市延庆区旧县镇运动休闲特色小镇

小镇以"千年旧县 健康小镇"为发展理念,结合"体育＋"模式,依托龙湾、白羊谷等体育公园,发展露营、探险等项目,打造"一横五纵"登山步道。凭借自然优势,举办了各类培训及赛事活动。

北京市门头沟区王平镇运动休闲特色小镇

王平镇通过产业结构的优化升级,逐步形成以户外健身、自驾露营等特色服务业为支撑的产业发展格局。建设包含山地户外、滑雪滑冰、攀岩等体育项目在内的运动休闲特色体育小镇。

北京市海淀区苏家坨镇运动休闲特色小镇

苏家坨镇依托汇通诺尔狂飚乐园打造特色小镇。狂飚乐园现有体育设施包括:卡丁车、高尔夫、真人CS拓展、滑雪场、越野摩托车场等。承接了摩托车越野赛等多项大型体育赛事和各类活动。

北京市门头沟区清水镇运动休闲特色小镇

清水镇拥有丰富的古道资源,灵山、百花山山势落差大,适合开展徒步、滑雪等项目。现积极开发国家步道、山地骑行、汽车营地、达么红叶等多元旅游休闲产品,大力提升沟域旅游服务水平,实现优势互补。

北京市顺义区张镇运动休闲特色小镇

张镇全镇拥有大型休闲健身公园1处,规划登山步道2条、35.5千米,自行车观光道30千米,健身路径达到了100%。镇内莲花山滑雪场、卡丁车赛道等独具特色的体育场地,为举办各类体育赛事提供良好条件。

北京市房山区张坊镇生态运动休闲特色小镇

以政府为主导,引入社会资本,依托房山世界地质公园生态基底,形成"一带""一核""五板块"的整体空间结构,提供以运动类产品体系为龙头带动,以生态康体类产品为补充的两大类产品体系。

天津市蓟州区下营镇运动休闲特色小镇

下营镇是天津市蓟州区优秀旅游小镇,连续举办了17届长城国际马拉松运动会,拥有国际马拉松全程赛道1条,登山健身步道6条。市登山协会已将苦梨峪、前干间两个村列为登山基地。徒步、自行车、滑雪等运动旅游项目方兴未艾。

河北省廊坊市安次区北田曼城国际小镇

小镇围绕"运动"主题,定位"体育＋旅游目的地"为发展运营方向,打造极限运动、水上运动、康复中心等多种生活情境的公共服务体验,创建一个以常年承办国际体育赛事为特色的、聚集健康活力的城市共享综合空间。

河北省张家口市蔚县运动休闲特色小镇

小镇以体育产业为核心,休闲产业为特色,打造体育运动基地。结合小五台山,组建滑翔伞俱乐部等飞行类项目;建设登山健步道和山地自行车赛道;打造冰雪主题小镇;以特色密集山地资源为依托,打造汽车文化主题小镇。

河北省承德市宽城满族自治县都山运动休闲特色小镇

小镇以开发冰雪、自行车、山地户外运动等运动休闲项目为主线,以引进国际体育运动组织总部和创建品牌赛事活动为引擎,以建设特色小镇为核心,全力打造"体育＋"模式的生态体育健康休闲文化产业示范园。

河北省承德市丰宁满族自治县运动休闲特色小镇

丰宁逐步重视"体育＋旅游"产业升级,多次举办马术、自行车等国际赛事活动。建成惠及生态、人民健康的运动休闲特色小镇,带动区域体育、健康及相关产业发展,提高全县经济发展水平。

河北省保定市高碑店市中新健康城·京南体育小镇

小镇地处京津保城市发展三角区核心,将"中国登山训练基地"项目纳入中新健康城,使镇区形成"体育＋旅游"双产业导向的特色小镇。具有国际一流水平的综合极限运动区、大型室内主题乐园等体育设施。

山西省运城市芮城县陌南圣天湖运动休闲特色小镇

采用政府主导,企业运作的模式将圣天湖打造成芮城县乃至运城市的运动休闲基地。目前已建成的运动项目有滑沙、滑草、滑索、沙地摩托、水上摩托、垂钓、射击、蹦极等20多种运动休闲项目。

山西省大同市南郊区御河运动休闲特色小镇

以体育运动专业培训为核心,以赛事承办、体育会议会展为特色的,集健身休闲功能、运动体验功能、旅游及文化展示等功能于一体的城市南部特色体育休闲片区。体育建设设施主要有专业体育培训基地、专业赛事承办场馆及休闲娱乐体育设施。

山西省晋中市榆社县云竹镇运动休闲特色小镇

按照旅游＋体育＋文化＋艺术的发展模式,以云竹镇休闲运动特色小镇开发为着力点,政府与企业联合打造"休闲运动特色小镇"品牌,发展垂钓和自行车为主,滑雪、射击等为辅的体育赛事活动。

内蒙古自治区呼和浩特市新城区保合少镇水磨运动休闲小镇

坚持丰富赛事供给,打造活动品牌,引领健身休闲旅游的发展战略,已延伸出滑雪、自行车、垂钓、风筝、汽摩拉力赛等户外运动旅游项目。现已成功举办多项大型赛事及户外活动。

辽宁省营口市鲅鱼圈区红旗镇何家沟体育运动特色小镇

目前,红旗镇何家沟景区已经形成冬季滑雪、夏季户外拓展运动集训为主的旅游项目群。将以户外探险赛事和室内竞技型赛事等具有吸引力的赛事活动来打造体育运动地标。

辽宁省丹东市凤城市大梨树定向运动特色体育小镇

大梨树景区积极向体育＋旅游模式发展,结合景区资源,将大梨树建设成为适合多种类型山地户外、定向越野、无线电测向和其他科技体育项目活动、比赛的综合型体育＋旅游基地。

吉林省梅河口市进化镇中医药健康旅游特色小镇

进化镇所处世界滑雪黄金纬度带,冬季气温、自然降雪量、存雪期等都比较理想,滑雪与水上项目能够呼应。因此,确定了"体育＋旅游"为业态组合,发展"泛旅游"多产融合理念。

黑龙江省齐齐哈尔市碾子山区运动休闲特色小镇

小镇与北京奥悦合作建设以技巧训练和休闲娱乐为特色的滑雪场及冰雪小镇,依托自然资源优势,建设山地运动赛道,汽车营地和帐篷营地等,并打造了雅鲁河漂流,形成一条独特的体育旅游观光带。

上海市崇明区陈家镇体育旅游特色小镇

陈家镇重点依托上海崇明国家体育训练基地,利用现有自然资源,大力发展路跑、单车、水上、足球、垂钓等户外休闲运动,建设运动设施分为高尔夫、水上运动、奥体运动及自行车四个运动带。

上海市奉贤区海湾镇运动休闲特色小镇

利用现有资源及承办体育赛事的丰富经验,坚持"政府主导、企业主体、市场运作"的原则,以海湾国家森林公园、松声马术等为核心主阵地,实现"体育＋"等发展模式,发挥体育小镇多功能。

上海市崇明国际马拉松特色小镇

小镇形成以路跑运动为主体、水上和自行车等其他运动为补充、体育产业与其他行业产业互通融合的产业结构。休闲运动设施以明珠湖为核心区,以环绕其外的郊野公园为辐射,打造"一带一湖三区"。

江苏省扬州市仪征市枣林湾运动休闲特色小镇

小镇依托仪征市枣林湾生态园创建,现已建成红山体育公园和青马车寨两大基地,拥有滑翔伞、越野卡丁车、马术、真人 CS 镭战、高空滑索等运动项目,并配建成套餐饮住宿设施。

江苏省徐州市贾汪区大泉街道体育健康小镇

大泉街道培育了航空飞行、攀岩、滑雪、航模、漂流等特色体育经营项目。逐步形成了以大景山滑雪公园、督公湖航空飞行房车营地项目、大洞山风之谷户外运动公园等户外休闲体育集聚区。

江苏省苏州市太仓市天镜湖电竞小镇

小镇打造"一轴两核三区"的空间格局,现已集聚电竞企业 28 家,业务覆盖 PC 游戏、手游、游戏节目录制、职业战队联赛运营与视频直播等领域;入驻知名战队 12 个,集聚从业人员约 300 人。

江苏省南通市通州区开沙岛旅游度假区运动休闲特色小镇

南通开沙岛发展总体思路是以乒乓球基地为核心,围绕乒乓球元素打造价值链,延伸体育旅游全产业链,打造集乒乓球赛事、乒乓球主题公园、乒乓球文化旅游、会展乃至基金于一体的综合发展基地。

浙江省衢州市柯城区森林运动小镇

初期目标以森林运动为核心,集运动休闲、旅游健康、大型赛事或活动承办等功能于一体的国家级运动休闲特色小镇。小镇总体布局坚持"有核无边"原则,结构为"一园四带五项目"。

浙江省杭州市淳安县石林港湾运动小镇

石林镇的定位是围绕打造港湾运动小镇,做强水上休闲运动,做特环湖骑游运动、做活山地体验运动,打造水上好运动、陆路好骑游、山上好体验的运动特色小镇。目前,石林是全国水上运动训练的特色基地之一。

安徽省六安市金安区悠然南山运动休闲特色小镇

南山小镇以网球、高尔夫球、羽毛球等小球类运动项目为抓手,打出"小球"体育文化运动六安市体育旅游品牌,形成了以体旅融合为核心的国际化、高端化的体育产业生态圈。

安徽省池州市青阳县九华山运动休闲特色小镇

小镇运动特色主要以茶溪小镇、瑜伽村、九华山健康文化园为主,是国际健身气功培训基地、健身瑜伽营地,多次承办体育总局气功中心主办的各类比赛、会议研讨和国内外培训活动。

安徽省六安市金寨县天堂寨大象传统运动养生小镇

天堂寨运动项目以山地户外运动、亲水休闲运动为主,多次举办相关的体育赛事活动。景区以"养生运动与自然观光旅游"为主题,打造"体医养"三者为一体的宜居、宜养、宜游运动休闲特色小镇。

福建省泉州市安溪县龙门镇运动休闲特色小镇

龙门镇拥有志闽生态旅游区、棒垒球运动基地、天湖高尔夫运动基地和云湖水上项目运动基地。设有滑索、漂流、蹦极、攀岩、定向越野、棒垒球、高尔夫等休闲体育项目。

福建省南平市建瓯市小松镇运动休闲特色小镇

建瓯全民健身活动中心,是目前南平市由社会资本投入体育产业最大的体育休闲基地。

小松镇正准备筹划漂流项目、高山索道等体育项目,并在湖头村完善儿童游乐设施及野外训练基地。

福建省漳州市长泰县林墩乐动谷体育特色小镇

林墩乐动谷体育小镇主要由"三区一带"构成,秉承创新、协调、绿色、开放、共享发展理念全力打造集体育休闲、温泉养生、文化旅游功能于一体运动休闲特色小镇。

江西省上饶市婺源县珍珠山乡运动休闲特色小镇

通过打造山地自行车赛道、越野古道、水上垂钓乐园、皮划艇及龙舟赛基地、房车露营基地、体育馆及配套建设设施等,成为婺西南及赣东北旅游+体育服务市场中的亮点。

江西省九江市庐山西海射击温泉康养运动休闲小镇

小镇是一个集飞碟射击、游泳、羽毛球、水上乐园、瑜伽、太极养生和户外拓展等多种运动于一体,并融合温泉养生、园林景观、康体养生等多种元素的运动休闲主题小镇。

江西省赣州市大余县丫山运动休闲特色小镇

丫山小镇建有3 000人座综合体育馆、国内一流环形自行车泵道、10千米山地自行车越野赛道、13千米骑行(健走)步道、16千米登山道、UTV全地形越野、房车、自行车极限运动赛道、户外拓展训练基地等设施。

山东省烟台市龙口市南山运动休闲小镇

小镇背靠南山旅游景区,建有南山马术俱乐部、南山体育场、高尔夫球场等体育设施。其中"中高协南山国际训练中心"是由国家体育体育总局授权的高尔夫单项训练基地。

山东省潍坊市安丘市国际运动休闲小镇

小镇将棋牌等智慧型项目为特色,内设有棋牌培训中心、国际高智尔球培训中心、太极拳协会等10多个群众体育组织和体育俱乐部,组织承办了多项比赛,成为发展运动休闲、酒文化、健康多位一体的产业新地标。

山东省日照奥林匹克水上运动小镇

小镇依托奥林匹克水上公园,打造了国家国民休闲水上运动中心、国家级夏季水上竞赛训练基地和中国滨海水上运动产业和文化交流中心,并举办了众多国际国内知名的水上比赛。

山东省青岛市即墨市温泉田横运动休闲特色小镇

小镇以大健康产业为核心,将高尔夫、滑翔、马术、帆船等作为主要体育产业,积极实施温泉＋山海岛＋健康养生＋旅游休闲的新模式。打造集运动休闲、健康、旅游、养老等多种功能于一体的产业基地。

河南省信阳市鸡公山管理区户外运动休闲小镇

小镇依托鸡公山主景区,以体育休闲产业作为支柱,以骑行运动为特色,将各类自行车及山地摩托骑行、汽车越野、攀岩、露营、徒步等作为重点项目,大力发展山地户外运动和青少年探索教育。

河南省郑州市新郑龙西体育小镇

小镇以文体产业为核心,以"体育＋"为发展模式,将体育IP赛事中心、文体双创产业园、极限运动广场作为主要运动休闲业态,打造一个宜居、宜业、宜游的中原地区首个运动休闲特色小镇。

河南省驻马店市确山县老乐山北泉运动休闲特色小镇

小镇充分发挥老乐山历史文化、生态资源优势,以传承道教文化、禅养运动休闲为鲜明特色,突出特色文化与生态旅游、运动休闲与健身养生的主题,打造特色文化运动休闲旅游综合体。

湖北省荆门市漳河新区爱飞客航空运动休闲特色小镇

小镇以通用航空飞行活动为核心,以航空运动休闲为特色,以航空器研发制造为基础,集聚通航全产业链,打造了全国首个通用航空综合体。

湖北省孝感市孝昌县小悟乡运动休闲特色小镇

小镇内有一山两湖,形成上游赛事,中游媒体传播和下游衍生体育产业的链条。以"平民式"体育和"体验式"旅游的模式,打造全国体育旅游示范区。

湖北省孝感市大悟县新城镇运动休闲特色小镇

小镇着力建设以山地自行车、山地徒步、马拉松比赛三大主题体育休闲运动地,以自驾车(房车)露营地为主体育度假区,以特色民居、美食为主的体育运动综合服务配套服务区。

湖南省益阳市东部新区鱼形湖体育小镇

小镇重点发展文化创意、生态旅游、体育休闲、特色教育、社会化养老、商业居住等高端产业,规划了生态宜居度假区、保健康体产业区、文化传媒产业区、职业教育培训区等大产业组团。

湖南省长沙市望城区千龙湖国际休闲体育小镇

小镇围绕"体育＋旅游、体育＋农庄、体育＋康养"的战略目标,形成了以体育休闲、湿地休闲、农耕体验、旅游度假、商务会议为一体的生态旅游景区,已完成运动场馆、拓展营地、生态骑行等45处体育相关项目。

湖南省长沙市浏阳市沙市镇湖湘第一休闲体育小镇

小镇培育了体育文化＋旅游体验的产业链,打造以"嵩山森林体育公园"为核心的户外健身体验区、以"赤马湖水上休闲乐园"为核心的水上运动体验区、以"博士村耕读文化体验园"为核心的乡村民俗运动体验区。

广东省汕尾市陆河县新四镇联安村运动休闲特色小镇

小镇以运动休闲培训、体育产品研发、生产、销售和体育活动策划为主营业态,以医疗卫生、休闲旅游、康体养生为辅,打造步道系统和自行车路网等配套休闲设施。

广东省佛山市高明区东洲鹿鸣体育特色小镇

小镇以运动休闲为核心,发展航空飞行运动、山地户外运动,以及足球、龙狮、龙舟、马术等运动,规划布局赛事区、特色体育项目区等,打造集运动、赛事、健身、休闲、度假等为一体的运动休闲主题小镇。

广东省梅州市五华县横陂镇运动休闲特色小镇

横陂镇是球王李惠堂的故乡,具有浓郁的足球运动氛围,小镇通过修缮球王故居、改造球王足球场,建设联长村足球小镇,打造双龙山休闲基地等,营造运动休闲文化氛围,推动运动休闲产业发展。

广东省中山市国际棒球小镇

小镇打造了以棒球竞赛表演、活动运营、人员管理、场地建设等为中心,以棒球健身休闲、教育培训、用品制造等为基础，以棒球科技、医疗康复、棒球会展、棒球影视等为补充的全方位的棒球产业链。

广西壮族自治区河池市南丹县歌娅思谷运动休闲特色小镇

小镇建有自驾游露营区、民族体育园区、大峡谷高负氧离子健身步行道和自行车环道，形成集休闲、运动、养生、养老、户外露营、旅游度假、农业观光采摘、民族民俗文化传承于一体的旅游区。

广西壮族自治区防城港市防城区"皇帝岭-欢乐海"滨海体育小镇

小镇以体育赛事、欢乐体验、医疗健康、文化创意四大产业为核心，以健身娱乐、体育竞赛为主，进引 Challenge Family 铁三挑战赛、国际帆船赛等品牌赛事，带动体育及相关产业的聚集和生长。

广西壮族自治区北海市银海区海上新丝路体育小镇

小镇项目一期以海上丝绸之路文化长廊、森林温泉度假中心、体育运动休闲广场为主，二期规划建设民俗部落观光区、健康管理中心、马术俱乐部、游艇俱乐部、通用航空俱乐部及训练场等高端定制设施。

海南省海口市观澜湖体育健康特色小镇

小镇通过打造国际性高水平的赛事和业余球队赛事，发展体育休闲产业、高尔夫旅游产业、足球产业、篮球产业和青少年运动的普及，成为国际体育赛事和体育交流活动的平台。

重庆市南川区太平场镇运动休闲特色小镇

小镇以山地运动为主线，结合航空运动、户外拓展、房车自驾营地、青少年社会实践、国防教育，将运动健身、旅游观光、生态康养、熔炼团队、体验激情融为一体，打造了一个开放共赢的运动休闲平台。

重庆市万盛经开区凉风"梦乡村"关坝垂钓运动休闲特色小镇

小镇以山水为底本，以电子竞技、垂钓比赛等赛事为热点，以关坝镇侠义历史文化特点为基础，以品牌为目标，打造体育、文化、健康、旅游等多功能为一体的特色小镇。

四川省广元市朝天区曾家镇运动休闲特色小镇

小镇依托曾家镇地形地貌等特点，打造集冰雪、山地户外、越野营地、航空为主的运动休闲特色小镇,现有滑雪、全地形车越野、高空滑索、高空攀岩、滑翔伞、旱滑道、热气球、军事拓展基地等项目。

四川省德阳市罗江县白马关运动休闲特色小镇

小镇立足于罗江县白马关镇,以打造中国西部户外运动基地为目标,建成国家级全地形车(ATV)专业赛场、小球练习场、CS基地、射箭场、卡丁车赛道、拓展训练基地、攀岩训练基地等。

贵州省遵义市正安县中观镇户外体育运动休闲特色小镇

小镇立足原生态环境,突出天楼山滑翔伞运动的产业条件优势,以滑翔伞为核心、以航空运动为特色,打造集中高端体育训练、体育旅游、休闲度假为一体的户外体育运动休闲特色小镇。

贵州省黔西南州贞丰县三岔河运动休闲特色小镇

小镇深入推进体旅结合,建成了双乳峰健身步道、三岔河国际露营基地、三岔河龙舟训练基地等一批体育基础设施,供广大游客和群众开展垂钓、露营、徒步、自行车赛、水上运动等多种体育活动。

云南省迪庆州香格里拉市建塘体育休闲小镇

小镇依托藏民文化和良好的生态环境,发展徒步、骑行、自驾等运动,并举办了中国香格里拉国际铁人两项赛、中国香格里拉五月民族赛马节、香格里拉摩托车障碍赛、香格里拉生态体育公园徒步赛等。

西藏自治区林芝市巴宜区鲁朗运动休闲特色小镇

小镇结合当地旅游资源和民族特色,依托自然地理优势,发展冰雪、山地户外、汽车山地车等运动项目;依托藏族人文资源,发展贡布响箭、骑马、锅庄舞等民族民俗体育文化项目。

陕西省宝鸡市金台区运动休闲特色小镇

小镇以功夫文化、武术产业为特色,将体育、健康、文化、旅游等有机结合,规划建设包含中国及世界功夫流派展示区、户外休闲体验基地、大众体育公园、水上运动基地、国际安养基地等功能区域。

陕西省商洛市柞水县营盘运动休闲特色小镇

小镇以终南山寨(居)民俗文化村为核心,重点建设有青少年户外活动营地、终南山寨-特色休闲运动体验区、森林运动体验基地、农耕文化体验基地等休闲运动项目。

陕西省渭南市大荔县沙苑运动休闲特色小镇

小镇以独具特色的沙漠自然景观为依托,整合"八百里秦川全民健身长廊"大荔段、世纪明德大荔国际研学营地等,打造集赛事运营、全民健身、文化传播、健康养老等功能为一体的"5A级"体育旅游区。

甘肃省兰州市皋兰县什川镇运动休闲特色小镇

小镇以冰雪运动为特色,建有龙山滑雪场,配套设施齐全,且具备举行国内及国际大型单板比赛的U型池,是集高山滑雪、越野滑雪、自由式滑雪、休闲娱乐为一体的综合性滑雪主题小镇。

青海省海南藏族自治州共和县龙羊峡运动休闲特色小镇

小镇结合龙羊峡镇区,配套建设全民健身中心场馆、高原运动文化体验馆等;结合黄河峡谷以及龙羊峡库区的水面区域,形成水上运动带,以垂钓、游泳、水上摩托、皮划艇等运动为主。

华体集团有限公司简介

华体集团有限公司是中国奥委会控股的国有体育产业集团公司,成立于1993年,注册资金2.7亿元。华体集团有限公司专注于体育产业,投资控股、参股10多家分支机构,逐步形成了以体育设施建设、体育场馆运营及赛事组织服务、体育彩票专业服务、体育地产、资产管理与新业务孵化为主业的产业格局。

华体集团有限公司业务覆盖体育设施建设全产业链,在行业内具有较强的市场影响力,公司向客户提供贯穿体育场馆建设全过程的咨询、可行性研究、规划设计、项目管理、场馆智能化、施工、监理、标准化服务等一体化解决方案,并以专项总包角色运作国内多项大型体育建设项目;在体育场馆运营、组织承办体育赛事活动以及大型体育类展会服务业务方面,具有丰富实践经验;同时,近年来集团不断创新商业模式,大力拓展新兴业务,并在体育彩票专业服务、体育地产、电子竞技、互联网＋体育、体育培训、体育教育、体育旅游、高科技体育产品及设备研发等领域取得突破性进展。

北京华安联合认证检测中心有限公司简介

北京华安联合认证检测中心有限公司是经国家体育总局、国家认证认可监督管理委员会批准成立的体育专业技术服务机构,承担国家体育总局体育设施建设和标准办公室、全国体育标准化技术委员会设施设备分技术委员会具体工作职能。主要从事全国体育设施设备政府标准(国家标准、行业标准、地方标准)和市场标准(团体标准、企业标准)制修订、全国体育服务认证、体育产品认证和第三方体育设施场地检测验收工作。

北京华安联合认证检测中心有限公司长年以来多次协助国家体育总局相关司局处室、部分运动项目管理中心、体育行业协会完成各项公共服务、标准制定、政策研究、专题培训等技术服务工作,并根据企业关注方向,把握体育产业热点,以专业的教师资源提供高效优质的培训服务。

地址:北京市丰台区南三环中路15号院8号楼(100075)
电话:010-67687894　　　　传真:010-67687894
网址:www.hauc.cn
www.sport.gov.cn(国家体育总局-办事服务-体育服务认证)
微信:体育标准资讯与服务